In copertina:

H. Bosch, *Trittico delle delizie (particolare del Giardino delle delizie)*
Madrid, Prado

I MANUALI

Gianpaolo Monti
Rita Pini

LEZIONI DI MATEMATICA GENERALE

FUNZIONI REALI DI VARIABILE REALE

LED
Edizioni Universitarie di Lettere Economia Diritto

ISBN 88-7916-188-1

LED Edizioni Universitarie di Lettere Economia Diritto

Via Cervignano 4 - 20137 Milano
Catalogo: www.lededizioni.com - E-mail: led@lededizioni.com

Ristampa 2008: Grafiche Pulsar

Indice

Premessa

Il presente manuale, relativo allo studio di funzioni reali di variabile reale, è frutto dell'esperienza didattica degli Autori presso varie facoltà di Economia. L'obiettivo è quello di illustrare e motivare le tecniche di calcolo che portano dalla definizione analitica di una funzione, in generale criptica, ad una sua rappresentazione grafica che ne evidenzi le caratteristiche principali.

Nel primo capitolo si presenta il concetto di funzione e se ne illustrano le principali proprietà, prendendo spunto dai grafici di alcune funzioni elementari. Nel secondo capitolo viene introdotto il concetto di limite e di continuità. Infine, nel terzo capitolo, si definisce il concetto di derivata e si illustra il suo utilizzo relativamente allo studio di funzioni.

Ogni capitolo è corredato di una raccolta di esercizi inerenti gli argomenti trattati. Quasi tutti gli esercizi sono risolti: in particolare quelli preceduti dal simbolo • sono svolti in modo dettagliato.

Un particolare grazie a Margherita Mauri, Alberto Peretti ed Emanuela Valaperta per gli utili consigli e per il tempo che ci hanno generosamente dedicato. Ci scusiamo fin d'ora per eventuali errori (nostri) e saremo grati a coloro che vorranno segnalarceli.

Giugno 2002 *Gli Autori*

Simboli

$\mathbb{N}$	insieme dei numeri naturali
$\mathbb{Z}$	insieme dei numeri interi relativi
$\mathbb{Q}$	insieme dei numeri razionali
$\mathbb{R}$	insieme dei numeri reali
$\mathbb{R}^2$	insieme delle coppie ordinate di numeri reali
$\mathbb{R}_-$, $\mathbb{R}_+$	$\{x \in \mathbb{R}, x < 0\}$, $\{x \in \mathbb{R}, x > 0\}$
$\mathbb{R}^*$	$\mathbb{R} \cup \{-\infty\} \cup \{+\infty\}$
$A \subseteq B$	$x \in A \Rightarrow x \in B$
A^c	insieme complementare di A
$[a, b]$	$x \in \mathbb{R},\ a \leq x \leq b$
(a, b)	$x \in \mathbb{R},\ a < x < b$
$\mathcal{U}(x_0)$	intorno di x_0
$\mathcal{U}_+(x_0)$, $\mathcal{U}_-(x_0)$	intorno destro, sinistro di x_0
$\partial\mathcal{D}$	frontiera di $\mathcal{D}$
$[\![x]\!]$	parte intera di x
$\operatorname{sgn} x$	1 se $x > 0$, -1 se $x < 0$ (non è definito se $x = 0$)

$\ln x,\ \exp x$	$\log_e x,\ e^x$
$f \sim g,\ x \to x_0$	f asintotica a g per $x \to x_0$: $g(x) \neq 0$ in $\mathcal{U}(x_0) \setminus \{x_0\}$ e $\lim\limits_{x \to x_0} \dfrac{f(x)}{g(x)} = 1$
$f = o(g),\ x \to x_0$	f o–piccolo di g per $x \to x_0$: $g(x) \neq 0$ in $\mathcal{U}(x_0) \setminus \{x_0\}$ e $\lim\limits_{x \to x_0} \dfrac{f(x)}{g(x)} = 0$
$\mathcal{C}(\mathcal{D})$	classe delle funzioni continue in $\mathcal{D}$
$\mathcal{C}^k(\mathcal{D})$	classe delle funzioni derivabili in $\mathcal{D}$ fino all'ordine k con derivata k–esima continua
$\mathcal{C}^\infty(\mathcal{D})$	classe delle funzioni con derivata di qualsiasi ordine in $\mathcal{D}$

Capitolo 1

Funzioni

1.1 Concetti preliminari

Definizione. Dati due insiemi A e B, si chiama *funzione* f da A a B, e la si indica col simbolo

$$f : A \longrightarrow B,$$

una corrispondenza che associa ad ogni elemento $x \in A$ un *unico* elemento $y = f(x) \in B$.
La corrispondenza è indicata da $y = f(x)$ o da $x \mapsto f(x)$.
L'insieme A è detto *dominio* della funzione f, e gli elementi $f(x)$ sono detti *valori di* f. L'insieme di tutti i valori di f è detto *codominio* di f. L'elemento $f(x) \in B$ che corrisponde a x si chiama *immagine* di x; x è detto *controimmagine* di $f(x)$. Se A_1 è un sottoinsieme di A, l'insieme $\{y \in B : \ y = f(x), x \in A_1\}$ si indica col simbolo $f(A_1)$; in particolare, il codominio di f coincide con $f(A)$.

Nel seguito considereremo solo il caso in cui il dominio di f è un sottoinsieme di $\mathbb{R}$, e $B = \mathbb{R}$: in questo caso la funzione è detta *reale di variabile reale.* Sia $f : \mathcal{D} \subseteq \mathbb{R} \longrightarrow \mathbb{R}$; ad f è possibile associare un sottoinsieme di $\mathbb{R}^2$, detto *grafico* di f e definito come segue:

$$\mathrm{gr}(f) = \{(x, y) \in \mathbb{R}^2 : \; x \in \mathcal{D}, \; y = f(x)\}.$$

Le seguenti figure rappresentano grafici di funzioni reali;

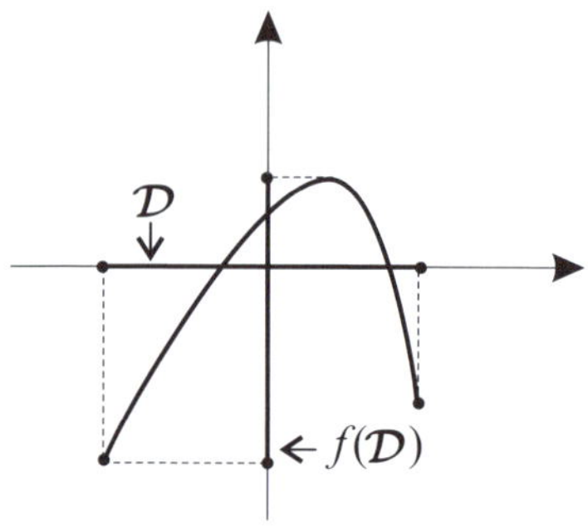

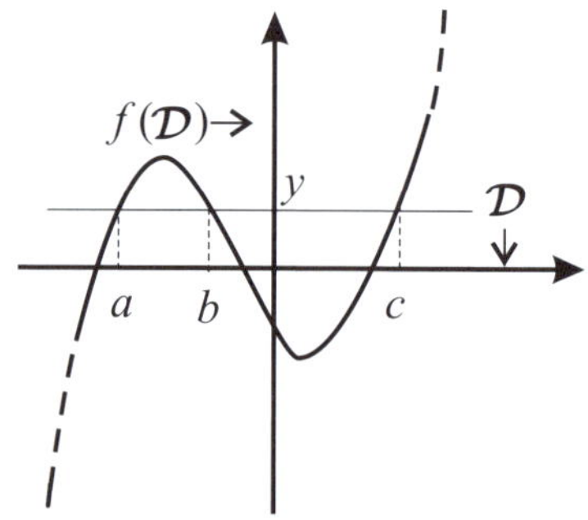

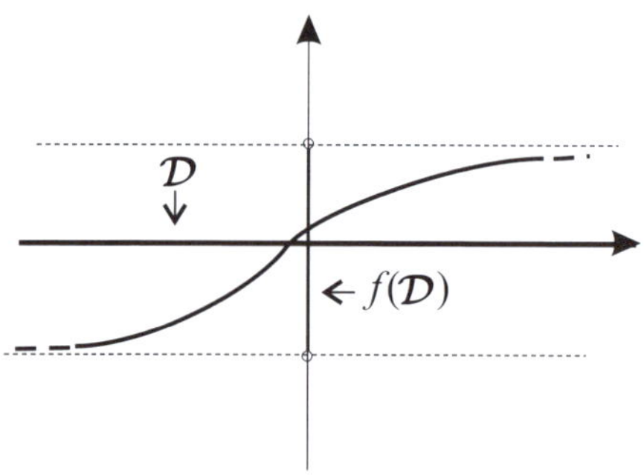

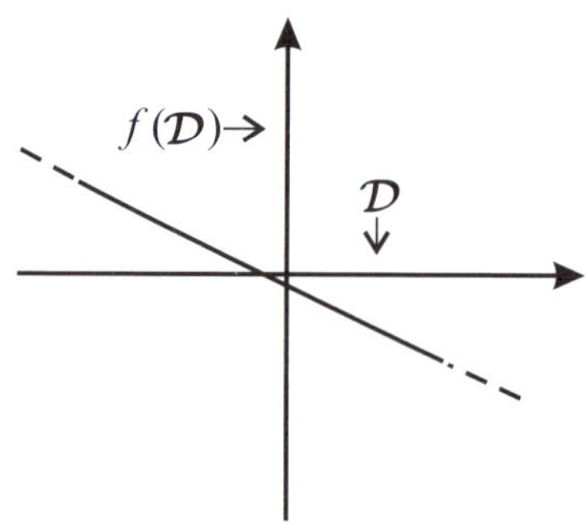

si osservi che

- il dominio $\mathcal{D}$ è la proiezione dei punti del grafico sull'asse delle x;
- il codominio di f, $f(\mathcal{D})$ (indicato anche col simbolo $Im(f)$), è la proiezione dei punti del grafico sull'asse delle y

(il dominio e il codominio sono in grassetto nei disegni).

L'insieme $f(\mathcal{D})$ è un sottoinsieme di $\mathbb{R}$ e, nel caso particolare in cui coincida con $\mathbb{R}$, la funzione è detta *suriettiva*, come accade per le funzioni rappresentate nel secondo e nel quarto grafico. La suriettività assicura che ogni $y \in \mathbb{R}$ abbia almeno una controimmagine in $\mathcal{D}$, cioè che esista un elemento

x di $\mathcal{D}$ per cui vale l'eguaglianza $y = f(x)$; ad esempio, nel secondo grafico, i punti a, b e c sono controimmagini di y.

Un elemento di $f(\mathcal{D})$, come appena visto, può avere più di una controimmagine; se accade che essa sia sempre unica, la funzione si dice iniettiva.

Definizione. Una funzione $f : \mathcal{D} \subseteq \mathbb{R} \longrightarrow \mathbb{R}$ è *iniettiva* se

$$\forall x_1, x_2 \in \mathcal{D},\ x_1 \neq x_2 \Longrightarrow f(x_1) \neq f(x_2).$$

In altra parole, a punti del dominio distinti corrispondono immagini $f(x_1)$ e $f(x_2)$ distinte.

Graficamente, l'iniettività di una funzione equivale al fatto che una qualsiasi retta parallela all'asse delle ascisse o non ne interseca il grafico, oppure lo interseca in un solo punto (si veda il grafico della funzione rappresentata a fianco).

Osservazione. Se una funzione $f : \mathcal{D} \longrightarrow \mathbb{R}$ non è iniettiva, è sempre possibile considerare dei sottoinsiemi $\mathcal{D}_1$ propriamente contenuti in $\mathcal{D}$ con la proprietà che la funzione $f : \mathcal{D}_1 \longrightarrow \mathbb{R}$ sia iniettiva (tale funzione è chiamata *restrizione* di quella data al sottoinsieme $\mathcal{D}_1$, e la si indica col simbolo $f|_{\mathcal{D}_1}$). Ad esempio, la funzione $f : \mathbb{R} \to \mathbb{R}$ avente il seguente grafico

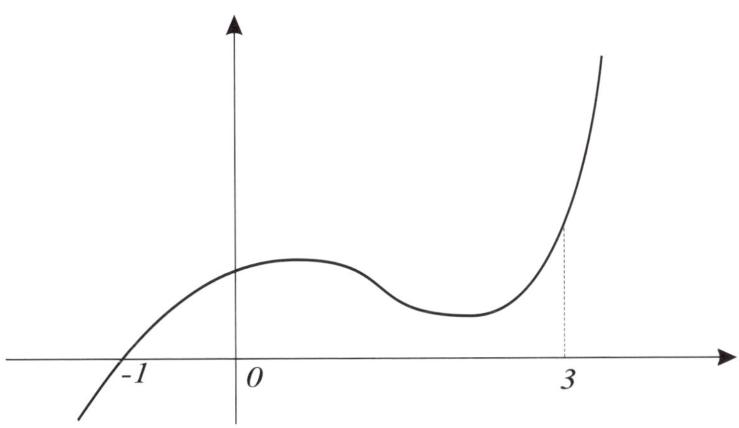

non è iniettiva, ma la sua restrizione a $(3, +\infty)$, oppure a $(-1, 0)$, è iniettiva.

Se $f : \mathcal{D} \subseteq \mathbb{R} \longrightarrow \mathbb{R}$ è una funzione iniettiva, si può definire, a partire da f, una nuova funzione da $f(\mathcal{D})$ a $\mathcal{D}$ che associa ad ogni elemento di $f(\mathcal{D})$ la sua unica controimmagine tramite f. Tale funzione, chiamata *funzione inversa* di f, è indicata con f^{-1} ed è definita dalla legge

$$f^{-1} : f(\mathcal{D}) \longrightarrow \mathcal{D}, \qquad f^{-1}(x) = y, \qquad \text{dove} \qquad f(y) = x.$$

Una funzione f che ammette inversa viene detta *invertibile*.

Osservazione. Se f è iniettiva, e f^{-1} è la sua inversa, si verifica facilmente che

$$(a, b) \in \mathrm{gr}(f) \quad \text{se e solo se} \quad (b, a) \in \mathrm{gr}(f^{-1}).$$

Poiché due punti del tipo (a, b) e (b, a) sono simmetrici rispetto alla retta di equazione $y = x$, il grafico di f^{-1} risulta simmetrico al grafico di f rispetto alla retta $y = x$.

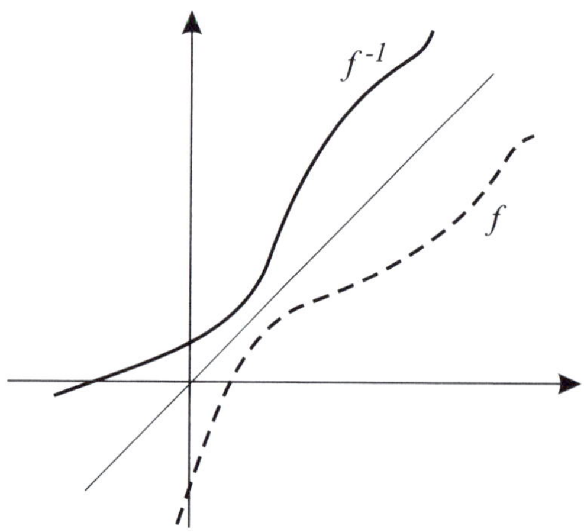

Date due funzioni $f : \mathcal{D} \longrightarrow \mathbb{R}$ e $g : \mathcal{B} \longrightarrow \mathbb{R}$, se $f(\mathcal{D}) \subseteq \mathcal{B}$ è possibile definire una funzione da $\mathcal{D}$ a $\mathbb{R}$, detta *funzione composta* ed indicata con $g \circ f$, nel modo seguente:

$$g \circ f : \mathcal{D} \longrightarrow \mathbb{R}, \quad (g \circ f)(x) = g(f(x)).$$

Osservazioni. i. Se è soddisfatta anche la condizione $g(\mathcal{B}) \subseteq \mathcal{D}$, sono definite entrambe le funzioni: $g \circ f : \mathcal{D} \longrightarrow \mathbb{R}$ e $f \circ g : \mathcal{B} \longrightarrow \mathbb{R}$; si osservi che tali funzioni sono in generale diverse, sia perché può essere $\mathcal{D} \neq \mathcal{B}$, sia perché, in generale, le leggi che definiscono sono diverse. Ad esempio, $f(x) = x + 1$:

$\mathbb{R} \longrightarrow \mathbb{R}$, $g(x) = x^3 : \mathbb{R} \longrightarrow \mathbb{R}$ sono tali che esistono in $\mathbb{R}$ sia $g \circ f$ che $f \circ g$, e si ha: $(g \circ f)(x) = (x+1)^3$, e $(f \circ g)(x) = x^3 + 1$.

ii. Se $f : \mathcal{D} \longrightarrow \mathbb{R}$ è invertibile, sono definite entrambe le funzioni $f^{-1} \circ f$ e $f \circ f^{-1}$ (le condizioni sui domini e sulle immagini sono sempre soddisfatte); si ha:

$$f^{-1} \circ f : \mathcal{D} \longrightarrow \mathcal{D}, \qquad (f^{-1} \circ f)(x) = x \qquad \forall x \in \mathcal{D},$$

e

$$f \circ f^{-1} : f(\mathcal{D}) \longrightarrow f(\mathcal{D}), \qquad (f \circ f^{-1})(x) = x \qquad \forall x \in f(\mathcal{D}).$$

Se ad ogni funzione reale è possibile associare un grafico, una linea qualsiasi nel piano non è, in generale, il grafico di una funzione: ad esempio, alle seguenti linee appartengono punti che hanno ascisse uguali e diverse ordinate e in tal caso l'eventuale funzione corrispondente assocerebbe allo stesso elemento del dominio più di una immagine.

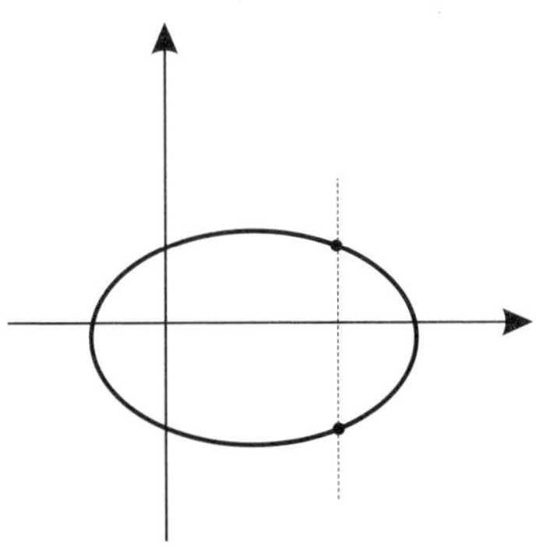

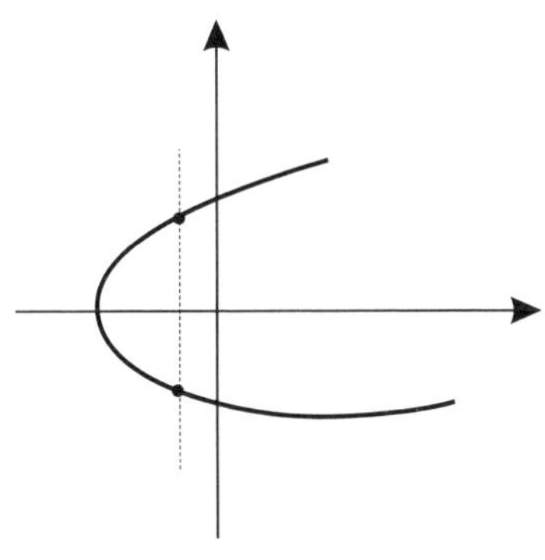

Le seguenti linee sono invece grafici di funzioni

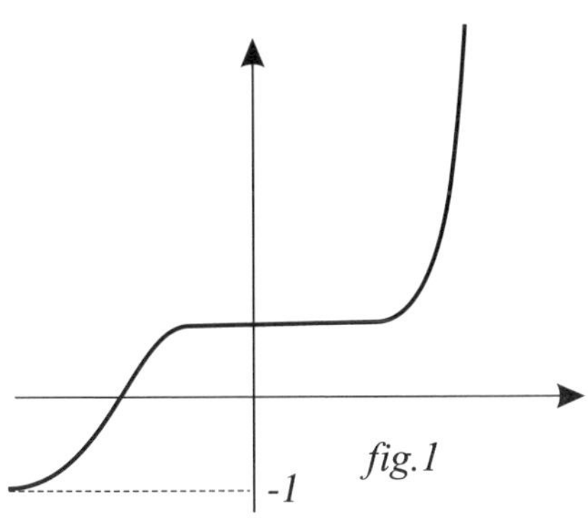

fig.1

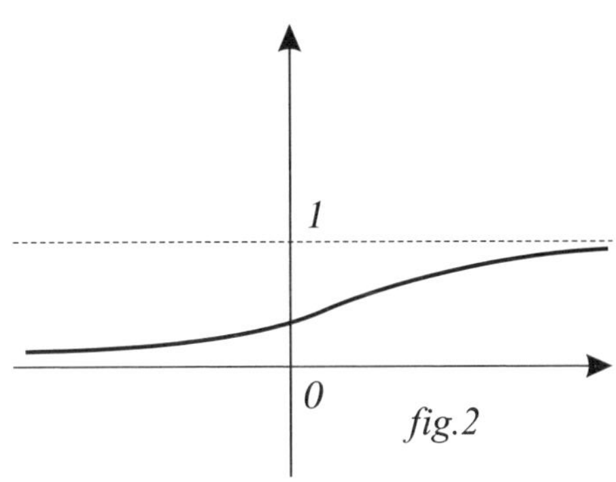

fig.2

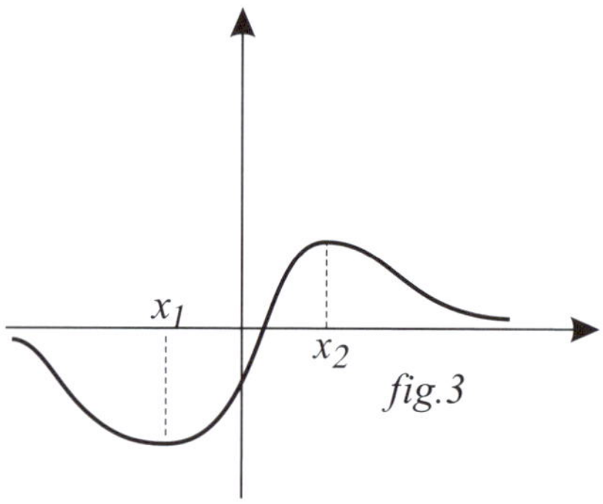

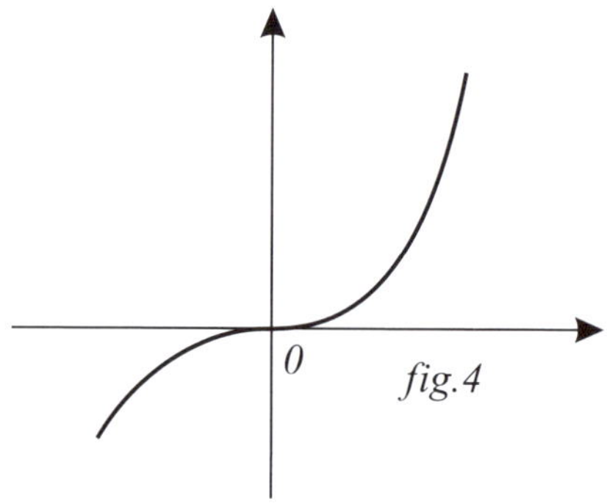

I grafici riportati permettono di evidenziare alcune importanti caratteristiche delle funzioni che essi rappresentano.

1. Nel primo, nel secondo e nel quarto si vede che le ordinate dei punti non decrescono al crescere delle ascisse; le funzioni i cui grafici hanno questa caratteristica vengono dette crescenti. Più precisamente, diamo la seguente

Definizione. Si dice che la funzione $f : \mathcal{D} \longrightarrow \mathbb{R}$ è *crescente* se

$$\forall x_1, x_2 \in \mathcal{D}, \; x_1 < x_2 \Longrightarrow f(x_1) \leq f(x_2);$$

si dice che f è *decrescente* se

$$\forall x_1, x_2 \in \mathcal{D}, \; x_1 < x_2 \Longrightarrow f(x_1) \geq f(x_2).$$

In particolare, f si dice *strettamente crescente* oppure *strettamente decrescente* nel caso valga sempre la diseguaglianza stretta.

(Le funzioni di fig.2 e fig.4 sono strettamente crescenti.) Funzioni reali crescenti o decrescenti vengono dette *monotone*.

2. Nel secondo grafico si vede che le ordinate dei punti sono tutte minori di 1 e maggiori di 0; in generale, le funzioni che soddisfano una proprietà di questo tipo vengono dette limitate:

Definizione. Una funzione $f : \mathcal{D} \longrightarrow \mathbb{R}$ si dice *limitata* se esistono due numeri reali M e N tali che

$$M \leq f(x) \leq N, \qquad \forall x \in \mathcal{D};$$

nel caso in cui le ordinate sono solo maggiori di M (o minori di N), allora f si dirà *limitata inferiormente* (*superiormente*).

Osservazione. La limitatezza di una funzione f equivale alla limitatezza dell'insieme $Im(f)$; infatti, si dice che

- un sottoinsieme non vuoto E di $\mathbb{R}$ è *limitato superiormente* se esiste $N \in \mathbb{R}$ tale che $x \leq N$ per ogni $x \in E$ (N siffatto è detto *maggiorante* di E);

analogamente,

- un sottoinsieme non vuoto E di $\mathbb{R}$ è *limitato inferiormente* se esiste $M \in \mathbb{R}$ tale che $x \geq M$ per ogni $x \in E$ (M siffatto è detto *minorante* di E).

Se E è limitato sia superiormente che inferiormente, si dice che E è *limitato*. Ricordiamo inoltre che

- se E non ammette maggioranti si dice che è *illimitato superiormente*;

analogamente,

- se E non ammette minoranti si dice che è *illimitato inferiormente*.

Se E è illimitato sia superiormente che inferiormente, si dice che E è *illimitato*.

3. Nel terzo grafico si osserva che esistono punti con ordinata minima e punti con ordinata massima; diamo in proposito la seguente

Definizione. Una funzione $f : \mathcal{D} \longrightarrow \mathbb{R}$ ha *massimo* se esiste un elemento $x_0 \in \mathcal{D}$ tale che

$$f(x) \leq f(x_0), \qquad \forall x \in \mathcal{D};$$

analogamente, $f : \mathcal{D} \longrightarrow \mathbb{R}$ ha *minimo* se esiste $x_1 \in \mathcal{D}$ tale che

$$f(x) \geq f(x_1), \qquad \forall x \in \mathcal{D}.$$

I valori di tali ordinate sono il *massimo* e il *minimo* dell'*insieme immagine* della funzione e si dicono *massimo* e *minimo* di f, mentre le relative ascisse sono dette *punti di massimo* e *punti di minimo*.

Confrontando i primi due grafici con il terzo, si osserva che non sempre una funzione ammette un massimo o un minimo. Infatti, l'immagine di una funzione reale è un sottoinsieme di $\mathbb{R}$ e non sempre tali sottoinsiemi hanno massimo o minimo (ad esempio, gli insiemi $(-1, +\infty)$ e $(0, 1)$, che sono gli insiemi immagine delle prime due funzioni, non hanno né massimo né minimo).

Indichiamo con $\mathbb{R}^*$ l'*insieme ampliato dei numeri reali* definito da $\mathbb{R}^* = \mathbb{R} \cup \{\pm\infty\}$, dove si pone $-\infty < x < +\infty$ per ogni $x \in \mathbb{R}$. Una proprietà notevole dei numeri reali permette di affermare che ogni insieme E non vuoto di numeri reali possiede sempre in $\mathbb{R}^*$ un *estremo superiore* $L = \sup E$ ed un *estremo inferiore* $l = \inf E$, così definiti:

- se E è limitato superiormente (o inferiormente), L (l) è un numero reale definito dalle condizioni:
  i) $\forall x \in E$: $x \leq L$ $(x \geq l)$;
  ii) $\forall L' < L$ $(l' > l)$, $\exists x \in E: \quad x > L'$ $(x < l')$;

(in altre parole, L (l) è il minimo (massimo) dei maggioranti (minoranti) di E);

- se E è illimitato superiormente (o inferiormente), allora si pone $\sup E = +\infty$ $(\inf E = -\infty)$.

È quindi possibile definire l'estremo superiore e inferiore di una funzione reale $f : \mathcal{D} \longrightarrow \mathbb{R}$, ponendo: $\sup f = \sup f(\mathcal{D})$ e $\inf f = \inf f(\mathcal{D})$.

Osservazione. Data $f : \mathcal{D} \longrightarrow \mathbb{R}$, esistono *sempre* in $\mathbb{R}^*$ sia $\sup f$ che $\inf f$; in particolare, $\sup f$, $\inf f$, risulteranno reali finiti (cioè in $\mathbb{R}$) se f è superiormente, inferiormente limitata, reali infiniti (cioè $\pm\infty$) se f è illimitata superiormente e inferiormente. Ad esempio, per la funzione avente il grafico della fig.1 si ha $\sup f = +\infty$ e $\inf f = -1$, invece per quella relativa alla fig.2 si ha $\sup f = 1$ e $\inf f = 0$; in entrambi i casi gli estremi, anche quando sono reali finiti, non appartengono all'immagine della funzione e quindi tali funzioni non hanno massimo e minimo. Nei casi in cui $\sup f$, $\inf f$ appartengano all'immagine, essi sono il massimo, il minimo di f e si indicano, rispettivamente, con $\max f$, $\min f$.

4. Il grafico della fig.4 rappresenta, come già fatto osservare, una funzione strettamente crescente, ma il modo in cui essa cresce è differente a seconda che si consideri la parte di linea prima dell'origine degli assi o quella ad essa successiva; la prima è detta *linea concava*, la seconda *linea convessa* e l'origine, che è il punto in cui cambia la forma, è detto *punto di flesso* della funzione (per una definizione precisa di tali concetti rinviamo alle applicazioni del calcolo differenziale allo studio del grafico di una funzione).

Gli argomenti che verranno presentati nei capitoli successivi permetteranno, data una funzione $f : \mathcal{D} \subseteq \mathbb{R} \longrightarrow \mathbb{R}$, di individuarne le proprietà e quindi di tracciarne un grafico qualitativo. Di alcune funzioni particolari (che chiameremo *elementari*) è però utile conoscere subito il grafico e le proprietà che se ne possono dedurre, al fine di disporre di un buon numero di esempi sui quali illustrare la teoria che verrà via via sviluppata, rinviando ad allora la loro giustificazione.

1.2 Funzione potenza

Le *funzioni potenza* con esponente intero non negativo $f_n : \mathbb{R} \longrightarrow \mathbb{R}$ sono definite come segue:

$$x \mapsto f_n(x) = x^n,$$

con $n \in \mathbb{N}$.

Per $n = 0$ il grafico è una retta orizzontale e passante per $(0, 1)$, per $n = 1$ è la bisettrice del primo e terzo quadrante; tali funzioni sono casi particolari delle funzioni $x \mapsto mx + q$ i cui grafici sono tutte le rette del piano cartesiano ad eccezione di quelle verticali.

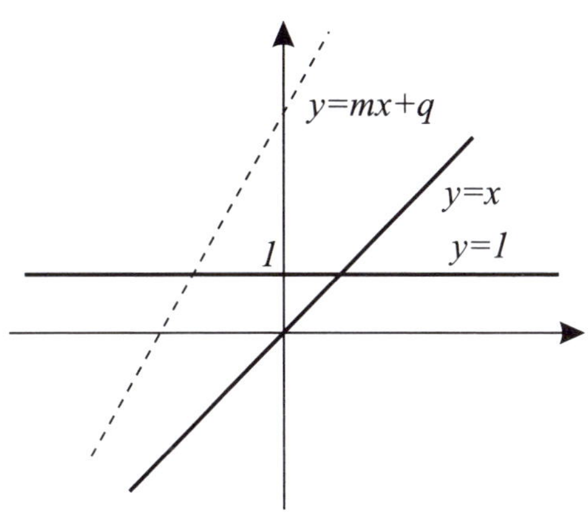

Consideriamo il caso $n \geq 2$; il grafico qualitativo di queste funzioni è sostanzialmente diverso a seconda che n sia dispari oppure pari, come si deduce dalle figure 5 e 6

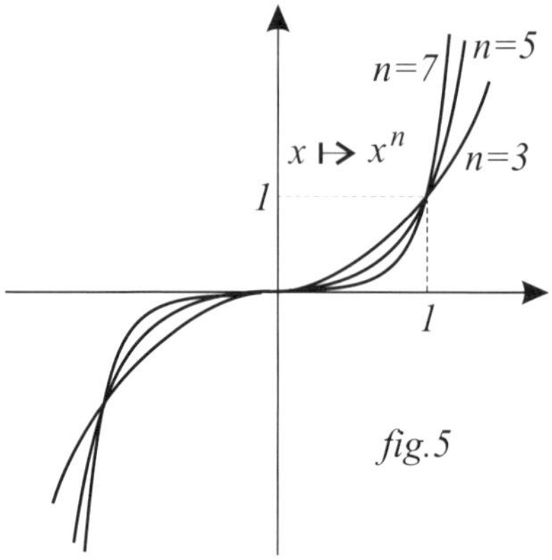

fig.5

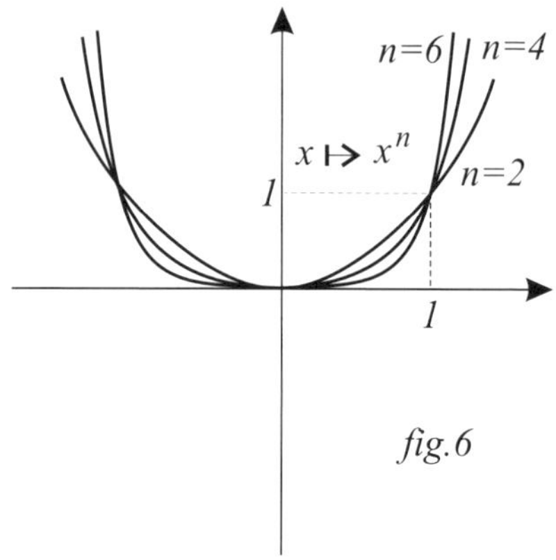

fig.6

Si osservi che

- nel caso di n *dispari*, le f_n sono strettamente crescenti, concave in $(-\infty, 0]$, convesse in $[0, +\infty)$ e presentano un punto di flesso in 0; gli estremi superiore e inferiore sono $+\infty$ e $-\infty$, in quanto le funzioni sono illimitate sia superiormente che inferiormente. Inoltre, i grafici sono simmetrici rispetto all'origine degli assi: infatti, $f_n(-x) = -f_n(x)$; ogni funzione che soddisfi questa condizione è detta *dispari*.
- Nel caso n *pari*, le f_n sono sempre convesse, strettamente decrescenti in $(-\infty, 0]$, strettamente crescenti in $[0, +\infty)$ e presentano in 0 un punto di minimo, mentre non hanno massimo ma un estremo superiore $+\infty$ in quanto illimitate superiormente. Inoltre, i loro grafici sono simmetrici rispetto all'asse y : infatti, $f_n(-x) = f_n(x)$; ogni funzione che soddisfi questa condizione è detta *pari*.

Per quanto riguarda l'invertibilità delle funzioni potenza, osserviamo quanto segue:

- le funzioni f_n con n dispari, essendo strettamente crescenti nel loro dominio, sono invertibili e le loro inverse sono così definite:

$$(f_n)^{-1} : \mathbb{R} \longrightarrow \mathbb{R} \qquad x \mapsto \sqrt[n]{x} = x^{1/n}.$$

- le funzioni f_n con n pari non hanno inversa, in quanto le rette parallele all'asse x e che giacciono nel semipiano di equazione $y > 0$ tagliano i loro grafici in 2 punti. È però possibile restringere queste funzioni ad un sottoinsieme del loro dominio sul quale esse sono strettamente monotone, in modo da poter così definire le funzioni inverse di tali restrizioni; se, ad esempio, si sceglie la restrizione all'insieme $[0, +\infty)$ le funzioni inverse sono:

$$(f_n)^{-1} : [0, +\infty) \longrightarrow [0, +\infty), \qquad x \mapsto \sqrt[n]{x} = x^{1/n}$$

e i loro grafici sono del tipo riportato in fig.8.

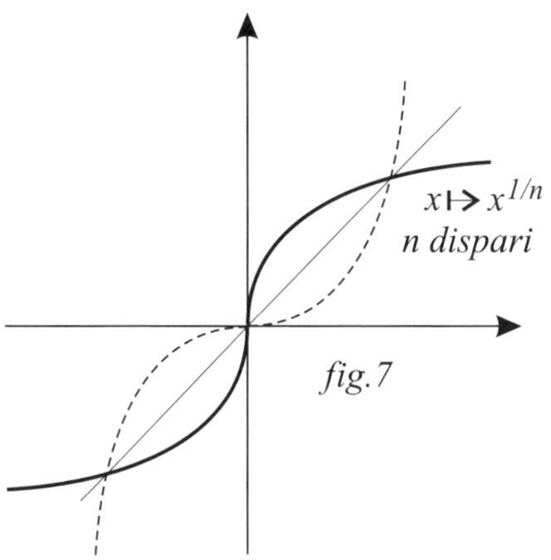

fig.7

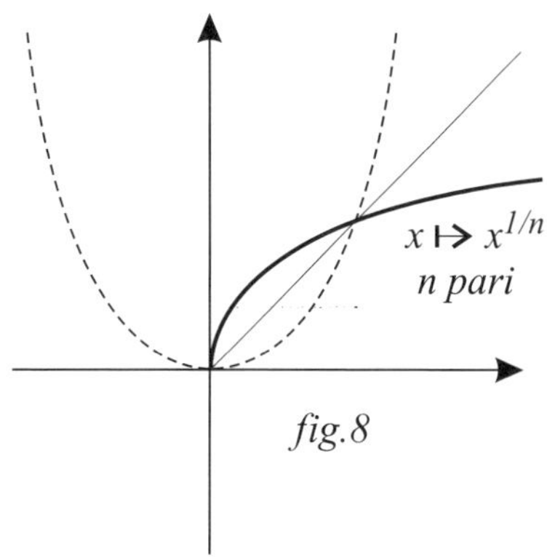

fig.8

Nel caso di un esponente intero negativo si hanno le funzioni potenza $f_{-n} : \mathbb{R} \setminus \{0\} \longrightarrow \mathbb{R}$, così definite:

$$x \mapsto x^{-n} = \frac{1}{x^n};$$

i grafici di tali funzioni sono rappresentati in fig.9, per n pari, e in fig.10, per n dispari (in particolare il grafico della funzione f_{-1} è detto *iperbole equilate-*

ra).

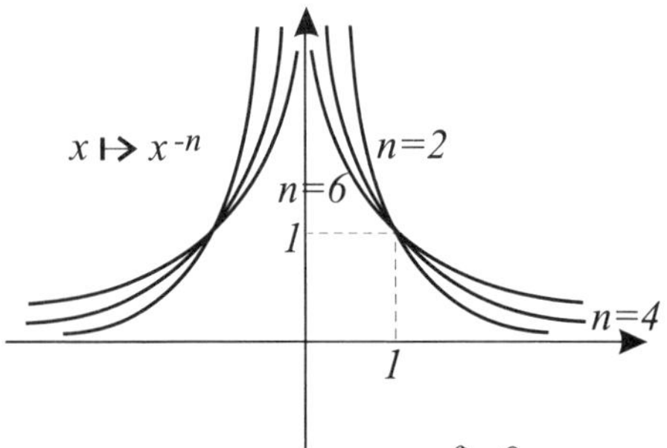

fig.9

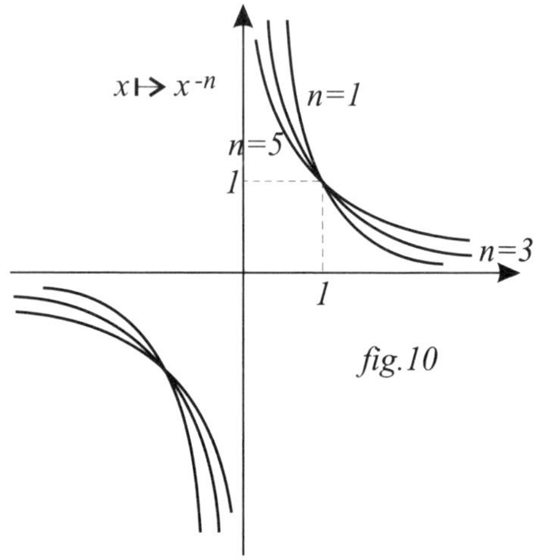

fig.10

Si osservi che, quando x assume valori che "tendono" a $+\infty$ o $-\infty$, i grafici si "avvicinano" via via all'asse x, invece, quando x "tende" a 0, i grafici si "avvicinano" all'asse y (il significato preciso da attribuire a "tendere" e "avvicinarsi" sarà definito in seguito nel capitolo dedicato ai limiti). In tali situazione, le rette a cui i grafici si avvicinano si dicono, rispettivamente, *asintoto orizzontale* e *verticale* della funzione. Dai grafici si vede che nessuna delle f_{-n} è monotona; tuttavia, nel caso n dispari, le funzioni sono iniettive e quindi invertibili, invece nel caso pari si possono operare, ad esempio, le restrizioni a $(0, +\infty)$ che risultano invertibili. Si ottengono quindi le funzioni:

$$x \mapsto (f_{-n})^{-1}(x) = x^{-1/n}$$

definite su $\mathbb{R} \setminus \{0\}$, se n è dispari, e su $(0, +\infty)$, se n è pari.

Poiché, se la base è positiva, si può definire la potenza anche per qualsiasi esponente reale a, è possibile definire le funzioni potenza: $x \mapsto f_a(x) = x^a$, con dominio $(0, +\infty)$ per a negativo, e dominio $[0, +\infty)$ per a positivo. I grafici di tali funzioni sono riportati nella figura seguente, nei casi: $a > 1$, $0 < a < 1$

e $a < 0$.

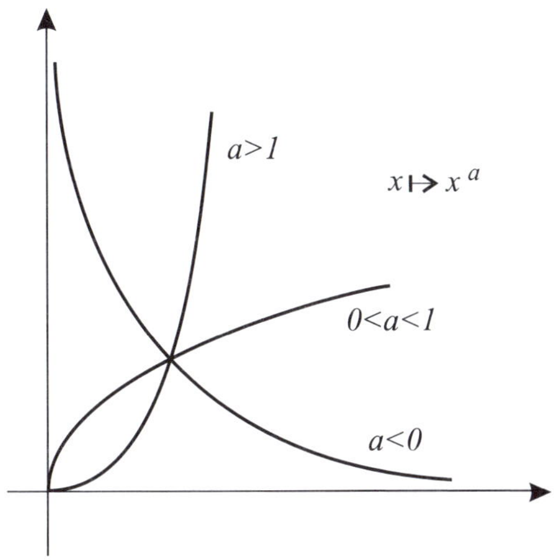

<u>Osservazione</u>. Nel caso $a = \pm\frac{m}{n}$, con n dispari, le relative funzioni potenza possono essere prolungate all'asse x negativo, operando una simmetria del grafico rispetto all'origine, se m è dispari, oppure una simmetria rispetto all'asse y, se m è pari. Ad esempio, le funzioni $x \mapsto x^{\frac{7}{5}}$ e $x \mapsto x^{\frac{2}{5}}$ hanno i seguenti grafici:

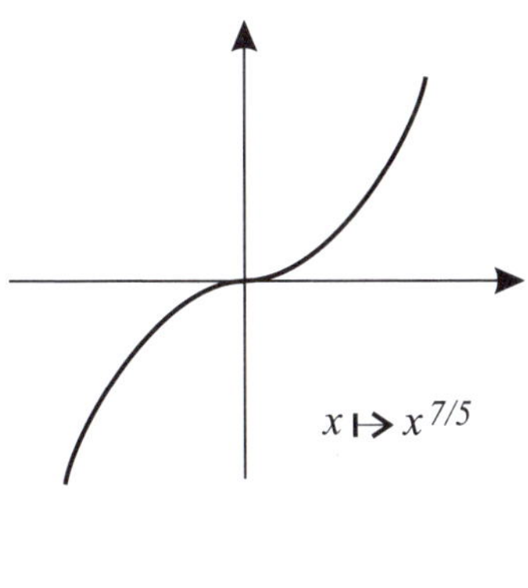

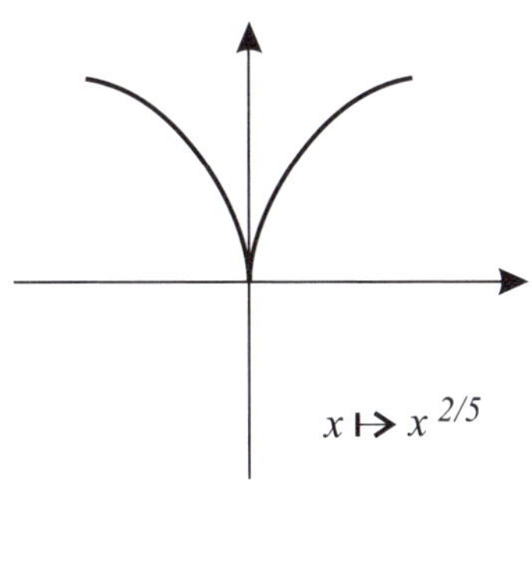

1.3 Funzioni esponenziali e logaritmiche

Se nelle potenze con esponente reale si considera costante la base e variabile l'esponente si ottengono le *funzioni* dette *esponenziali*, che risultano quindi così definite:

$$f_a : \mathbb{R} \longrightarrow \mathbb{R}, \qquad f_a(x) = a^x,$$

con a reale positivo e diverso da 1.

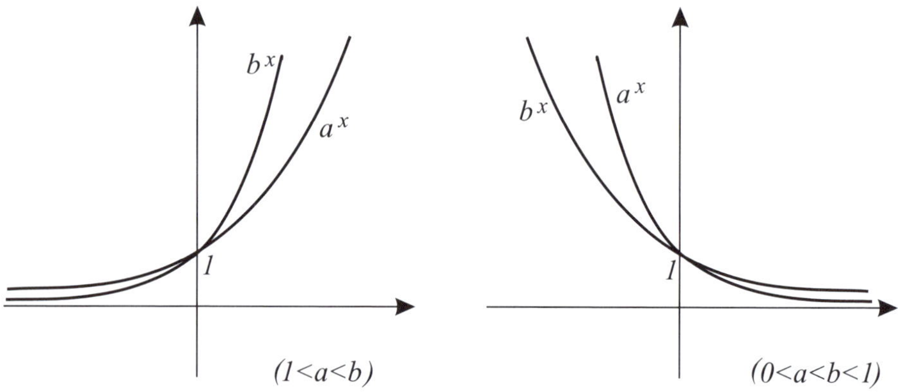

(1<a<b) (0<a<b<1)

I grafici riportati sopra mostrano che tali funzioni sono sempre convesse, strettamente crescenti se $a > 1$, e strettamente decrescenti se $0 < a < 1$. Hanno come estremo superiore $+\infty$ (sono illimitate superiormente) e come estremo inferiore 0; poiché 0 non appartiene all'insieme immagine delle f_a (infatti $a^x > 0$ per ogni x), le funzioni esponenziali non hanno minimo. L'asse x è un asintoto orizzontale delle funzioni f_a, per $x \to -\infty$, se $a > 1$, e per $x \to +\infty$, se $0 < a < 1$. La stretta monotonia delle funzioni esponenziali permette di definire le loro inverse, note come *funzioni logaritmiche*:

$$f_a^{-1} : \mathbb{R}_+ \longrightarrow \mathbb{R}, \qquad x \mapsto \log_a x.$$

Il simbolo $\log_a x$ indica quindi l'esponente a cui deve essere elevata la base a, positiva e diversa da 1, per ottenere x; i grafici di tali funzioni, ottenuti da quelli delle f_a per simmetria rispetto alla retta di equazione $y = x$, sono illustrati nelle figure 11 e 12.

Poiché le funzioni esponenziali e logaritmiche sono le une inverse delle altre, si hanno le seguenti identità:

$$x = \log_a a^x, \quad \forall x \in \mathbb{R}; \qquad x = a^{\log_a x}, \quad \forall x > 0.$$

Le funzioni logaritmiche soddisfano le seguenti importanti proprietà, la cui dimostrazione è una semplice conseguenza delle proprietà delle potenze e del fatto che tali funzioni sono le inverse delle esponenziali: per ogni $x, y > 0$, per ogni $a > 0$, $a \neq 1$ e per ogni $\alpha \in \mathbb{R}$ si ha

$$\log_a(xy) = \log_a x + \log_a y; \qquad \log_a \frac{x}{y} = \log_a x - \log_a y; \qquad \log_a x^\alpha = \alpha \log_a x.$$

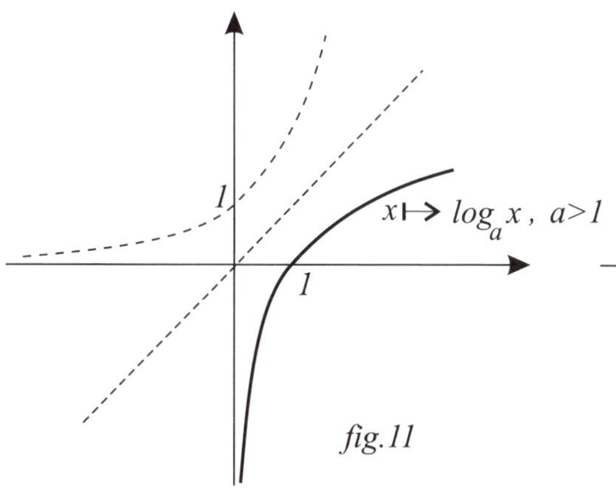

fig.11

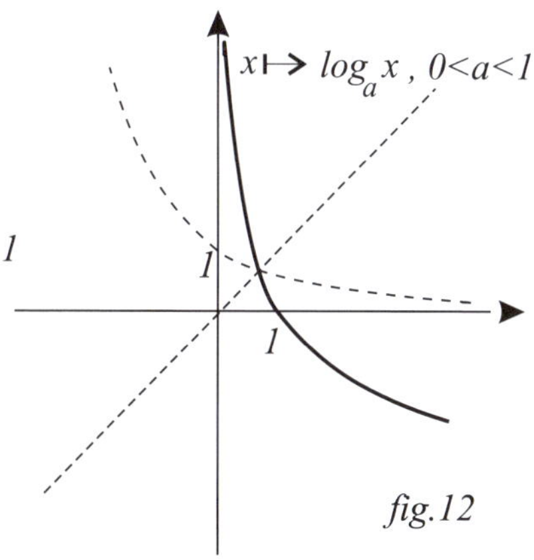

fig.12

Nell'analisi matematica, per ragioni che saranno chiarite in seguito, è usato come base per esponenziali e logaritmi il numero irrazionale $e = 2,718281...$, detto numero di Nepero; in tale base il logaritmo si indica con il simbolo ln, e viene detto logaritmo naturale. È comunque sempre possibile trasformare un esponenziale o un logaritmo, dato in una base diversa, in uno equivalente nella base e, usando le seguenti formule:

$$a^x = e^{x \ln a}; \qquad \log_a x = \frac{\ln x}{\ln a}.$$

1.4 Funzioni periodiche

Dato un qualsiasi $x \in \mathbb{R}$, è sempre possibile determinare il più grande intero minore o uguale a x; tale intero, detto *parte intera* di x e indicato con il simbolo $[x]$, per definizione, soddisfa le relazioni: $[x] \leq x < [x] + 1$. Ad esempio si ha: $[2.5] = 2$, $[3/7] = 0$, $[-2.7] = -3$, $[-4/7] = -1$. Definiamo *funzione parte intera* la funzione: $x \mapsto [x]$ con dominio tutto $\mathbb{R}$. Sull'intervallo $[0, 1)$ è costante e vale 0; inoltre, poiché $[x + k] = [x] + k$, per ogni k intero, tale funzione è costante e vale k su ogni intervallo $[k, k + 1)$. Il suo grafico ha quindi un andamento a gradini come rappresentato nella fig.13; si vede che in ogni punto dell'asse x di ascissa intera la funzione ha un "salto" di una unità, passando da valori minori a valori maggiori dell'intero, ovvero la funzione parte intera ha una discontinuità in ogni elemento intero del dominio (nei prossimi capitoli verranno presentati gli strumenti per definire in modo rigoroso la nozione di discontinuità di una funzione).

Definiamo *funzione mantissa* la funzione: $x \mapsto \{x\} = x - [x]$, $\forall x \in \mathbb{R}$; per la definizione data di $[x]$, la funzione mantissa soddisfa, per ogni x, la seguente uguaglianza: $\{x + k\} = \{x\}$, qualunque sia l'intero k. Diamo la seguente

Definizione. Una funzione $f : \mathcal{D} \to \mathbb{R}$ è *periodica* se esiste un numero reale positivo T tale che

$$f(x + T) = f(x) \qquad \forall x \in \mathcal{D},$$

ed esiste un minimo valore positivo per il quale si verifica l'uguaglianza precedente; a tale valore si attribuisce il nome di *periodo* della funzione.

Ne consegue che la funzione mantissa è una funzione periodica con periodo uguale ad 1 e il suo grafico (fig.14) si può quindi ottenere riportando infinite volte per traslazione il grafico di tale funzione nell'intervallo $[0, 1)$; esso è la restrizione, a questo intervallo, della bisettrice del primo e terzo quadrante in quanto $\{x\} = x$, se $x \in [0, 1)$. Osservando il grafico, si nota che la funzione mantissa è discontinua in ogni punto di ascissa intera, è limitata (infatti, $0 \le \{x\} < 1$), e ha minimo uguale a 0, ma non ha massimo poiché non assume mai il valore 1 che è il suo estremo superiore.

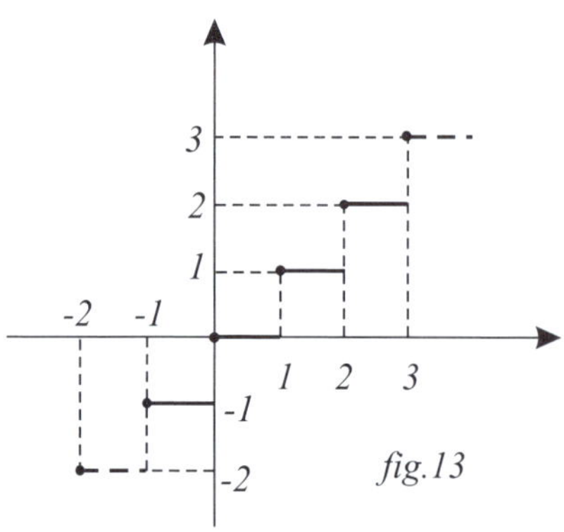

fig.13

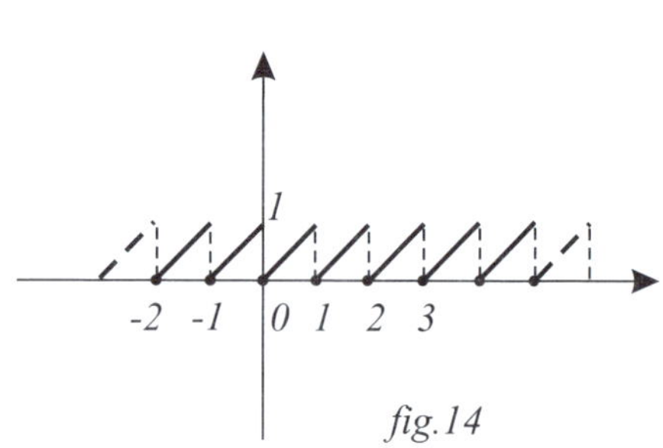

fig.14

Importanti funzioni periodiche, di periodo 2π, sono le funzioni *seno* e *coseno*; i grafici che le rappresentano sono riportati, rispettivamente, nelle

seguenti figure 15 e 16

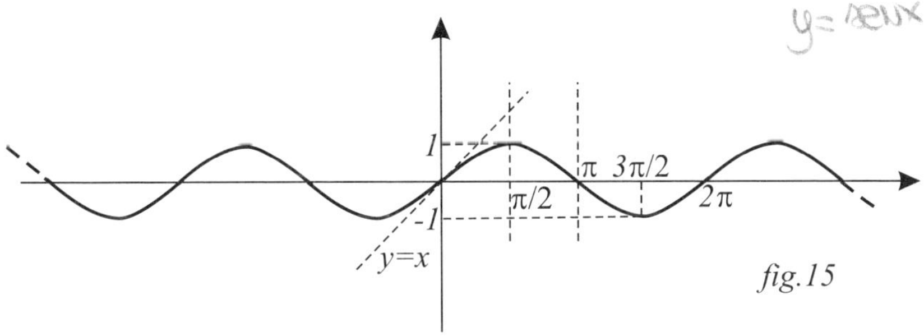

fig.15

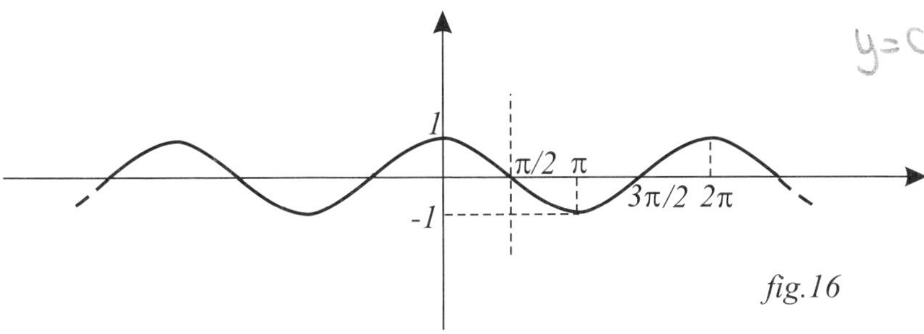

fig.16

Il grafico della funzione seno mostra che la funzione:

i) è dispari, ovvero $\sin(-x) = -\sin x$;

ii) si annulla in 0 e π, nell'intervallo $[0, 2\pi)$, e quindi in tutti i punti che si ottengono traslando questi di multipli interi del periodo; tali punti, detti *zeri del seno*, sono tutti e soli del tipo $x_k = k\pi$, con k intero qualsiasi;

iii) ha massimo 1 e minimo -1 assunti, rispettivamente, in $\pi/2$ e $3\pi/2$, nel periodo $[0, 2\pi)$, e quindi in tutti i punti che si ottengono traslando questi di multipli interi del periodo: $x_k = \pi/2 + k(2\pi)$ e $x_k = 3\pi/2 + k(2\pi)$, con k intero qualsiasi;

iv) è concava in $[0, \pi]$ e quindi in tutti gli intervalli che si ottengono traslandolo di multipli interi di 2π; è invece convessa in $[\pi, 2\pi]$ e quindi in tutti gli intervalli che si ottengono traslandolo di multipli interi di 2π; ne consegue che tutti i punti $x_k = k\pi$ sono punti di *flesso*;

v) è strettamente decrescente in $[\pi/2, 3\pi/2]$ e quindi in tutti gli intervalli che si ottengono traslandolo di multipli interi di 2π; nei restanti intervalli è strettamente crescente;

vi) ha tangente di equazione $y = x$ nell'origine.

Si osservi, inoltre, che il grafico è simmetrico rispetto alla retta $x = \pi/2$; quindi in tutti punti α e β simmetrici rispetto a $\pi/2$, ovvero tali che $\alpha+\beta = \pi$, si ha: $\sin\alpha = \sin\beta = \sin(\pi - \alpha)$. Considerando invece il punto del piano $(\pi, 0)$, si osservi che il grafico è simmetrico rispetto a tale punto: in tutti i punti α e β simmetrici rispetto a π, ovvero tali che $\alpha + \beta = 2\pi$, si ha: $\sin\alpha = -\sin\beta = -\sin(2\pi - \alpha)$.

Il grafico della funzione coseno mostra che la funzione:

i) è pari, ovvero $\cos(-x) = \cos x$;

ii) si annulla in $\pi/2$ e $3\pi/2$, nell'intervallo $[0, 2\pi)$, e quindi in tutti i punti che si ottengono traslando questi di multipli interi del periodo; tali punti, detti *zeri del coseno*, sono tutti e soli del tipo $x_k = \pi/2 + k\pi$, con k intero qualsiasi;

iii) ha massimo 1 e minimo -1 assunti, rispettivamente, in 0 e π, nel periodo $[0, 2\pi)$, e quindi in tutti i punti che si ottengono traslando questi di multipli interi del periodo: $x_k = k(2\pi)$ e $x_k = \pi + k(2\pi)$, con k intero qualsiasi;

iv) è convessa in $[\pi/2, 3\pi/2]$ e quindi in tutti gli intervalli che si ottengono traslandolo di multipli interi di 2π; nei restanti intervalli è concava. Ne consegue che tutti i punti $x_k = \pi/2 + k\pi$ sono punti di *flesso*;

v) è strettamente decrescente in $[0, \pi]$ e quindi in tutti gli intervalli che si ottengono traslandolo di multipli interi di 2π; nei restanti intervalli è strettamente crescente.

Si osservi che il grafico della funzione coseno si può ottenere da quello della funzione seno traslando orizzontalmente quest'ultimo di $-\pi/2$: vale quindi la relazione $\cos x = \sin(x + \pi/2)$; inoltre, dalla figura 16, si vede che il grafico del coseno è simmetrico rispetto al punto del piano $(\pi/2, 0)$; quindi in tutti i punti α e β simmetrici rispetto a $\pi/2$, ovvero tali che $\alpha + \beta = \pi$, si ha: $\cos\alpha = -\cos\beta = -\cos(\pi - \alpha)$.

Infine, è utile conoscere la seguente importante identità che lega le due funzioni: $\cos^2 x + \sin^2 x = 1$, per ogni $x \in \mathbb{R}$.

Considerando il rapporto fra la funzione seno e la funzione coseno, definito in ogni punto diverso da $\pi/2 + k\pi$ (zeri del coseno), si ottiene una nuova funzione periodica chiamata *tangente*: $\tan : \mathbb{R} \setminus \{\pi/2 + k\pi\} \longrightarrow \mathbb{R}$, con

$\tan x = \dfrac{\sin x}{\cos x}$. Il suo grafico è il seguente

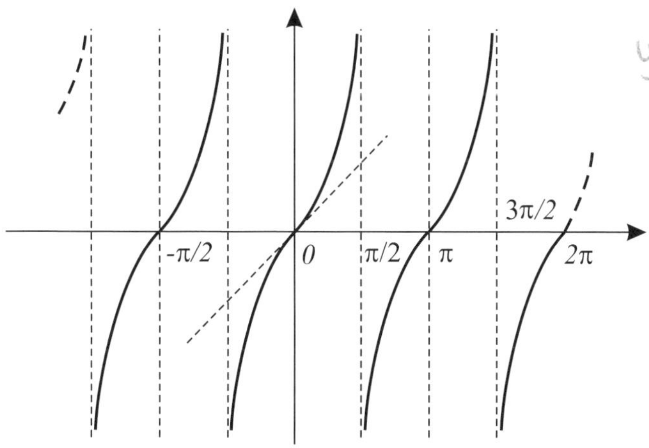

Da esso si osserva che la funzione tangente:

i) è periodica con periodo uguale a π;

ii) è dispari, in quanto rapporto fra una funzione dispari e una pari;

iii) ha gli stessi zeri della funzione seno e ha asintoti verticali negli zeri del coseno;

iv) è suriettiva, in quanto l'insieme immagine coincide con $\mathbb{R}$; inoltre, è strettamente crescente nell'intervallo $(-\pi/2, \pi/2)$ e quindi in tutti gli intervalli da esso ottenuti per traslazione di un qualsiasi multiplo intero del periodo, mentre in nessun intervallo è decrescente;

v) è convessa in $[0, \pi/2)$ e quindi in tutti gli intervalli da esso ottenuti per traslazione di un qualsiasi multiplo intero del periodo, mentre è concava nei restanti intervalli;

vi) ha tangente di equazione $y = x$ nell'origine.

Le funzioni seno, coseno, tangente, così come tutte le funzioni periodiche, non sono invertibili in quanto non iniettive; tuttavia, considerando la loro restrizioni ad un intervallo su cui sono strettamente monotone, è possibile definire le inverse di tali restrizioni. Convenzionalmente, per la funzione seno si considera la restrizione all'intervallo $[-\pi/2, \pi/2]$, per la funzione coseno all'intervallo $[0, \pi]$ e per la funzione tangente si considera la restrizione all'intervallo $(-\pi/2, \pi/2)$. Le inverse delle funzioni seno, coseno e tangente *ristrette agli intervalli suddetti* vengono indicate con i simboli: arcsin, arccos e arctan (a volte, con abuso di scrittura, anche con $\sin^{-1}$, $\cos^{-1}$ e $\tan^{-1}$). In particolare, per la funzione *arcotangente* si ottiene, dal grafico della tangente con la usuale simmetria rispetto alla bisettrice del primo e terzo quadrante, il seguente grafico

y=arctgx

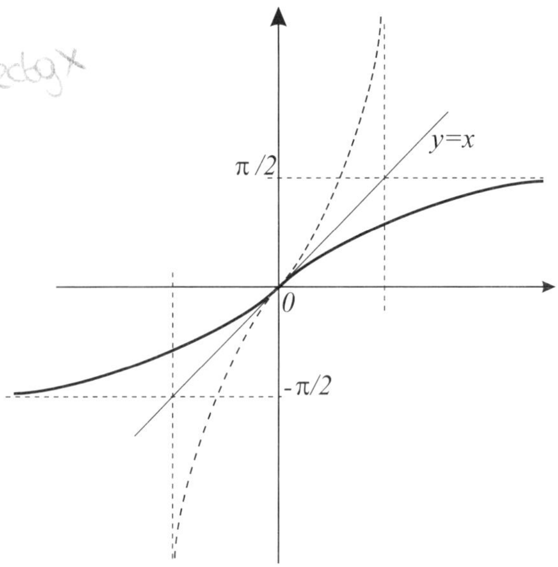

dal quale si osserva che tale funzione:

i) è dispari;

ii) è limitata, avendo insieme immagine $(-\pi/2, \pi/2)$, non ha massimo e minimo, in quanto l'estremo superiore $\pi/2$ e l'estremo inferiore $-\pi/2$ non appartengono all'immagine;

iii) ha asintoti orizzontali di equazione $y = \pi/2$, per $x \to +\infty$, e $y = -\pi/2$, per $x \to -\infty$;

iv) è concava in $[0, +\infty)$, convessa in $(-\infty, 0]$ e ha quindi un punto di flesso nell'origine; in tale punto la tangente al grafico ha equazione $y = x$.

1.5 Grafici deducibili da quello noto di una funzione

Supponiamo che la funzione $f : \mathbb{R} \longrightarrow \mathbb{R}$ abbia, ad esempio, il grafico qui riportato;

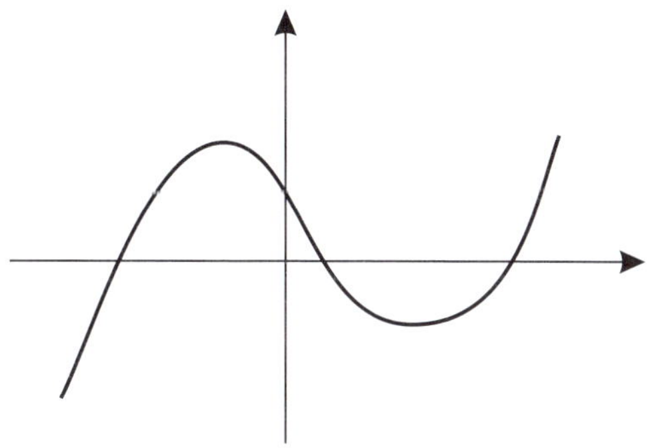

è possibile ricavare, con semplici trasformazioni, il grafico della funzione g : $\mathbb{R} \longrightarrow \mathbb{R}$ definita come segue:

i) $g(x) = -f(x)$: il grafico di g si ottiene operando una simmetria assiale del grafico di f rispetto all'asse delle ascisse, come si vede nella seguente figura;

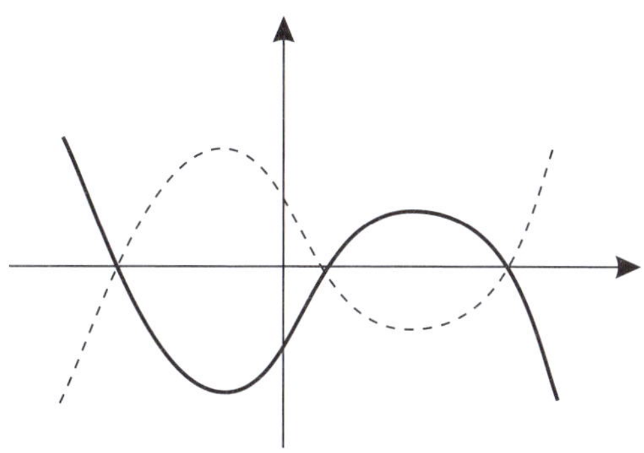

ii) $g(x) = f(-x)$: il grafico di g si ottiene operando una simmetria assiale del grafico di f rispetto all'asse delle ordinate, come si vede nella seguente figura

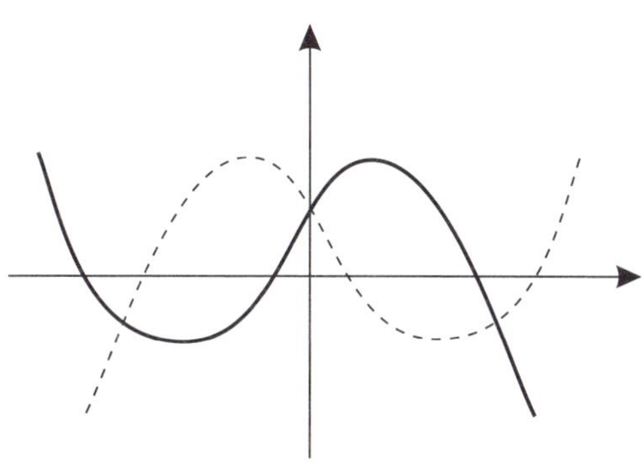

iii) $g(x) = |f(x)|$: ricordando che il modulo di un numero reale è il numero stesso, se esso è non negativo, ed è invece il suo opposto, se esso è negativo, il grafico di g si ottiene operando una simmetria assiale rispetto all'asse delle ascisse delle parti del grafico di f che sono al di sotto di tale asse, e lasciando inalterate le altre, come riportato nel seguente grafico

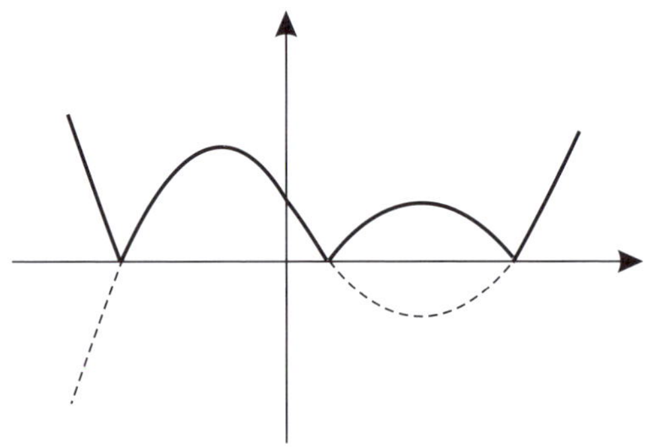

iv) $g(x) = f(|x|)$: poiché g è una funzione pari $(f(|-x|) = f(|x|)$, il grafico di g è simmetrico rispetto all'asse delle ordinate; inoltre, sull'intervallo $[0, +\infty)$ i grafici di f e g coincidono, in quanto $|x| = x$, per ogni x non negativo. Si ottiene così il seguente grafico

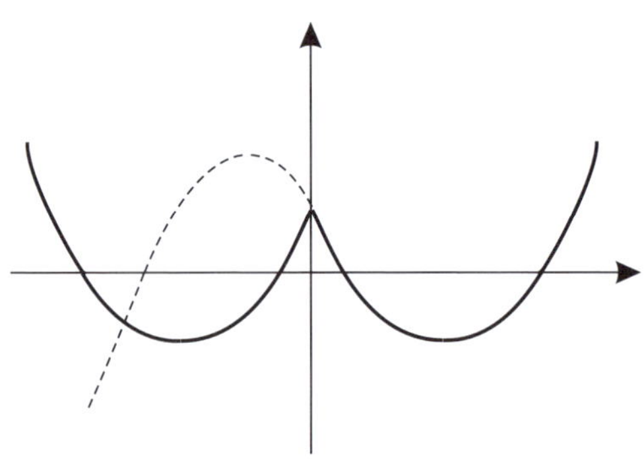

v) $g(x) = f(x) + k$, con k reale qualsiasi: il grafico di g si ottiene traslando di k quello di f, nella direzione dell'asse delle ordinate come si vede nella figura seguente

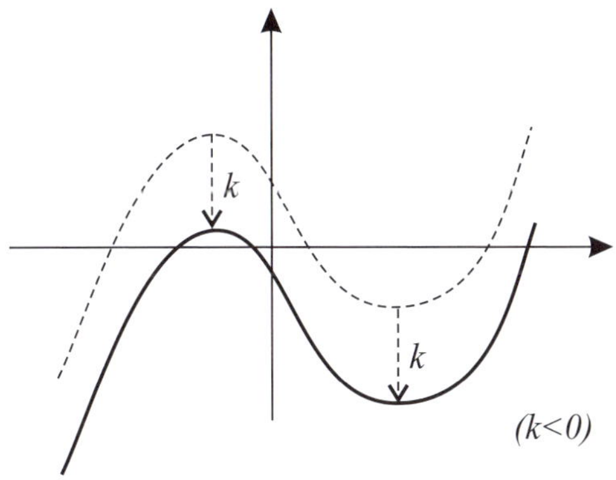

vi) $g(x) = f(x + k)$, con k reale qualsiasi: osservando che l'immagine di x tramite la funzione g si ottiene prendendo l'immagine del punto $x + k$ della funzione f, il grafico di g si ottiene traslando di $-k$ nella direzione dell'asse delle ascisse quello di f, come si vede nella figura seguente

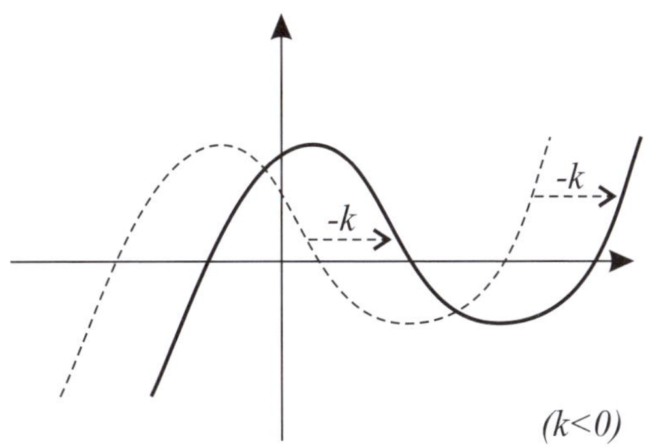

Esercizi

• **1.1.** Si studi l'iniettività e la suriettività della funzione $f\colon \mathbb{R} \longrightarrow \mathbb{R}$ definita da $f(x) = |e^x - 1|$.

○ **1.2.** Verificare che $f : \mathbb{R} \longrightarrow \mathbb{Z}$ definita da $f(x) = [\![2x - 1]\!]$ non è iniettiva.

• **1.3.** Data $f : \mathbb{R} \longrightarrow \mathbb{R}$ definita da $f(x) = x^2 + x$, si verifichi che non è iniettiva. Si individui un intervallo $[a, b]$ tale che la restrizione di f ad $[a, b]$ sia invertibile, e si scriva la funzione inversa.

• **1.4.** Data la funzione $f : \mathbb{R} \longrightarrow \mathbb{R}$ definita da $f(x) = (e^x - e^{-x})/2$, si dimostri che è invertibile e si determini la sua inversa. (La funzione f è detta seno iperbolico ed è indicata con il simbolo "sinh".)

• **1.5.** Determinare, se esistono, le controimmagini di $y = k$, al variare di $k \in \mathbb{R}$, tramite le funzioni seguenti:

$$\begin{aligned}
&\text{(i)} \quad f : \mathbb{R} \setminus \{-3\} \longrightarrow \mathbb{R}, \quad f(x) = \frac{x-1}{x+3},\\
&\text{(ii)} \quad f : \mathbb{R} \longrightarrow \mathbb{R}, \quad f(x) = x^2 - 2x + 4,\\
&\text{(iii)} \quad f : \mathbb{R} \setminus \{\pm 1\} \longrightarrow \mathbb{R}, \quad f(x) = \frac{x^2+1}{x^2-1},\\
&\text{(iv)} \quad f : \mathbb{R} \longrightarrow \mathbb{R}, \quad f(x) = x^4 - 3x^2 + 1.
\end{aligned}$$

○ **1.6.** Dopo aver tracciato il grafico e individuato l'insieme immagine, determinare (graficamente e analiticamente) le controimmagini di $y = k$ (al variare di $k \in \mathbb{R}$) tramite le funzioni

$$f(x) = \begin{cases} 2x+3 & -5 \le x < 0 \\ -x+5 & 0 \le x \le 8 \end{cases}, \qquad f(x) = \begin{cases} x+2 & -6 \le x < -1 \\ 2-x & -1 \le x \le 10 \end{cases},$$

$$f(x) = \begin{cases} -x-1 & x < 0 \\ -1 & 0 \le x \le 2 \\ 3x-6 & 2 < x < 7 \end{cases}, \qquad f(x) = \begin{cases} 2 & x \le -1 \\ 2+x & -1 < x \le 4 \\ 10-2x & x > 4 \end{cases}.$$

• **1.7.** Determinare l'insieme immagine delle seguenti funzioni $f : \mathbb{R} \longrightarrow \mathbb{R}$

(i) $f(x) = e^x - e^{-x}$; (ii) $f(x) = e^{2x} - 2e^x$; (iii) $f(x) = 2^x - 3 \cdot 2^{2x}$.

(Si consiglia di determinare l'insieme dei numeri reali k per cui l'equazione $f(x) = k$ ammette soluzioni.)

• **1.8.** Date le funzioni $f : \mathbb{R}_+ \longrightarrow \mathbb{R}$, definita da $f(x) = \ln x$, e $g : \mathbb{R}_+ \longrightarrow \mathbb{R}_+$ definita da $g(x) = \sqrt{x} + 1/2$, si stabilisca se esistono le funzioni composte $f \circ g$ e $g \circ f$.

∘ **1.9.** Date le funzioni $f, g : \mathbb{R} \longrightarrow \mathbb{R}$ le cui leggi di associazione sono

$$f(x) = \sin x, \qquad g(x) = \begin{cases} 0 & x < 0 \\ \pi & x \geq 0 \end{cases},$$

si determinino le funzioni $f \circ g$ e $g \circ f$.

• **1.10.** Date le funzioni $f : \mathbb{R} \longrightarrow \mathbb{R}$ e $g : \mathbb{R} \longrightarrow \mathbb{R}$ così definite

$$f(x) = \begin{cases} 1 - x & x \leq 1 \\ \ln x & x > 1 \end{cases}, \qquad g(x) = \begin{cases} e^x & x \leq 2 \\ x & x > 2 \end{cases},$$

si determini la funzione $g \circ f$ e se ne tracci un grafico qualitativo.

∘ **1.11.** Si scriva la funzione composta $g \circ f$ dove $f, g : \mathbb{R} \longrightarrow \mathbb{R}$ sono definite nel modo seguente:

$$f(x) = x^2 - x - 2, \qquad g(x) = 2x + 3,$$

$$f(x) = \frac{3 - x}{x^2 + 1}, \qquad g(x) = \frac{2x}{\sqrt{x^2 + 1}},$$

$$f(x) = 3x, \qquad g(x) = \begin{cases} 2 & x < 1 \\ x & x \geq 1 \end{cases}.$$

∘ **1.12.** Date le funzioni f e g seguenti, si determini il massimo sottoinsieme di $\mathbb{R}$ che può essere assunto come loro dominio (tale insieme è detto, a volte, *dominio naturale*) e poi si scrivano, se esistono, le funzioni $g \circ f$ e $f \circ g$; nel caso la composizione non sia definita, si trovino, se esistono, opportune restrizione di f e g che le rendano componibili.

(i) $f(x) = e^{-x}$, $g(x) = \sqrt{x - 1}$; (ii) $f(x) = \ln(2 - x)$, $g(x) = \sqrt{x}$;

(iii) $f(x) = \ln x$, $g(x) = \dfrac{1}{e^x - e^{-x}}$; (iv) $f(x) = \ln\left(\dfrac{1}{x - 1}\right)$, $g(x) = e^x$.

• **1.13.** Date le funzioni $f : A \longrightarrow B$, $g : B \longrightarrow C$, si consideri la funzione $h = g \circ f : A \longrightarrow C$. Mostrare che:

a. se h è iniettiva, allora f è iniettiva;

b. se h è iniettiva e f è suriettiva, allora g è iniettiva.

∘ **1.14.** Date le funzioni $f : A \longrightarrow B$, $g : B \longrightarrow C$, si consideri la funzione $h = g \circ f : A \longrightarrow C$. Mostrare che:

a. se f e g sono iniettive, allora h è iniettiva;

b. se f e g sono biettive, allora h è biettiva e si ha $h^{-1} = f^{-1} \circ g^{-1}$.

∘ **1.15.** Si dimostri che se due funzioni f e g sono crescenti ed è definita la loro composta $h = f \circ g$, allora h è crescente.

• **1.16.** Si dimostri che la funzione $f : \mathbb{R} \longrightarrow \mathbb{R}$ definita da $f(x) = e^{x^3}$ è crescente.

• **1.17.** Dopo averne verificato l'iniettività nel dominio, e determinato l'insieme immagine, si scriva la funzione inversa delle funzioni seguenti

$$f(x) = \begin{cases} 2x+1 & x < -1 \\ 10 - x & -1 \leq x \leq 8 \end{cases}; \qquad f(x) = \begin{cases} 1 - x & -2 \leq x < 1 \\ 2x - 4 & 1 \leq x \leq 2 \end{cases}.$$

∘ **1.18.** Si dimostri che se $f : A \subset \mathbb{R} \longrightarrow \mathbb{R}$ è strettamente crescente (decrescente), allora è invertibile e la sua inversa è strettamente crescente (decrescente).

• **1.19.** Mostrare con un esempio che la condizione di stretta monotonia per una funzione $f : A \subset \mathbb{R} \longrightarrow \mathbb{R}$ non è necessaria per l'esistenza della funzione inversa.

• **1.20.** Dare un esempio di funzione da $\mathbb{R}$ in $\mathbb{R}$ non costante e periodica che non ammette minimo periodo positivo.

• **1.21.** Quale proprietà ha il grafico di una funzione da $\mathbb{R}$ in $\mathbb{R}$ che coincide con la sua inversa (cioè tale che $f(x) = f^{-1}(x)$ per ogni $x \in \mathbb{R}$)?

Tracciare i grafici delle seguenti funzioni:

• **1.22.** $f(x) = e^{-|x|} - 1$

• **1.23.** $f(x) = \left| \dfrac{x}{x-1} \right|$

• **1.24.** $f(x) = -\ln(|x| + 1)$

• **1.25.** $f(x) = \sqrt[3]{|x| - 1} + 1$.

Risolvere, utilizzando opportuni confronti grafici, le seguenti disequazioni:

• **1.26.** $x^2 - x - 2 > 0$

• **1.27.** $3 - kx \geq 0, \quad k \in \mathbb{R}$

• **1.28.** $e^x + x^2 \leq 2$

• **1.29.** $xe^x > 1$

• **1.30.** $(x-1)\ln x < 1$

• **1.31.** $\sqrt[3]{x+1} > x^2 + x.$

∘ **1.32.** $e^x - \dfrac{1}{x} > 3$

∘ **1.33.** $|x+1| \leq -\ln|x|$

∘ **1.34.** $\ln(x+1) > \dfrac{1}{x}$

∘ **1.35.** $e^x \ln x < 1$

∘ **1.36.** $\sqrt{x} + \ln x < 0$

∘ **1.37.** $\dfrac{x-1}{x+1} < 2^{-x}$

∘ **1.38.** $-\dfrac{1}{x} \leq 3 - e^x$

∘ **1.39.** $\arctan x < 2^{-x}.$

Risolvere graficamente e analiticamente le disequazioni seguenti

∘ **1.40.** $|x-1| > |x+4|$

∘ **1.41.** $|x+3| < 1 - x$

∘ **1.42.** $|x^2 - 1| \geq 2 + x - x^2$

∘ **1.43.** $|x| \leq x^2 - 2$

∘ **1.44.** $|x-2| < |x|$

∘ **1.45.** $x^2 + x - 1 < |x+2|$

∘ **1.46.** $\dfrac{3x-1}{2x+1} > 4$

∘ **1.47.** $\dfrac{1-2x}{x+3} \leq -2$

∘ **1.48.** $\dfrac{1-x}{x+2} < 2x + 1$

∘ **1.49.** $\dfrac{2x+1}{x-1} > \dfrac{x+3}{x-2}$

∘ **1.50.** $\sqrt{x-1} > 2$

∘ **1.51.** $\sqrt{2-x} < x$

∘ **1.52.** $\sqrt{x+1} \geq x - 1$

∘ **1.53.** $\sqrt{2+x} \leq \sqrt{x} - 2.$

∘ **1.54.** Dopo aver tracciato i grafici delle funzioni

$$f(x) = 2x - 1, \qquad f(x) = 1 - x^2, \qquad f(x) = \begin{cases} x+2 & x < 0 \\ -x^2 + 4x + 2 & x \geq 0 \end{cases},$$

si disegni il grafico delle funzioni $f(x-2)$, $f(x+1)$, $f(x-1)+2$, $f(x+2)-3$, $|f(x)|$, $f(|x|)$.

SOLUZIONI

1.1. Una funzione $f : A \longrightarrow B$ è suriettiva se ogni elemento di B è immagine di almeno un elemento di A, ovvero, se l'insieme immagine della funzione, indicato con $f(A)$, coincide con B. La funzione data ha immagine $f(\mathbb{R}) = \mathbb{R}_+ \cup \{0\} \neq \mathbb{R}$, dunque non è suriettiva.

Una funzione è iniettiva se ad ogni coppia x_1, x_2, di elementi appartenenti al dominio, e tali che $x_1 \neq x_2$, corrispondono immagini $f(x_1) \neq f(x_2)$, oppure, in modo equivalente, se ogni volta che le immagini di due elementi del dominio coincidono, cioè $f(x_1) = f(x_2)$, allora i due elementi coincidono, cioè $x_1 = x_2$. Ne consegue che una funzione $f : \mathbb{R} \longrightarrow \mathbb{R}$ è iniettiva se e solo se, per ogni $y \in f(\mathbb{R})$, l'equazione $f(x) = y$ ha una e una sola soluzione.

Si consideri la funzione data f; l'equazione $|e^x - 1| = y$, con $y \geq 0$, è equivalente, se $x \geq 0$, all'equazione $e^x = y + 1$, che ha soluzione $x = \ln(y + 1)$, mentre è equivalente, se $x < 0$, all'equazione $e^x = 1 - y$, la quale è impossibile se $y \geq 1$, ed ha invece la soluzione $x = \ln(1 - y)$ se $0 < y < 1$; ne consegue che l'equazione $f(x) = y$ ha, se $0 < y < 1$, due soluzioni distinte e, pertanto, non è iniettiva.

1.3. Si ha

$$\begin{aligned} f(x_1) - f(x_2) &= x_1^2 + x_1 - x_2^2 - x_2 = (x_1 - x_2)(x_1 + x_2) + (x_1 - x_2) \\ &= (x_1 - x_2)(x_1 + x_2 + 1), \end{aligned}$$

e tale prodotto è nullo se $x_1 = x_2$, oppure se $(x_1 + x_2)/2 = -1/2$, ovvero se x_1, x_2 sono simmetrici rispetto a $-1/2$; dunque la funzione data non è iniettiva, né lo è qualsiasi sua restrizione ad un intervallo che abbia $-1/2$ come punto interno. Se, invece, si considera la restrizione di f ad un qualsiasi intervallo $[a, b] \subset (-\infty, -1/2]$, oppure $[a, b] \subset [-1/2, +\infty)$, allora si ha $f(x_1) = f(x_2)$ se e solo se $x_1 = x_2$ (infatti, in tali intervalli, $x_1 + x_2 + 1 \neq 0$), e, pertanto, tali restrizioni sono iniettive, e dunque invertibili. Per gli intervalli $[a, b] \subset (-\infty, -1/2]$, si ha $f^{-1}(y) = -1/2(\sqrt{1 + 4y} + 1)$; per gli intervalli $[a, b] \subset [-1/2, +\infty)$, si ha $f^{-1}(y) = 1/2(\sqrt{1 + 4y} - 1)$.

1.4. Si ha

$$
\begin{aligned}
f(x_1) = f(x_2) &\iff e^{x_1} - e^{-x_1} = e^{x_2} - e^{-x_2} \\
&\iff e^{x_1} - e^{x_2} = (e^{x_2} - e^{x_1})e^{-(x_1+x_2)} \\
&\iff (e^{x_1} - e^{x_2})(1 + e^{-(x_1+x_2)}) = 0 \iff x_1 = x_2.
\end{aligned}
$$

La funzione sinh è iniettiva e pertanto invertibile. Il dominio della inversa si ottiene considerando l'insieme dei valori $y \in \mathbb{R}$ tali che l'equazione $\sinh x = y$, ovvero $e^x - e^{-x} = 2y$, sia possibile. Ponendo $t = e^x$, l'equazione diventa $t^2 - 2yt - 1 = 0$, con $t > 0$; tale equazione ha due soluzioni per ogni $y \in \mathbb{R}$, di cui l'unica accettabile è $t = e^x = y + \sqrt{y^2+1}$. Quindi l'equazione $\sinh x = y$ è possibile per ogni $y \in \mathbb{R}$, e ha soluzione $x = \ln(y + \sqrt{y^2+1})$, cosicché si ha $\sinh^{-1} : \mathbb{R} \longrightarrow \mathbb{R}$, definita da $\sinh^{-1}(y) = \ln(y + \sqrt{y^2+1})$.

1.5. (i) $f^{-1}(k) = \dfrac{1+3k}{1-k}$, $k \neq 1$; (ii) $f^{-1}(k) = 1 \pm \sqrt{k-3}$, $k \geq 3$;
(iii) $f^{-1}(k) = \pm\sqrt{\dfrac{k+1}{k-1}}$, $k \leq -1$ e $k > 1$;
(iv) $f^{-1}(k) = \pm\sqrt{\frac{3\pm\sqrt{5+4k}}{2}}$, se $-5/4 \leq k \leq 1$, e $f^{-1}(k) = \pm\sqrt{\frac{3+\sqrt{5+4k}}{2}}$, se $k > 1$.

1.7. (i) $Im(f) = \mathbb{R}$; (ii) $Im(f) = [-1, +\infty)$; (iii) $Im(f) = (-\infty, 1/12]$.

1.8. Date due funzioni f, g, è definita la funzione $f \circ g$ se l'immagine di g è contenuta nel dominio di f. Nel caso delle funzioni f, g date nell'esercizio tale condizione è soddisfatta, poiché l'insieme a cui appartengono gli elementi $g(x)$ coincide con il dominio di f; quindi si ha $f \circ g : \mathbb{R}_+ \longrightarrow \mathbb{R}$, definita da $f(g(x)) = \ln(\sqrt{x} + 1/2)$.
Invece, poiché l'immagine della funzione f è l'insieme $\mathbb{R}$ e il dominio di g è $\mathbb{R}_+$, non è possibile definire la funzione $g \circ f$. Tuttavia, avendo tali insiemi intersezione non vuota, è possibile comporre g con la restrizione, $\tilde{f}$, della funzione f all'insieme

$$E = f^{-1}(\mathbb{R} \cap \mathbb{R}_+) = \{x \in \mathbb{R} : \ \ln x \in \mathbb{R} \cap \mathbb{R}_+\} = (1, +\infty);$$

infatti $\tilde{f}$ ha, per il modo in cui è stata definita, immagine $\tilde{f}(E)$ contenuta nel dominio di g. Si ha, dunque, $g \circ \tilde{f} : E \longrightarrow \mathbb{R}_+$, con $g(\tilde{f}(x)) = \sqrt{\ln x} + 1/2$. Si osservi, comunque, che è uso comune, seppur improprio, considerare $g \circ \tilde{f}$ come la composta di g con f, indicandola con il simbolo $g \circ f$.

1.9. La funzione $f \circ g : \mathbb{R} \longrightarrow \mathbb{R}$ è così definita: $f(g(x)) = 0$; la funzione $g \circ f : \mathbb{R} \longrightarrow \mathbb{R}$ è così definita:

$$g(f(x)) = \begin{cases} \pi & 2k\pi \le x \le (2k+1)\pi \\ 0 & (2k-1)\pi < x < 2k\pi, \end{cases}$$

con $k \in \mathbb{Z}$. Si osservi che $f \circ g \neq g \circ f$.

1.10. La funzione $g \circ f : \mathbb{R} \longrightarrow \mathbb{R}$ è così definita

$$g(f(x)) = \begin{cases} 1-x & x < -1 \\ e^{1-x} & -1 \le x \le 1 \\ x & 1 < x \le e^2 \\ \ln x & x > e^2. \end{cases}$$

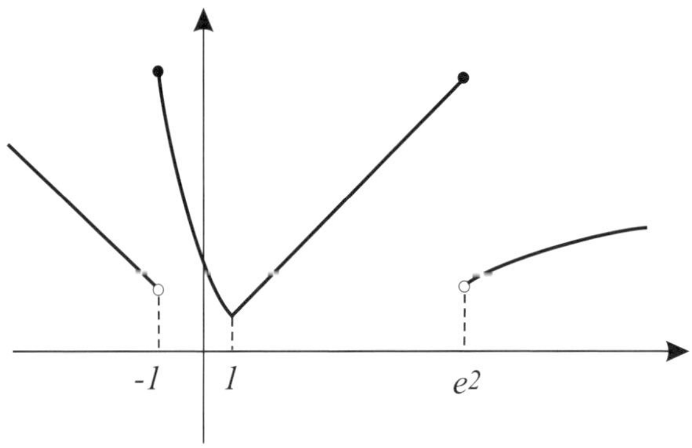

1.13. a. Si dimostra per assurdo; se f non è iniettiva esistono $x_1, x_2 \in A$ distinti e tali che $f(x_1) = f(x_2)$, ma allora si ha

$$h(x_1) = g(f(x_1)) = g(f(x_2)) = h(x_2),$$

in contraddizione con l'iniettività di h ammessa per ipotesi.

b. Si dimostra ancora per assurdo; se g non è iniettiva esistono $y_1, y_2 \in B$ distinti e tali che $g(y_1) = g(y_2)$. Poiché f è suriettiva e, per la precedente dimostrazione, iniettiva, esistono $x_1, x_2 \in A$ distinti e tali che $f(x_1) = y_1$ e $f(x_2) = y_2$, ma allora si ha

$$h(x_1) = g(y_1) = g(y_2) = h(x_2),$$

in contraddizione con l'iniettività di h ammessa per ipotesi.

Si osservi che la suriettività di f è essenziale nella dimostrazione; infatti, se f non fosse suriettiva, potrebbe accadere che al più uno degli elementi y_1, y_2 abbia controimmagine in A e quindi non si determinerebbe contraddizione con l'iniettività di h. Si considerino, ad esempio, le funzioni $f : \mathbb{R} \longrightarrow \mathbb{R}$, con $f(x) = e^x$, e $g : \mathbb{R} \longrightarrow \mathbb{R}$, con $g(x) = x^2 + x$; si verifichi che, in questo caso, non essendo f suriettiva, la funzione $h = g \circ f$ è iniettiva benché g non lo sia.

1.16. La funzione f può essere ottenuta componendo la funzione $g : \mathbb{R} \longrightarrow \mathbb{R}$ definita da $g(x) = e^x$, con la funzione $h : \mathbb{R} \longrightarrow \mathbb{R}$ definita da $h(x) = x^3$; si ha infatti $f = g \circ h$. Poiché sia g che h sono crescenti, ne consegue (vedi [**1.15**]) che anche f è crescente.

1.17.

$$f^{-1}(x) = \begin{cases} \dfrac{x-1}{2} & x < -1 \\ 10 - x & 2 \le x \le 11 \end{cases} ; \qquad f^{-1}(x) = \begin{cases} \dfrac{x+4}{2} & -2 \le x \le 0 \\ 1 - x & 0 < x \le 3 \end{cases} .$$

1.19. Si consideri, ad esempio, la funzione $f : \mathbb{R} \longrightarrow \mathbb{R}$ così definita

$$f(x) = \begin{cases} e^x & x < 0 \\ -x & x \ge 0; \end{cases}$$

f è crescente in $(-\infty, 0)$ e decrescente in $[0, +\infty)$, quindi in $\mathbb{R}$ non è monotona, tuttavia è iniettiva: infatti lo sono le sue restrizioni agli intervalli $(-\infty, 0)$, $[0, +\infty)$ e si ha $f((-\infty, 0)) \cap f([0, +\infty)) = \emptyset$. (In altro modo, si può verificare che f è iniettiva tracciando un suo grafico qualitativo e osservando che ogni retta parellela all'asse x lo interseca al più in un punto). Dunque f, pur non essendo strettamente monotona, ammette inversa, così definita

$$f^{-1}(x) = \begin{cases} -x & x \le 0 \\ \ln x & 0 < x < 1. \end{cases}$$

Si può dimostrare che la condizione di stretta monotonia diventa una condizione necessaria per l'esistenza dell'inversa se si considerano le funzioni *continue* su un *intervallo* (limitato o illimitato). Ne consegue che se $f : (a, b) \longrightarrow \mathbb{R}$ è continua, f è invertibile se e solo se è strettamente monotona.

1.20. Si consideri la funzione $f : \mathbb{R} \longrightarrow \mathbb{R}$ così definita

$$f(x) = \begin{cases} 1 & \text{per } x \text{ razionale} \\ 0 & \text{per } x \text{ irrazionale,} \end{cases}$$

detta *funzione di Dirichlet*. I periodi di tale funzione sono i numeri razionali $\mathbb{Q}$. Infatti, se x è razionale, allora, per ogni $t \in \mathbb{Q}$, anche $x + t \in \mathbb{Q}$, e quindi $f(x) = f(x + t) = 1$; se x è irrazionale , allora, per ogni $t \in \mathbb{Q}$, si ha che $x + t$ è irrazionale, e dunque $f(x) = f(x + t) = 0$. Si ha dunque, per ogni $x \in \mathbb{R}$, $f(x + t) = f(x)$ con $t \in \mathbb{Q}$, e pertanto la funzione di Dirichlet è non costante e periodica, ma non ha minimo periodo $t > 0$.

Osservazione. Se si richiede alla funzione di essere anche continua, allora si può dimostrare che l'insieme dei suoi periodi è discreto e quindi esiste un suo elemento positivo tale che ogni periodo è multiplo intero di esso; questo elemento, in tali casi, si chiama periodo della funzione (ad esempio per la funzione seno tale elemento è 2π). Pertanto, nell'insieme delle funzioni periodiche e continue, solo le funzioni costanti non hanno minimo periodo.

1.21. Sia $f : E \subset \mathbb{R} \longrightarrow \mathbb{R}$. Se f è invertibile, la sua funzione inversa $f^{-1} : f(E) \longrightarrow E$ ha grafico $\mathrm{gr}(f^{-1})$ tale che $(a, b) \in \mathrm{gr}(f^{-1})$ se e solo se $(b, a) \in \mathrm{gr}(f)$. Ne consegue che i grafici di due funzioni, una inversa dell'altra, sono simmetrici rispetto alla retta di equazione $y = x$ (si dimostri, per esercizio, che il punto (a, b) è simmetrico del punto (b, a) rispetto alla retta $y = x$).

Pertanto il grafico di una funzione che coincide con la sua inversa deve essere simmetrico rispetto alla bisettrice del primo e terzo quadrante.

Si può considerare, come esempio, $f : \mathbb{R} \longrightarrow \mathbb{R}$ definita da $f(x) = -x$.

1.22. Il seguente grafico di f si ottiene a partire da quello noto di e^x operando successivamente le trasformazioni: e^{-x}, $e^{-|x|}$, $e^{-|x|} - 1$.

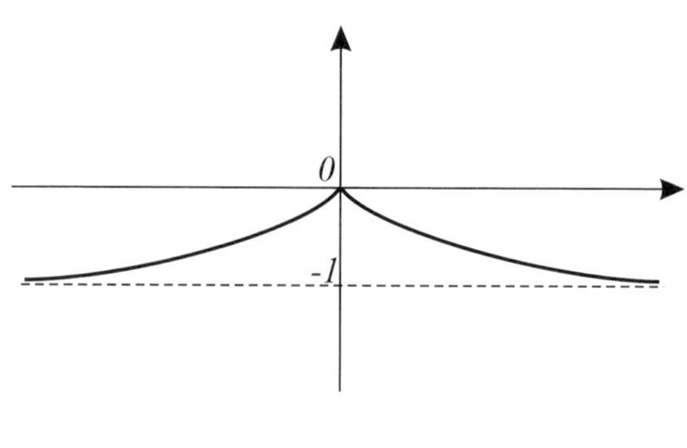

1.23. Osservando che vale: $\dfrac{x}{x-1} = 1 + \dfrac{1}{x-1}$, il seguente grafico di f si ottiene a partire da quello noto di $\dfrac{1}{x}$ operando successivamente le trasformazioni:

$$\frac{1}{x-1},\ \frac{1}{x-1}+1,\ \left|\frac{1}{x-1}+1\right|.$$

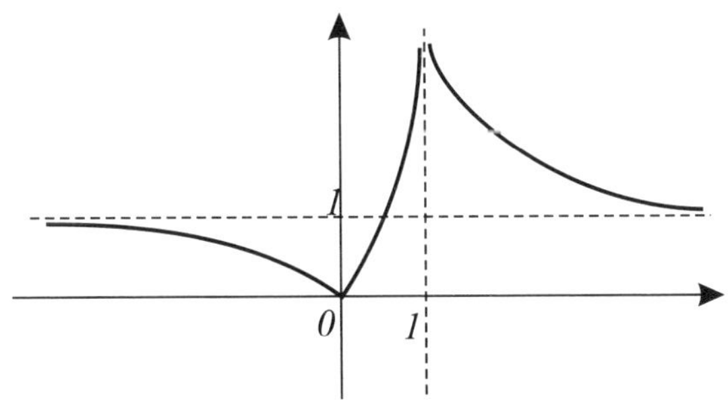

1.24. Il seguente grafico di f si ottiene a partire da quello noto di $\ln x$ operando successivamente le trasformazioni: $\ln(x+1)$, $\ln(|x|+1)$, $-\ln(|x|+1)$.

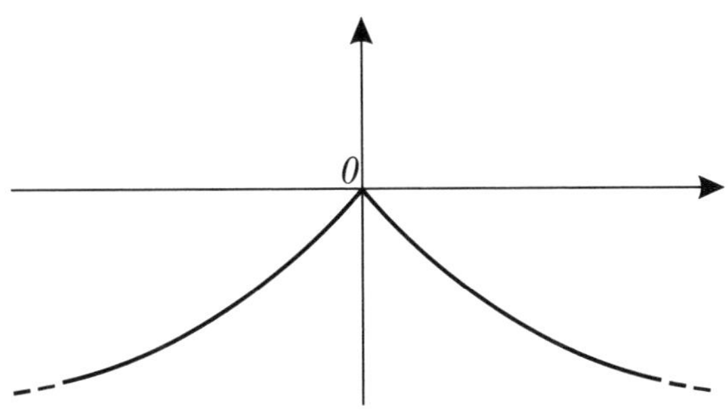

1.25. Il seguente grafico di f si ottiene a partire da quello noto di $\sqrt[3]{x}$ operando successivamente le trasformazioni: $\sqrt[3]{x-1}$, $\sqrt[3]{|x|-1}$, $\sqrt[3]{|x|-1}+1$.

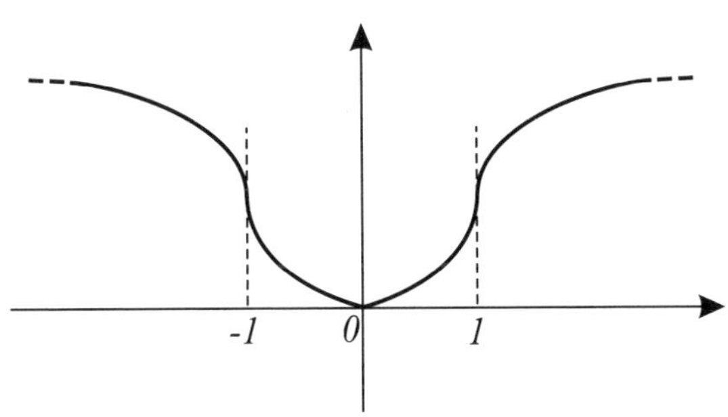

1.26. Premettiamo la seguente

Osservazione. Data la disequazione

$$f(x) > g(x) \quad (f(x) < g(x)),$$

sia $\mathcal{D}$ il massimo sottoinsieme di $\mathbb{R}$ in cui sia f che g assumono valori reali ($\mathcal{D}$ è chiamato insieme di definizione della disequazione). Si può risolvere tale disequazione utilizzando il metodo detto del "confronto grafico" che consiste nel tracciare, nel piano cartesiano, i grafici delle funzioni $f, g : \mathcal{D} \longrightarrow \mathbb{R}$; le soluzioni della disequazione coincidono con i valori di $x \in \mathcal{D}$ per i quali il grafico di f giace al di sopra (nel caso $>$) o al di sotto (nel caso $<$) del grafico di g.

Utilizzando tale metodo per risolvere la disequazione proposta, si disegna il grafico (parabola) della funzione $f(x) = x^2 - x - 2$

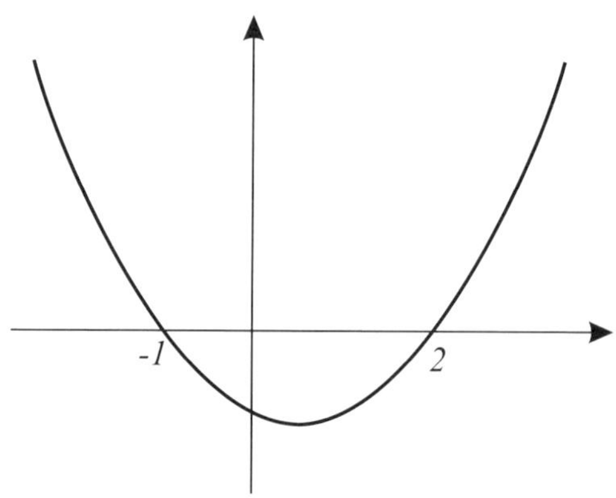

e si osserva che tale grafico è posto al di sopra dell'asse x in corrispondenza dei valori: $x < -1$ e $x > 2$, che sono quindi le soluzioni cercate.

1.27. I grafici delle funzioni $f_k(x) = 3 - kx$ sono il fascio di rette di centro nel punto $(0, 3)$; al variare del parametro reale k si hanno le situazioni riportate

nel seguente grafico

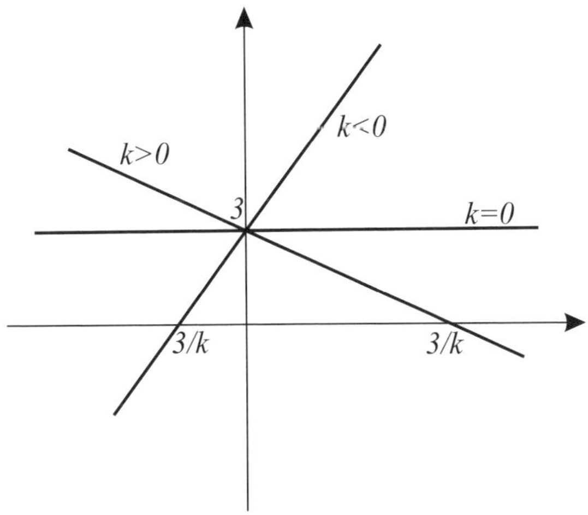

dal quale si ricavano, come spiegato nell'osservazione relativa all'esercizio [**1.26**], le soluzioni: $x \leq 3/k$, se $k > 0$, $x \geq 3/k$, se $k < 0$ e $\forall x \in \mathbb{R}$, se $k = 0$.

1.28. Riscrivendo la disequazione nella forma $e^x \leq 2 - x^2$, si tracciano i grafici delle funzioni $f(x) = e^x$ e $g(x) = 2 - x^2$;

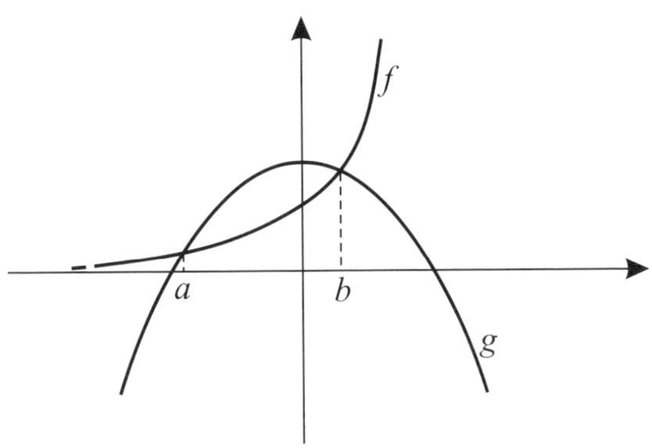

dalla figura si ricavano, come spiegato nell'osservazione relativa all'esercizio [**1.26**], le soluzioni: $a \leq x \leq b$, con $-\sqrt{2} < a < 0$ e $0 < b < \sqrt{2}$.

1.29. Dividendo ambo i membri della disequazione per e^x (sempre positivo), si ottiene la disequazione equivalente $x > e^{-x}$, in cui entrambi i membri sono funzioni elementari con i grafici seguenti:

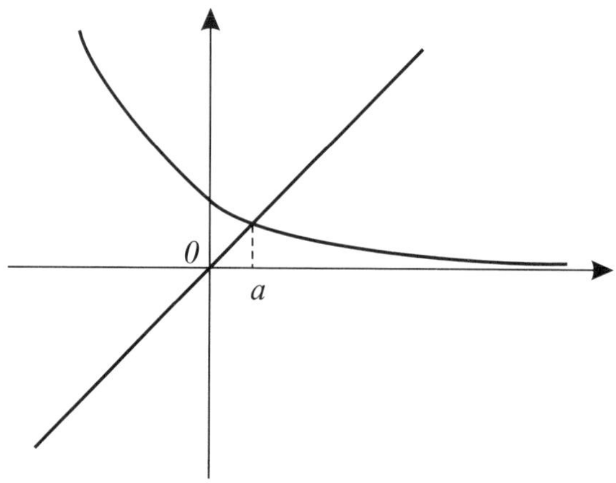

dalla figura si ricavano (si veda l'esercizio [**1.26**]) le soluzioni: $x > a$, con $0 < a < 1$.

1.30. Per $x = 1$ la disequazione è risolta; se $x \neq 1$, la disequazione proposta è equivalente a $\ln x < \dfrac{1}{x-1}$, se $x > 1$, ed a $\ln x > \dfrac{1}{x-1}$, se $x < 1$. I grafici delle funzioni $f(x) = \ln x$ e $g(x) = \dfrac{1}{x-1}$ sono i seguenti:

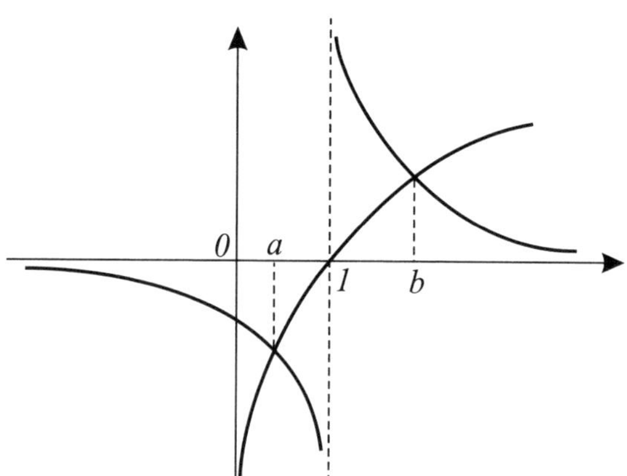

dalla figura, e aggiungendo la soluzione $x = 1$ precedentemente trovata, si ricavano le soluzioni: $a < x < b$, con $0 < a < 1 < b$.

1.31. I grafici delle funzioni $f(x) = \sqrt[3]{x+1}$ e $g(x) = x^2 + x$ sono i seguenti,

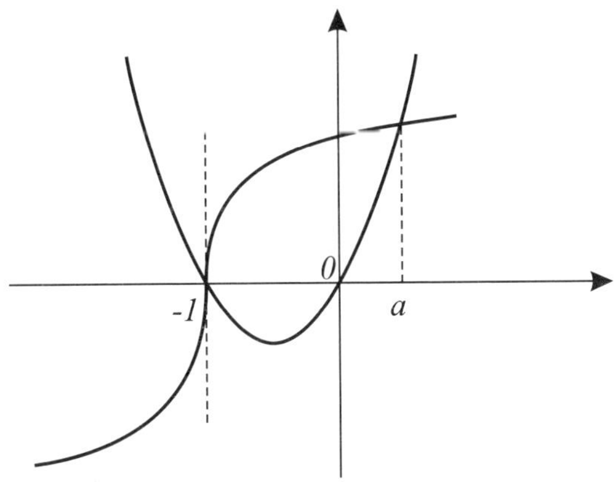

quindi si ottengono (si veda l'esercizio [**1.26**]) le soluzioni: $-1 < x < a$, con $a > 0$.

1.32. $\alpha < x < 0, \quad x > \beta$. **1.33.** $-1 \leq x < 0, \quad 0 < x < \alpha(< 1)$.

1.34. $(-1 <)\alpha < x < 0, \quad x > \beta(> 1)$. **1.35.** $0 < x < \alpha$.

1.36. $0 < x < \alpha$. **1.37.** $x < \alpha(< -1), \quad -1 < x < \beta$.

1.38. $x < \alpha, \quad 0 < x < \beta$. **1.39.** $x < \alpha \ (\alpha > 0.)$

1.40. $x < -3/2$. **1.41.** $x < -1$. **1.42.** $x \leq -1, \quad x \geq 3/2$.

1.43. $x \leq -2, \quad x \geq 2$. **1.44.** $x > 1$. **1.45.** $-\sqrt{3} < x < \sqrt{3}$.

1.46. $-1 < x < -1/2$. **1.47.** $x < -3$.

1.48. $\dfrac{-3-\sqrt{7}}{2} < x < -2, x > \dfrac{-3+\sqrt{7}}{2}$.

1.49. $x < \dfrac{5-\sqrt{21}}{2}, \quad 1 < x < 2, x > \dfrac{5+\sqrt{21}}{2}$.

1.50 $x > 5$. **1.51.** $1 < x \leq 2$. **1.52.** $-1 \leq x \leq 3$. **1.53.** $\emptyset$.

Capitolo 2

Limiti

2.1 Topologia di $\mathbb{R}$

Le nozioni che introdurremo in seguito servono a definire la posizione relativa di un elemento di $\mathbb{R}^*$ rispetto a un insieme a cui l'elemento può appartenere oppure no; in particolare, si vuole precisare cosa si intende, nel linguaggio dell'analisi matematica, quando si dice che un punto è "lontano" oppure "vicino" a un insieme assegnato.

Esempio. Si consideri l'insieme

$$A = \{1/n\}_{n\geq 1} \cup [1,2] \cup \{3\},$$

e, in particolare, la posizione dei punti 3, 2, 0 rispetto ad A.

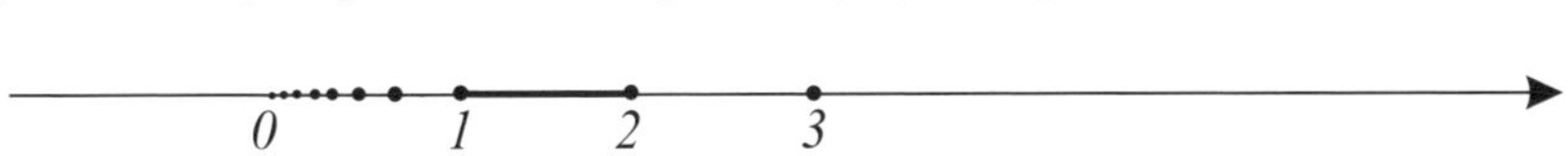

Si osservi che:

- il punto 3 appartiene all'insieme ma la distanza dal più prossimo punto dell'insieme diverso dal punto 3 stesso (che è 2) è 1;

- il punto 2 appartiene all'insieme, ed è anche "vicino" ad altri punti dell'insieme (nel senso che: per quanto ci si voglia avvicinare a 2 saltellando su punti dell'insieme diversi da 2, lo si può fare);
- infine, il punto 0: non appartiene all'insieme A, ma per lui valgono le stesse considerazioni fatte per 2 (cioè, ci si può avvicinare a 0 quanto si vuole stando in A).

Le osservazioni appena fatte lasciano intuire che il punto 3 sarà da considerarsi "lontano" da A (pur appartenendo ad A), mentre il punto 0, che non appartiene ad A, sarà considerato "vicino" all'insieme A.

Per definire in maniera formale il concetto di vicinanza che l'esempio lascia intuire, e per introdurre concetti ad esso legati, diamo la nozione di intorno di un punto p di $\mathbb{R}^*$.

Definizione. Se $p = x_0 \in \mathbb{R}$, si chiama *intorno* di x_0, e si indica col simbolo $\mathcal{U}(x_0)$, un qualsiasi intervallo del tipo

$$\mathcal{U}(x_0) = (x_0 - r, x_0 + r),$$

con $r > 0$ (r viene detto *raggio dell'intorno*); in particolare, si chiamano *intorno destro*, *intorno sinistro* di x_0, e si indicano con i simboli $\mathcal{U}_+(x_0)$, $\mathcal{U}_-(x_0)$, degli intervalli del tipo

$$[x_0, x_0 + r), \qquad (x_0 - r, x_0],$$

con $r > 0$. Talvolta, un intorno del tipo $(x_0 - r, x_0 + r)$, per distinguerlo da un intorno destro o sinistro, viene detto intorno *completo*.

Definizione. Si chiama *intorno* di $+\infty$, e si indica col simbolo $\mathcal{U}(+\infty)$, un qualsiasi intervallo della forma

$$\mathcal{U}(+\infty) = (K, +\infty),$$

con $K \in \mathbb{R}$. Analogamente, si chiama *intorno* di $-\infty$, e si indica col simbolo $\mathcal{U}(-\infty)$, un qualsiasi intervallo della forma

$$\mathcal{U}(-\infty) = (-\infty, K),$$

con $K \in \mathbb{R}$.

Val la pena di osservare che:

i) ogni punto di $\mathbb{R}^*$ ha infiniti intorni;

ii) se $p = x_0 \in \mathbb{R}$, x_0 è contenuto in ogni suo intorno completo, destro, sinistro;

iii) l'intersezione di due o più intorni di un punto, è ancora un intorno di quel punto;

iv) presi $p, q \in \mathbb{R}^*$, $p \neq q$, esistono $\mathcal{U}(p)$ e $\mathcal{U}(q)$ tali che $\mathcal{U}(p) \cap \mathcal{U}(q) = \emptyset$ (si dice che gli intorni *separano i punti*).

È possibile, a questo punto, definire in maniera formale il concetto di punto "vicino" a un insieme.

Definizione. Sia $A \subseteq \mathbb{R}$ e sia $p \in \mathbb{R}^*$. Si dice che p è d'*accumulazione* per A se

$$\forall \mathcal{U}(p), \quad \exists\, a \in A,\ a \neq p : a \in \mathcal{U}(p).$$

In altre parole, in ogni intorno di p si trovano punti dell'insieme A diversi da p (la specifica "diversi da p" vuole evitare la situazione del punto 3 dell'esempio descritto all'inizio del paragrafo, dove in ogni intorno di 3 c'è un punto di A, che per molti intorni necessariamente coincide col punto 3 stesso). Si osservi che p è d'accumulazione per A se e solo se in ogni intorno di p ci sono infiniti punti di A (la verifica è lasciata all'intuito dello studente).

Definizione. Un punto $x_0 \in A \subseteq \mathbb{R}$ si dice *isolato* se

$$\exists \mathcal{U}(x_0) : \quad \mathcal{U}(x_0) \cap A = \{x_0\},$$

cioè c'è (almeno) un intorno di x_0 che non contiene altri punti di A diversi da x_0.

Esempio. Se $A = \{1/n\}_{n \geq 1}$, il punto $p = 0$ è d'accumulazione per A, mentre tutti i punti di A sono isolati.

Definizione. Un punto $x_0 \in A \subseteq \mathbb{R}$ si dice *interno* ad A se

$$\exists \mathcal{U}(x_0) : \quad \mathcal{U}(x_0) \subseteq A;$$

in altre parole, se ci si sposta un pochino prima e un pochino dopo il punto x_0 si è certi di restare sempre nell'insieme A. Un insieme in cui tutti i punti sono interni si dice *aperto* in $\mathbb{R}$; un insieme il cui complementare in $\mathbb{R}$ è aperto si dice *chiuso* in $\mathbb{R}$.

Esempio. Ogni intervallo del tipo (a, b), con $-\infty \leq a < b \leq +\infty$, è un insieme aperto; ogni intervallo del tipo $[a, b]$, anche nel caso $a = b$, è un insieme chiuso, così come ogni intervallo del tipo $(-\infty, b]$ e $[a, +\infty)$.

Osservazioni. i. È evidente che un punto interno ad A è anche d'accumulazione per A.
ii. In generale, un sottoinsieme di $\mathbb{R}$ non è né aperto né chiuso (ad esempio, gli intervalli del tipo $(a, b]$ con $a, b \in \mathbb{R}$, non sono né aperti né chiusi).

Definizione. Dato un sottoinsieme A di $\mathbb{R}$, si chiama *frontiera* di A, e si indica col simbolo ∂A, l'insieme dei punti $p \in \mathbb{R}^*$ con la proprietà seguente

$$\forall \mathcal{U}(p): \quad \mathcal{U}(p) \cap A \neq \emptyset \quad \text{e} \quad \mathcal{U}(p) \cap A^c \neq \emptyset.$$

Osservazione. Per abuso di linguaggio, considereremo $+\infty$ punto di frontiera di ogni insieme superiormente illimitato, e $-\infty$ punto di frontiera di ogni insieme inferiormente illimitato.

Dalle definizioni date si può dedurre che la frontiera di un insieme può essere caratterizzata come l'insieme costituito dai punti isolati dell'insieme e dai punti di accumulazione per l'insieme che non siano interni all'insieme stesso.

Esempio. Sia A l'insieme definito come segue:

$$A = \{1/n\}_{n \geq 1} \cup [2, 3) \cup \{n^2\}_{n \geq 2}$$

- i punti interni ad A sono i punti dell'insieme $(2, 3)$ (l'insieme dei punti interni ad un insieme è sempre un suo sottoinsieme);
- i punti isolati sono: $\{1/n\}_{n \geq 1} \cup \{n^2\}_{n \geq 2}$ (sono sempre un sottoinsieme di A);

- i punti d'accumulazione non interni sono: $\{0\} \cup \{2\} \cup \{3\} \cup \{+\infty\}$;
- $\partial A = \{0\} \cup \{1/n\}_{n\geq 1} \cup \{2\} \cup \{3\} \cup \{n^2\}_{n\geq 2} \cup \{+\infty\}$.

Vale la pena di osservare quanto segue: se $A \subseteq \mathbb{R}$, $A \neq \emptyset$, allora

$$p = \sup A \Longrightarrow p \in \partial A \quad \text{e} \quad p = \inf A \Longrightarrow p \in \partial A;$$

inoltre, un sottoinsieme di $\mathbb{R}$ superiormente (inferiormente) illimitato può essere caratterizzato come segue:

$$A \text{ è superiormente illimitato} \Longleftrightarrow +\infty \text{ è d'accumulazione per } A,$$

e

$$A \text{ è inferiormente illimitato} \Longleftrightarrow -\infty \text{ è d'accumulazione per } A.$$

(la verifica, semplice, è lasciata allo studente).

La nozione di intorno di un punto di $\mathbb{R}^*$ appena introdotta permette di definire il significato del termine *locale* spesso utilizzato, in contrapposizione al termine *globale*, per descrivere proprietà godute da una funzione.

Definizione. Si dice che una proprietà goduta da f è di tipo *locale* nel punto p se riguarda il comportamento di f ristretta a un opportuno intorno del punto p.

Esempi. i. La funzione $f(x) = 1/x$, definita in $\mathbb{R} \setminus \{0\}$, non è monotona crescente né decrescente sul dominio (cioè globalmente), ma è localmente decrescente (in senso stretto) in ogni punto $x_0 \in \mathbb{R} \setminus \{0\}$.
ii. La funzione $f(x) = x^2 - 1$ definita in $\mathbb{R}$ non ha segno costante sul dominio, ma ha localmente segno costante in tutti i punti x_0 diversi da 1 e da -1; non esistono, invece, intorni di 1 e -1 in cui f sia positiva o negativa.

A proposito delle proprietà locali di una funzione, val la pena di introdurre a questo punto un concetto di grande importanza nel seguito, che è già stato definito nella sua versione globale. Sia $f : \mathcal{D} \subseteq \mathbb{R} \longrightarrow \mathbb{R}$, e sia x_0 un punto di $\mathcal{D}$.

Definizione. Si dice che x_0 è un *punto di massimo relativo* (o *massimo locale*) per f se esiste $\mathcal{U}(x_0)$ tale che

$$f(x) \leq f(x_0), \qquad \forall x \in \mathcal{U}(x_0) \cap \mathcal{D};$$

si dice che x_0 è un *punto di minimo relativo* (o *minimo locale*) per f se esiste $\mathcal{U}(x_0)$ tale che

$$f(x) \geq f(x_0), \qquad \forall x \in \mathcal{U}(x_0) \cap \mathcal{D}.$$

I punti di massimo e minimo relativo vengono detti *punti di estremo relativo*, oppure *estremanti*. In particolare, se la disuguaglianza è stretta per ogni $x \in \mathcal{U}(x_0) \cap \mathcal{D}$, $x \neq x_0$, i punti vengono detti di estremo relativo *forte*. Nei grafici seguenti il punto x_0 è di massimo relativo forte:

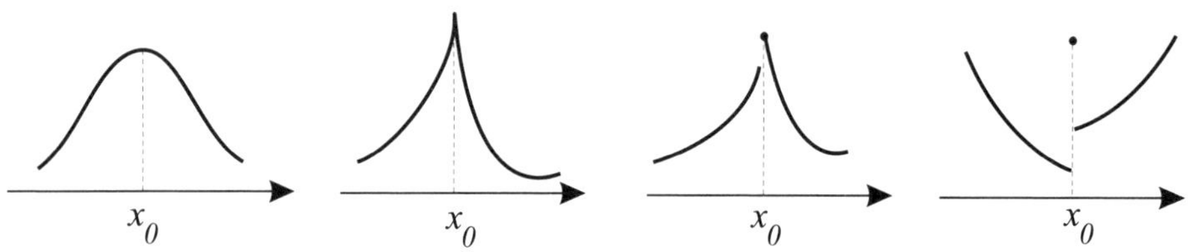

Osservazione. È evidente che ogni punto di massimo o minimo assoluto (o globale) è anche un punto di massimo o minimo relativo, ma non è in generale vero il viceversa; nel grafico seguente, i punti x_1, x_2 e x_3 sono di estremo relativo ma non assoluto

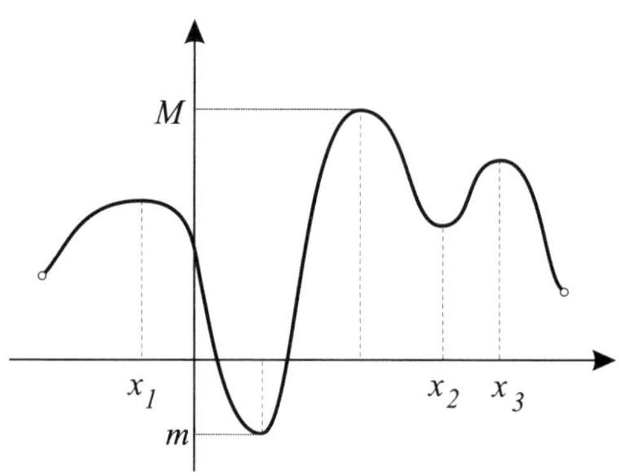

2.2 Definizione di limite

Data $f : \mathcal{D} \subseteq \mathbb{R} \longrightarrow \mathbb{R}$, si vuole studiare il comportamento di $f(x)$ quando x assume valori del dominio "prossimi" a $p \in \mathbb{R}^*$ (e diversi da p, qualora p sia un punto del dominio). Prima di introdurre formalmente il concetto di valore di tendenza, o limite, è utile esaminare il grafico di qualche funzione ormai nota:

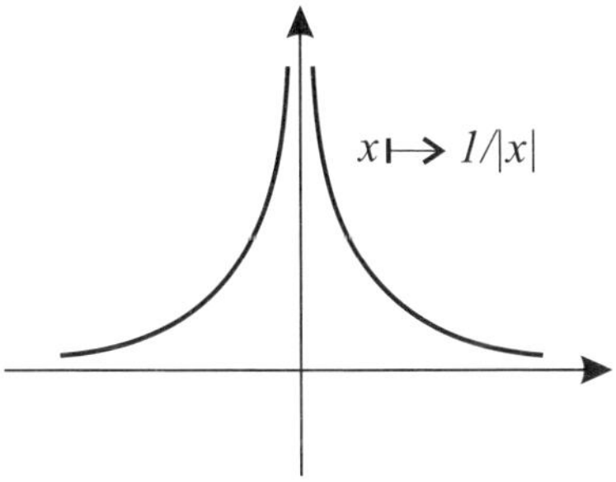

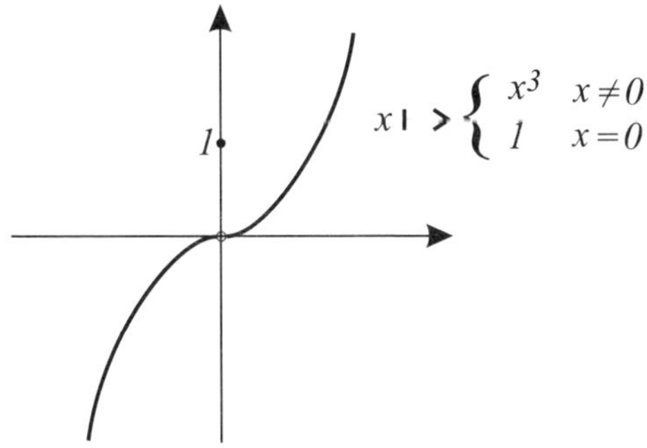

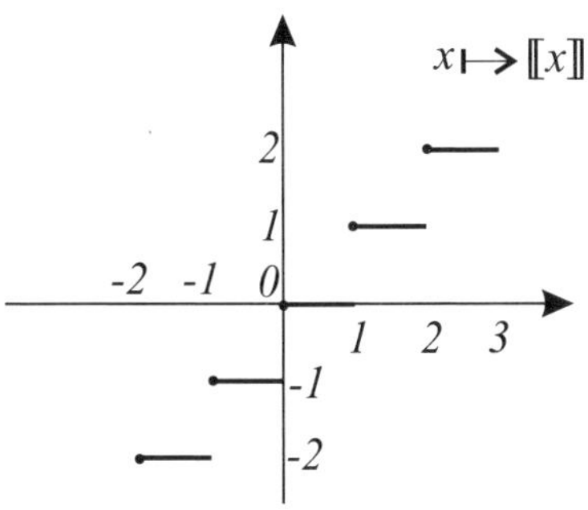

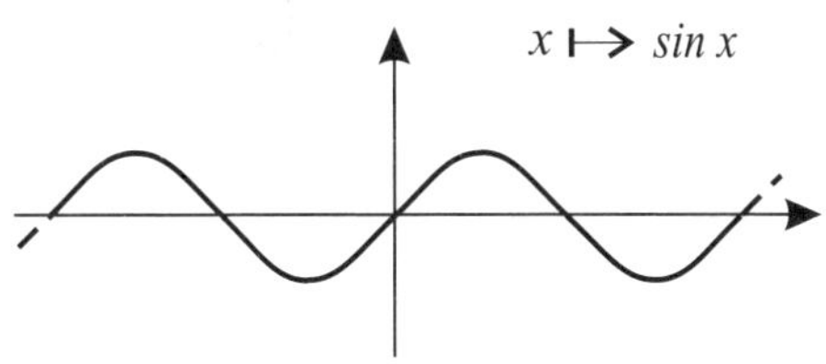

Nel caso di $f(x) = 1/|x|$, se ci si allontana arbitrariamente da 0, il valore che $f(x)$ assume è vicino a 0 quanto si vuole (in questo caso si può osservare che quanto più è grande $|x|$, tanto più è prossimo a 0 il valore $f(x)$). Se si suppone, invece, che x si avvicini a 0, la quota $f(x)$ del punto sul grafico assume valori grandi a piacere.

Nel caso della seconda funzione, quanto più ci si allontana dall'origine, tanto più la funzione assume valori grandi (arbitrariamente) in modulo, con segno positivo o negativo a seconda che la variabile x si allontani in direzione positiva o negativa da 0; se invece x si muove arbitrariamente vicino a 0, la funzione assume valori quanto si voglia prossimi a 0, mentre si ha che $f(0) = 1$.

Esaminiamo il comportamento di $f(x) = [\![x]\!]$, se x si avvicina (da destra o da sinistra) a un punto di coordinata intera: se x, ad esempio, si muove verso 2 da sinistra, da un certo punto in poi la funzione assume solo il valore 1, quindi si può dire che $f(x)$ è arbitrariamente vicina (addirittura coincide) con il valore 1; diversamente, se x si avvicina a 2 assumendo però valori più grandi di 2, da un certo punto in poi la funzione coincide con tale valore, a cui è quindi, ovviamente, vicina quanto si vuole.

Infine, la funzione $f(x) = \sin x$, se x si allontana arbitrariamente da 0, non si avvicina a nessun valore particolare, continuando ad assumere infinite volte tutti e soli i valori compresi tra -1 e 1.

Vogliamo fare due considerazioni che si deducono dagli esempi:

- ci si deve poter avvicinare a p arbitrariamente, stando nel dominio $\mathcal{D}$: questo viene formalmente espresso richiedendo che p sia di accumulazione per $\mathcal{D}$;
- il valore di tendenza che può avere una funzione quando x si avvicina a p non dipende dall'eventuale valore $f(p)$, qualora p appartenga al dominio.

Cerchiamo ora di esprimere in maniera formale l'idea di "valore di tendenza" di una funzione. Sia $f : \mathcal{D} \subseteq \mathbb{R} \longrightarrow \mathbb{R}$, e sia p un punto d'accumulazione per $\mathcal{D}$.

Definizione. Si dice che $f(x)$ tende a $L \in \mathbb{R}^*$ se x tende a p, e si scrive

$$\lim_{x \to p} f(x) = L,$$

se

$$\forall \mathcal{U}(L), \quad \exists \mathcal{U}(p) : \quad \forall x \in \mathcal{U}(p) \cap \mathcal{D},\ x \neq p \quad \Longrightarrow \quad f(x) \in \mathcal{U}(L).$$

Quanto scritto ha il significato seguente: $f(x)$ tende a L, al tendere di x a p, se $f(x)$ assume valori arbitrariamente vicini a L, a patto di scegliere x in un opportuno intorno di p (magari piccolo, ma esistente); inoltre, la condizione $x \neq p$, significativa solo se $p \in \mathcal{D}$, si giustifica osservando che L deve descrivere il comportamento di f *vicino* a p, e non *in* p, e i due comportamenti possono essere ben diversi, come è stato evidenziato nel secondo esempio precedentemente considerato.

Se L è finito, si dice che f è *convergente* a L, se $L = +\infty$ oppure $-\infty$, si dice che f è *divergente* a $+\infty$ o a $-\infty$. Questa definizione *non è di tipo operativo*, cioè non permette di individuare l'eventuale punto L (ammesso che esista); serve solo a definire la situazione in cui si afferma che "f ha limite L per $x \to p$". Essendo noto il concetto di intorno per ogni punto di $\mathbb{R}^*$, la definizione data può essere adattata alle varie combinazioni: p finito, L finito, p finito, L infinito, ecc., come segue:

Esempio. Sia $p = x_0 \in \mathbb{R}$, $L = +\infty$: poiché il generico intorno di x_0 è $(x_0 - \delta, x_0 + \delta)$ ed è quindi univocamente determinato dal suo raggio δ, e il generico intorno di $+\infty$ è del tipo $(K, +\infty)$, univocamente determinato dal numero reale K, allora

$$\lim_{x \to x_0} f(x) = +\infty$$

se per ogni $K \in \mathbb{R}$ esiste $\delta > 0$ per cui è soddisfatta l'implicazione

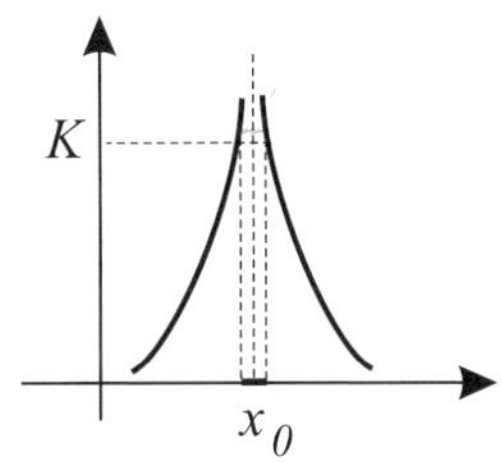

$$0 < |x - x_0| < \delta, \quad x \in \mathcal{D} \quad \Longrightarrow \quad f(x) > K.$$

Esempio. Sia $p = +\infty$, $L \in \mathbb{R}$: in base a considerazioni analoghe a quelle dell'esempio precedente,

$$\lim_{x \longrightarrow +\infty} f(x) = L$$

se, per ogni $\epsilon > 0$, esiste $H \in \mathbb{R}$ per cui è soddisfatta l'implicazione

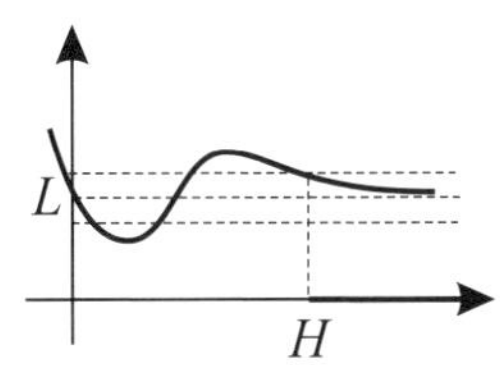

$$x > H, \quad x \in \mathcal{D} \quad \Longrightarrow \quad |f(x) - L| < \epsilon.$$

In maniera analoga si possono descrivere le altre situazioni esplicitando l'intorno dei punti che interessano.

Osservazioni. i. Se L è finito, l'intorno di L arbitrariamente prefissato può essere scelto, senza inficiare la generalità della verifica, con raggio $r < r_0$, dove $r_0 \in \mathbb{R}_+$ è prefissato. Analogamente, se $L = +\infty$ (oppure $L = -\infty$), non si perde in generalità se si sceglie l'intorno $(K, +\infty)$ (oppure $(-\infty, K)$), supponendo che sia $K > K_0$ (oppure $K < K_0$), dove $K_0 \in \mathbb{R}$ è prefissato.

ii. Se $\mathcal{U}(p)$ è un intorno (sull'asse delle x) in cui è verificata la definizione di limite, tale definizione sarà soddisfatta anche in ogni intorno in esso contenuto.

iii. Non è detto che una funzione ammetta limite (finito o infinito) per $x \to p$ (ad esempio, si può provare che, per la funzione $f(x) = \sin x$, nessun $L \in \mathbb{R}^*$

soddisfa la definizione di limite di $f(x)$ per $x \to +\infty$ o $x \to -\infty$).

Se però esiste L soddisfacente la definizione di limite di f per $x \to p$, non possono essercene altri. Vale infatti il

Teorema (unicità del limite). Se f ammette limite per x che tende a p, tale limite è unico.

dim. Si procede per assurdo, e si utilizza la proprietà di separazione degli intorni. Supponiamo che sia, contemporaneamente,

$$\lim_{x \to p} f(x) = L, \qquad \text{e} \qquad \lim_{x \to p} f(x) = L_1,$$

e proviamo che $L = L_1$. Sia, per assurdo, $L \neq L_1$; per la proprietà di separazione degli intorni esistono $\mathcal{U}(L)$ e $\mathcal{U}(L_1)$ senza punti comuni. Applicando la definizione di limite, si deduce che

esiste $\mathcal{U}(p)$ tale che $f(x) \in \mathcal{U}(L)$ per ogni $x \in \mathcal{U}(p) \cap \mathcal{D}$, $x \neq p$,

ed

esiste $\mathcal{U}_1(p)$ tale che $f(x) \in \mathcal{U}(L_1)$ per ogni $x \in \mathcal{U}_1(p) \cap \mathcal{D}$, $x \neq p$.

In particolare, per ogni $x \in \tilde{\mathcal{U}}(p) = \mathcal{U}(p) \cap \mathcal{U}_1(p)$, $x \in \mathcal{D}$ e $x \neq p$, si ha che

$$f(x) \in \mathcal{U}(L) \quad \text{e} \quad f(x) \in \mathcal{U}(L_1),$$

che è assurdo poiché $\mathcal{U}(L)$ e $\mathcal{U}(L_1)$ sono stati scelti disgiunti.

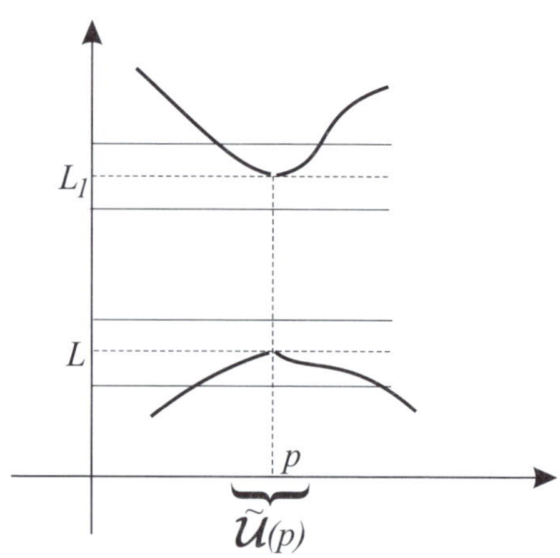

Vediamo come si determina, in pratica, un eventuale intorno da associare a quello, prefissato, $\mathcal{U}(L)$.

Esempio. Si verifichi la correttezza della scrittura seguente:

$$\lim_{x\to-\infty} e^{-x^3} = +\infty.$$

Si fissa arbitrariamente un intorno $\mathcal{U}(+\infty) = (K, +\infty)$; verificare quanto sopra equivale a provare che esiste un opportuno intorno di $-\infty$ (cioè un insieme del tipo $(-\infty, H)$, individuato quindi da $H \in \mathbb{R}$) tale che $f(x) > K$ se $x < H$. In questo caso si procede come segue: si risolve la disequazione $e^{-x^3} > K$ e si controlla che le soluzioni di tale disequazione contengano anche un intorno di $-\infty$. Si ha, supposto $K > 0$ (per la precedente osservazione i), che

$$e^{-x^3} > K \iff x < -\sqrt[3]{\ln K},$$

che individua un intorno di $-\infty$, come richiesto (ogni $H \leq -\sqrt[3]{\ln K}$ va bene).

Se, nella definizione di limite, a $\mathcal{U}(L)$ viene sostituito $\mathcal{U}_+(L)$ oppure $\mathcal{U}_-(L)$ (nel caso $L \in \mathbb{R}$), oppure a $\mathcal{U}(p)$ viene sostituito $\mathcal{U}_+(p)$ o $\mathcal{U}_-(p)$ (nel caso $p \in \mathbb{R}$), si ottengono le definizioni di limite *per eccesso* e *per difetto*, oppure di limite *da destra* e *da sinistra*, che vengono indicate dalle scritture

$$\lim_{x\to p} f(x) = L^+, \qquad \lim_{x\to p} f(x) = L^-,$$

e

$$\lim_{x\to p^+} f(x) = L, \qquad \lim_{x\to p^-} f(x) = L.$$

(Attenzione: L^+, L^- non sono numeri reali diversi da L, così come p^+, p^- non sono punti diversi da p! Sono semplicemente dei simboli che hanno il particolare significato descritto sopra nell'ambito della scrittura dei limiti).

Osservazioni. i. Il teorema di unicità del limite vale anche per limiti solo da destra o da sinistra.
ii. Si osservi che $\lim_{x\to p^-} f(x) = \lim_{x\to p^+} f(x) = L$ se e solo se $\lim_{x\to p} f(x) = L$.

Nel caso $p = x_0 \in \mathbb{R}$, se $\lim_{x\to x_0^-} f(x) = +\infty$ $(-\infty)$ oppure $\lim_{x\to x_0^+} f(x) = +\infty$ $(-\infty)$, la retta di equazione $x = x_0$ si chiama *asintoto verticale* per la funzione; se $\lim_{x\to+\infty} f(x) = L \in \mathbb{R}$ oppure $\lim_{x\to-\infty} f(x) = L \in \mathbb{R}$, la retta di equazione $y = L$ è detta *asintoto orizzontale* di f per $x \to +\infty$, oppure per $x \to -\infty$.

Osservazione. Il concetto di limite è di natura *locale*; infatti, il comportamento per $x \to p$ di $f(x)$ è lo stesso di quello di $f|_{\mathcal{U}(p)}$, qualunque sia l'intorno di p considerato. Un risultato che riflette il carattere locale di tale concetto è il seguente:

Teorema (della permanenza del segno). Sia $\lim_{x \to p} f(x) = L > 0$. Allora esiste $\mathcal{U}(p)$ tale che $f(x) > 0$ per ogni $x \in \mathcal{U}(p) \cap \mathcal{D}$, $x \neq p$.

dim. Sia $\mathcal{U}(L)$ un intorno di L che non contiene il punto 0 (ad esempio, $\mathcal{U}(L) = (L/2, 3L/2)$, se $L \in \mathbb{R}$, e $\mathcal{U}(L) = (1, +\infty)$ se $L = +\infty$); poiché, per ipotesi, f tende ad L se x tende a p, esiste $\mathcal{U}(p)$ tale che

$$f(x) \in \mathcal{U}(L) \qquad \forall x \in \mathcal{U}(p) \cap \mathcal{D}, x \neq p;$$

in particolare, per la scelta fatta di $\mathcal{U}(L)$, se $f(x) \in \mathcal{U}(L)$ è anche $f(x) > 0$, il che prova la tesi.

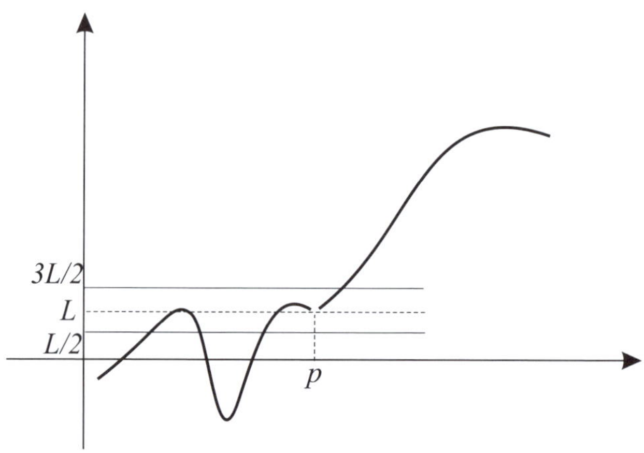

Osservazione. Analogo risultato si ha, ovviamente, se $L < 0$; in tal caso si può concludere che la funzione, in un intorno di p (privato di p), ha segno negativo, mentre invece nulla si può dire sul segno di f in un intorno di p se $L = 0$, come mostrano i seguenti grafici

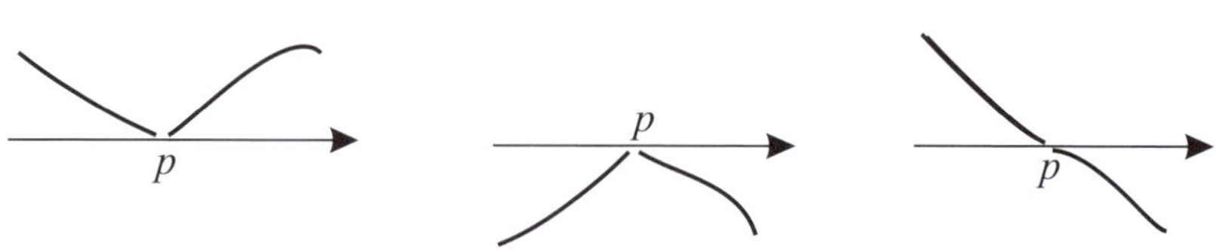

Si è gia detto che la definizione data di limite non aiuta a calcolare l'eventuale valore L. Vogliamo ricordare due risultati teorici che danno informazioni sull'*esistenza del limite* per funzioni che soddisfano opportune ipotesi. Il primo è il seguente

Teorema (del confronto). Siano f, g, h tre funzioni definite in $\mathcal{U}(p) \setminus \{p\}$ e tali che

i. $f(x) \leq g(x) \leq h(x)$ per $x \in \mathcal{U}(p) \setminus \{p\}$;

ii. $\lim\limits_{x \to p} f(x) = \lim\limits_{x \to p} h(x) = L \in \mathbb{R}$.

Allora $\lim\limits_{x \to p} g(x) = L$.

dim. Si fissi un intorno $\mathcal{U}(L)$ e si scriva la definizione di limite per le funzioni f e h al tendere di x a p; si perviene a

$$f(x) \in \mathcal{U}(L), \qquad \forall x \in \mathcal{U}_1(p) \cap \mathcal{D},\ x \neq p,$$

$$h(x) \in \mathcal{U}(L), \qquad \forall x \in \mathcal{U}_2(p) \cap \mathcal{D},\ x \neq p.$$

Sia $\tilde{\mathcal{U}}(p)$ l'intorno di p ottenuto intersecando $\mathcal{U}(p)$, $\mathcal{U}_1(p)$ e $\mathcal{U}_2(p)$; dall'ipotesi i segue che

$$g(x) \in \mathcal{U}(L)$$

per ogni $x \in \tilde{\mathcal{U}}(p)$, $x \neq p$, e, data l'arbitrarietà di $\mathcal{U}(L)$, questo equivale a

$$\lim_{x \to p} g(x) = L,$$

che è la tesi.

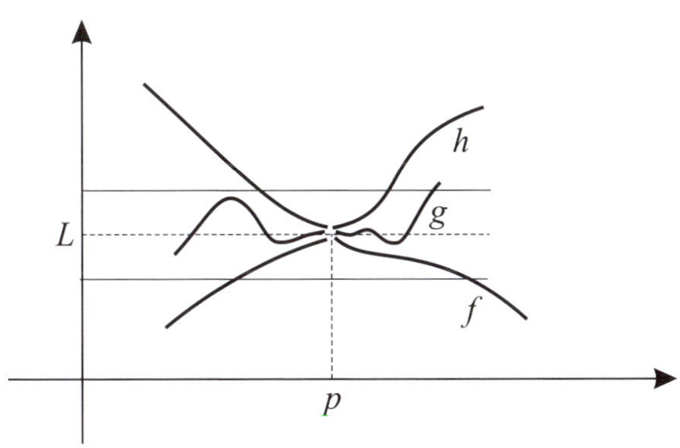

Osservazioni. i. Si può anche provare quanto segue: se $f(x) \leq g(x)$ per $x \in \mathcal{U}(p) \setminus \{p\}$, e se $\lim_{x \to p} f(x) = +\infty$, allora anche $\lim_{x \to p} g(x) = +\infty$; se invece $\lim_{x \to p} g(x) = -\infty$, anche $\lim_{x \to p} f(x) = -\infty$.
ii. Il teorema di permanenza del segno e del confronto valgono anche per limiti solo da destra oppure da sinistra, modificando opportunamente le conclusioni.

Un altro risultato che garantisce che il limite esiste è fornito dal

Teorema (di esistenza del limite per funzione monotona). Sia $f : (a, b) \longrightarrow \mathbb{R}$ $(-\infty \leq a < b \leq +\infty)$ una funzione monotona crescente. Allora

$$\lim_{x \to a^+} f(x) = \inf Im(f), \qquad \lim_{x \to b^-} f(x) = \sup Im(f).$$

Analogamente, se f è una funzione monotona decrescente, allora

$$\lim_{x \to a^+} f(x) = \sup Im(f), \qquad \lim_{x \to b^-} f(x) = \inf Im(f).$$

dim. Proviamo il teorema nel caso di funzione monotona crescente; in particolare, proviamo che $\lim_{x \to b^-} f(x) = \sup Im(f)$. Indichiamo con L l'estremo superiore dell'insieme $Im(f)$. Se $L = +\infty$, per ogni $M \in \mathbb{R}$ esiste un elemento $t \in Im(f)$ tale che $t > M$. Sia $x_0 \in (a, b)$ un punto tale che $t = f(x_0)$. Si ha pertanto, per la monotonia crescente di f, che $f(x) \geq f(x_0) > M$ per ogni $x \in (x_0, b)$ da cui segue, per l'arbitrarietà di M e per la definizione di limite, che $\lim_{x \to b^-} f(x) = +\infty$. Supponiamo ora che sia $L \in \mathbb{R}$. In base alla definizione di estremo superiore di un insieme, $f(x) \leq L$ per ogni $x \in (a, b)$; inoltre, preso $\epsilon > 0$, esiste $t \in Im(f)$ per cui $t > L - \epsilon$. Detto x_0 un punto di (a, b) tale che $t = f(x_0)$, per la monotonia crescente di f si ha che $L - \epsilon < t = f(x_0) \leq f(x) \leq L$ per ogni $x \in (x_0, b)$. Data l'arbitrarietà di ϵ, questo equivale ad affermare che $\lim_{x \to b^-} f(x) = L$.

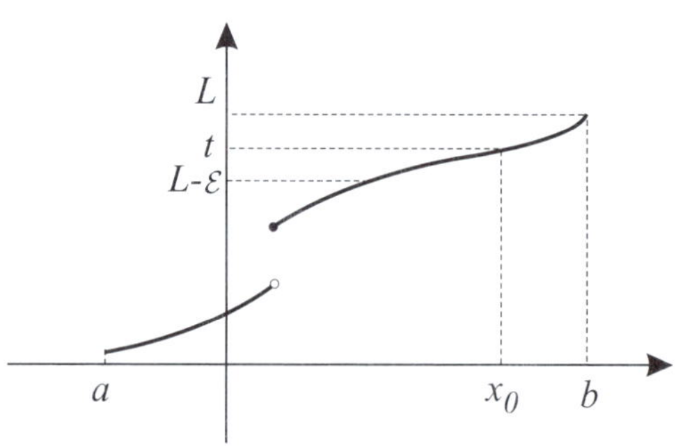

Osservazione. Nelle ipotesi del teorema, per ogni $x_0 \in (a,b)$ si ha che, se f è crescente,

$$\lim_{x \to x_0^+} f(x) = \inf\{f(x) : x > x_0\}, \qquad \lim_{x \to x_0^-} f(x) = \sup\{f(x) : x < x_0\};$$

in particolare, $\sup\{f(x) : x < x_0\} \leq f(x_0) \leq \inf\{f(x) : x > x_0\}$.

Se f è decrescente,

$$\lim_{x \to x_0^+} f(x) = \sup\{f(x) : x > x_0\}, \qquad \lim_{x \to x_0^-} f(x) = \inf\{f(x) : x < x_0\};$$

in particolare, $\inf\{f(x) : x < x_0\} \geq f(x_0) \geq \sup\{f(x) : x > x_0\}$.

2.3 Continuità

Si è detto inizialmente che se $f(x)$ tende a L quando x tende a p, e $p \in \mathcal{D}$, non c'è, in generale, un legame tra L e $f(p)$. Le funzioni per cui vale l'uguaglianza tra L e $f(p)$ vengono chiamate *continue in p.*

Supponiamo che f sia una funzione definita in $\mathcal{D} \subseteq \mathbb{R}$, e che x_0 sia un punto di $\mathcal{D}$, d'accumulazione per $\mathcal{D}$ (evitiamo, cioè, che x_0 sia un punto isolato di $\mathcal{D}$).

Definizione. Si dice che f è continua in x_0 se $\lim_{x \to x_0} f(x) = f(x_0)$. Si dice che f è continua in $\mathcal{D}_1 \subseteq \mathcal{D}$ se è continua in tutti i punti di $\mathcal{D}_1$.

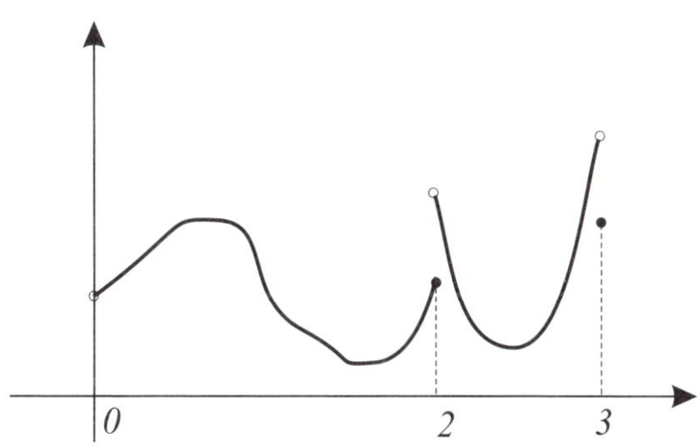

La funzione del grafico, ad esempio, è continua nell'insieme $(0,2) \cup (2,3)$, ma non è continua in $x = 2$ né in $x = 3$.

Osservazioni. i. Graficamente, la continuità di f in un punto x_0 consiste nel fatto che punti vicini a x_0 vengono trasformati tramite f in punti vicini a $f(x_0)$.
ii. Per le funzioni continue in un punto x_0, il calcolo del limite per $x \to x_0$ coincide col calcolo del valore $f(x_0)$.

Se una funzione non è continua in un punto x_0 (appartenente al dominio e non isolato) si dice che è *discontinua* in tale punto. Generalmente, i punti di discontinuità che può avere una funzione vengono suddivisi in tre categorie:

- *discontinuità eliminabile*: si ha quando

$$\lim_{x \to x_0} f(x) = L \in \mathbb{R},$$

e $f(x_0) \neq L$. Un punto di discontinuità eliminabile si presenta come segue

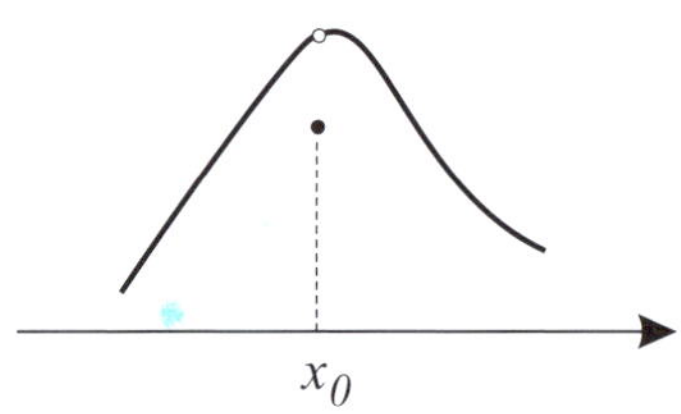

Si osservi che la funzione

$$g(x) = \begin{cases} f(x) & x \neq x_0 \\ L & x = x_0 \end{cases}$$

è continua in x_0.

- *discontinuità di prima specie*: si ha quando

$$\lim_{x \to x_0^-} f(x) = L_1 \in \mathbb{R}, \qquad \lim_{x \to x_0^+} f(x) = L_2 \in \mathbb{R}, \qquad L_1 \neq L_2;$$

(non ha importanza quanto vale la funzione in x_0). La situazione è esemplificata dal grafico accanto. Si osservi che, anche ridefinendo $f(x_0)$, non c'è modo di ottenere una funzione continua in x_0.

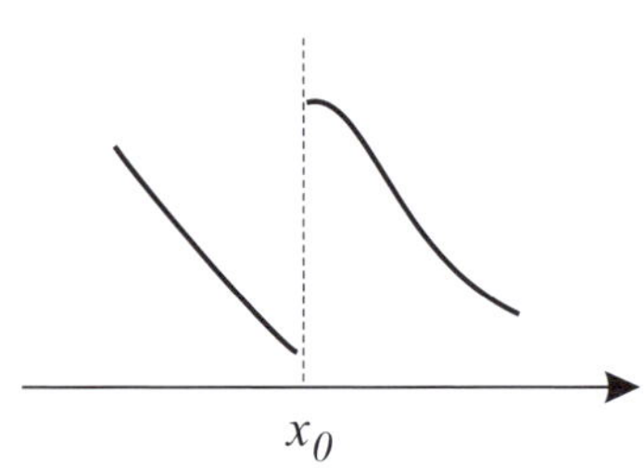

- *discontinuità di seconda specie*: si ha quando uno dei due limiti

$$\lim_{x \to x_0^-} f(x), \qquad \text{oppure} \qquad \lim_{x \to x_0^+} f(x)$$

vale $-\infty$, oppure $+\infty$, oppure non esiste. La situazione è esemplificata nei grafici seguenti

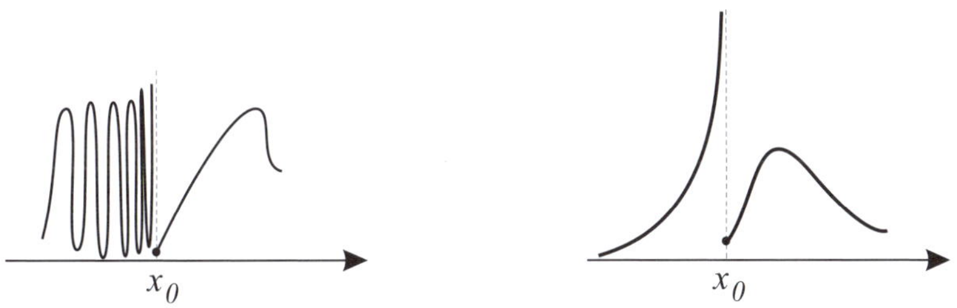

Le funzioni continue su insiemi particolari (insiemi chiusi e limitati, oppure insiemi connessi, cioè intervalli) godono di alcune importanti proprietà che descriviamo nei seguenti teoremi.

Teorema (*di Weierstrass*). Sia $f : \mathcal{D} \subseteq \mathbb{R} \longrightarrow \mathbb{R}$ una funzione continua, e $\mathcal{D}$ sia chiuso e limitato. Allora f assume in $\mathcal{D}$ massimo e minimo assoluti.
(Esempi di insiemi chiusi e limitati sono: gli intervalli del tipo $[a, b]$, le unioni finite di intervalli di tipo $[a, b]$.)

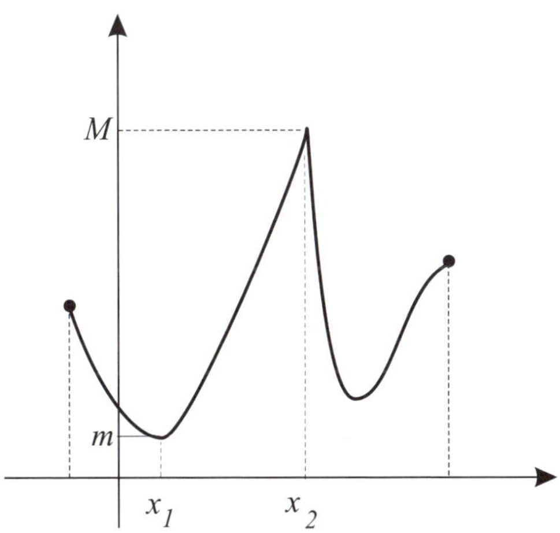

Osservazione. È facile costruire controesempi che mostrano come nessuna delle ipotesi del teorema di Weierstrass (limitatezza di $\mathcal{D}$, chiusura di $\mathcal{D}$, continuità di f) possa essere eliminata senza che venga meno la validità del teorema.

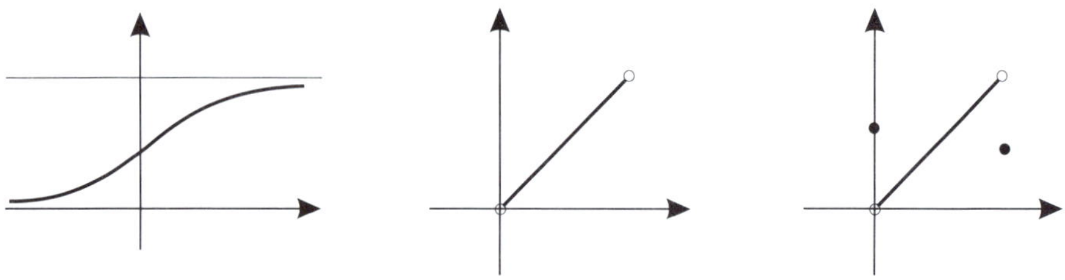

$\mathcal{D}$ non limitato — $\mathcal{D}$ non chiuso — f non continua su $\mathcal{D}$

Se invece $\mathcal{D} = I$, I *intervallo*, valgono i due risultati seguenti:

Teorema (degli zeri). Sia $I \subseteq \mathbb{R}$ un intervallo, e sia $f : I \longrightarrow \mathbb{R}$ una funzione continua. Se $x_1, x_2 \in I$, e $f(x_1)f(x_2) < 0$, esiste un punto c tra x_1 e x_2 in cui si ha: $f(c) = 0$.

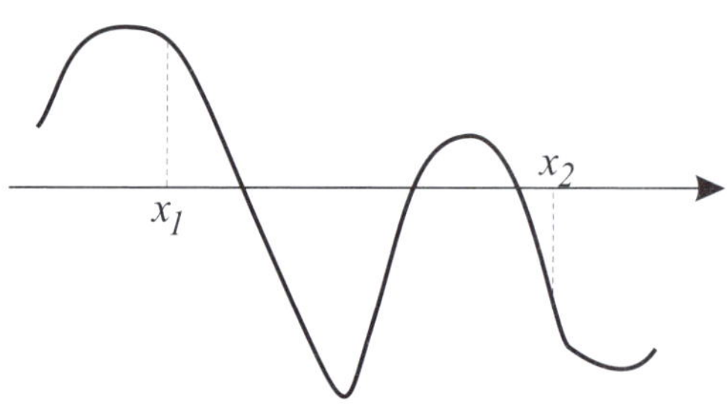

Osservazione. È facile costruire controesempi che mostrano come nessuna delle ipotesi del teorema degli zeri (I intervallo, continuità di f) possa essere eliminata senza che venga meno la validità del teorema.

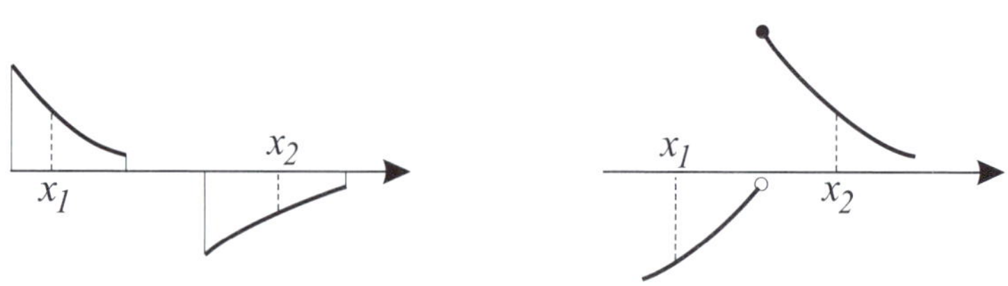

il dominio non è un intervallo — f non è continua in I

Teorema (*di Darboux*, o dei valori intermedi). Sia $I \subseteq \mathbb{R}$ un intervallo, e sia $f : I \longrightarrow \mathbb{R}$ una funzione continua. Allora, comunque scelti $x_1, x_2 \in I$, f assume *tutti* i valori compresi tra $f(x_1)$ e $f(x_2)$ (equivalentemente, l'insieme $Im(f)$ è un intervallo).

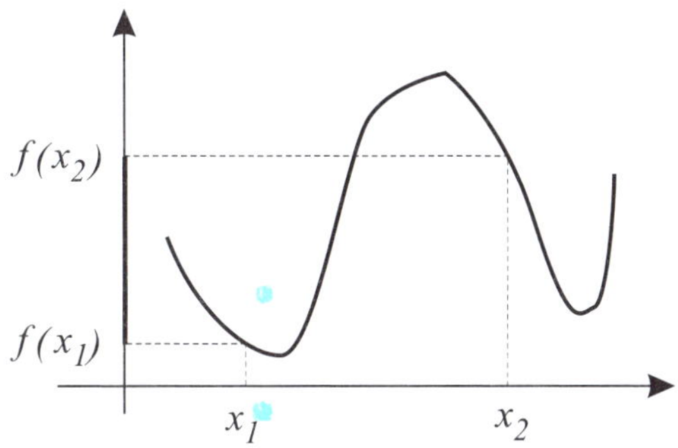

Osservazione. Se $I = [a, b]$, il teorema di Darboux ci dice che $Im(f) = [m, M]$, dove $m = \min f$ e $M = \max f$.

Infine, enunciamo un teorema che, sotto opportune ipotesi, garantisce la continuità della funzione inversa.

Teorema (continuità della funzione inversa). Sia $I \subseteq \mathbb{R}$ un intervallo, e sia $f : I \longrightarrow \mathbb{R}$ una funzione continua e strettamente monotona. Allora la funzione inversa f^{-1} è continua in $f(I)$.

Osservazione. Se I non è un intervallo, il teorema è falso, come si deduce facilmente dal grafico sottostante

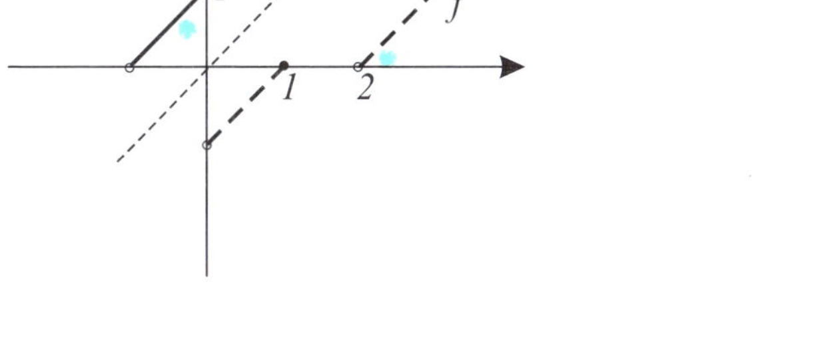

2.4 Calcolo dei limiti

Il problema che ci poniamo ora è quello, legittimo, di determinare l'eventuale limite di una funzione quando la variabile indipendente tende a un punto d'accumulazione del dominio. Le funzioni che tratteremo possono essere ottenute, oltre che componendo funzioni elementari (vedi cap. 1), anche come somma, prodotto o quoziente di tali funzioni secondo le seguenti definizioni generali:

Definizione. Siano $f, g : \mathcal{D} \subseteq \mathbb{R} \longrightarrow \mathbb{R}$; allora

- $f + g : \mathcal{D} \longrightarrow \mathbb{R}$ è la funzione *somma* così definita: $x \mapsto (f+g)(x) = f(x) + g(x)$;
- $fg : \mathcal{D} \longrightarrow \mathbb{R}$ è la funzione *prodotto* così definita: $x \mapsto (fg)(x) = f(x)g(x)$;
- se $g(x) \neq 0$ per ogni $x \in \mathcal{D}_1 \subseteq \mathcal{D}$, $\dfrac{f}{g} : \mathcal{D}_1 \longrightarrow \mathbb{R}$ è la funzione *quoziente* così definita: $x \mapsto \left(\dfrac{f}{g}\right)(x) = \dfrac{f(x)}{g(x)}$.

Per calcolare i limiti di funzioni così costruite, procederemo in due passi:

a) si studieranno i limiti delle funzioni elementari per $x \to p$, per ogni p che sia un punto d'accumulazione del dominio;

b) si forniranno risultati teorici che regolano il calcolo del limite in presenza di somme, prodotti, quozienti, composizione di funzioni;

dopodiché, lo studente sarà in possesso di regole che, in molti casi, permettono agevolmente di determinare il limite cercato.

Per quanto riguarda il primo punto, vale il seguente:

Teorema (continuità delle funzioni elementari). Le funzioni elementari sono continue nel loro dominio.

Questo risultato è utile dal punto di vista del calcolo del limite perché, se $f(x)$ è continua in x_0, allora $\lim_{x \to x_0} f(x) = f(x_0)$. Aggiungiamo inoltre le informazioni seguenti (di facile verifica per lo studente):

$$\lim_{x \to 0^+} x^\alpha = \begin{cases} 0 & \alpha > 0 \\ +\infty & \alpha < 0 \end{cases} \qquad \lim_{x \to +\infty} x^\alpha = \begin{cases} +\infty & \alpha > 0 \\ 0 & \alpha < 0 \end{cases}$$

$$\lim_{x\to-\infty} a^x = \begin{cases} 0 & a>1 \\ +\infty & 0<a<1 \end{cases} \qquad \lim_{x\to+\infty} a^x = \begin{cases} +\infty & a>1 \\ 0 & 0<a<1 \end{cases}$$

$$\lim_{x\to 0^+} \log_a x = \begin{cases} -\infty & a>1 \\ +\infty & 0<a<1 \end{cases} \quad \lim_{x\to+\infty} \log_a x = \begin{cases} +\infty & a>1 \\ -\infty & 0<a<1 \end{cases}$$

e non esistono

$$\lim_{x\to\pm\infty} \sin x, \qquad \lim_{x\to\pm\infty} \cos x$$

(la scrittura $\lim\limits_{x\to\pm\infty} f(x)$ è un abuso di linguaggio, e vuole indicare, in forma compatta, sia $\lim\limits_{x\to-\infty} f(x)$ che $\lim\limits_{x\to+\infty} f(x)$).

Prima di enunciare il risultato che riguarda il legame tra l'operazione di calcolo del limite e quella delle operazioni algebriche tra funzioni, conveniamo di estendere le usuali operazioni definite in $\mathbb{R}$ ai simboli $\pm\infty$ nel modo seguente:

$$x+\infty=+\infty, \quad x-\infty=-\infty, \qquad \forall x\in\mathbb{R};$$

$$+\infty+\infty=+\infty, \quad -\infty-\infty=-\infty;$$

$$x\cdot(+\infty)=+\infty, \quad x\cdot(-\infty)=-\infty, \qquad \forall x>0;$$

$$x\cdot(+\infty)=-\infty, \quad x\cdot(-\infty)=+\infty, \qquad \forall x<0;$$

$$+\infty\cdot(+\infty)=-\infty\cdot(-\infty)=+\infty,$$

$$+\infty\cdot(-\infty)=-\infty\cdot(+\infty)=-\infty;$$

$$\frac{x}{+\infty}=\frac{x}{-\infty}=0, \qquad \forall x\in\mathbb{R}.$$

<u>Osservazione</u>. In $\mathbb{R}^*$ *non vengono definite* altre operazioni, oltre alle suddette, che coinvolgano i simboli $-\infty$ e $+\infty$.

Vale il seguente

Teorema (algebra dei limiti). Siano $f,g:\mathcal{D}\subseteq\mathbb{R}\longrightarrow\mathbb{R}$, p d'accumulazione per $\mathcal{D}$. Se

$$\lim_{x\to p} f(x)=L_1, \qquad \lim_{x\to p} g(x)=L_2,$$

si ha che

- $\lim_{x\to p}(f+g)(x) = L_1 + L_2$, purché $L_1 + L_2$ sia definito in $\mathbb{R}^*$;
- $\lim_{x\to p}(fg)(x) = L_1 L_2$, purché $L_1 L_2$ sia definito in $\mathbb{R}^*$;
- $\lim_{x\to p}(f/g)(x) = L_1/L_2$, purché L_1/L_2 sia definito in $\mathbb{R}^*$.

Si può inoltre provare che, qualora sia $L_2 = 0^+$ (oppure $L_2 = 0^-$) e $L_1 > 0$, è vero che

$$\lim_{x\to p}(f/g)(x) = +\infty \quad (\text{oppure } -\infty).$$

dim. La dimostrazione è tecnica, e si basa essenzialmente su un'applicazione della definizione di limite. Vediamo, come esempio, il caso della somma di due funzioni convergenti, e verifichiamo che, nelle ipotesi di cui sopra, $(f+g)(x) \to L_1 + L_2$. Fissiamo $\mathcal{U}(L_1 + L_2) = (L_1 + L_2 - \epsilon, L_1 + L_2 + \epsilon)$, $\epsilon > 0$. Per ipotesi, dati gli intorni $\mathcal{U}(L_1) = (L_1 - \epsilon/2, L_1 + \epsilon/2)$, e $\mathcal{U}(L_2) = (L_2 - \epsilon/2, L_2 + \epsilon/2)$, esistono due intorni di p, $\mathcal{U}_1(p)$ e $\mathcal{U}_2(p)$, tali che

$$L_1 - \epsilon/2 < f(x) < L_1 + \epsilon/2, \qquad \forall x \in \mathcal{U}_1(p) \cap \mathcal{D}, x \neq p,$$

e

$$L_2 - \epsilon/2 < g(x) < L_2 + \epsilon/2, \qquad \forall x \in \mathcal{U}_2(p) \cap \mathcal{D}, x \neq p.$$

In particolare, posto $\mathcal{U}(p) = \mathcal{U}_1(p) \cap \mathcal{U}_2(p)$, sommando membro a membro le disuguaglianze, si ha che

$$L_1 + L_2 - \epsilon < f(x) + g(x) < L_1 + L_2 - \epsilon, \quad \forall x \in \mathcal{U}(p) \cap \mathcal{D}, x \neq p,$$

che è quanto si voleva provare. In maniera tecnicamente più complicata, ma analoga nel principio, si ragiona in tutti gli altri casi.

Esempi. $\lim_{x\to+\infty}(x^2 + e^{-x}) = +\infty + 0 = +\infty$; $\lim_{x\to 0^+}(x^{-3} + 3\cos x) = +\infty + 3 = +\infty$.

Corollario (continuità della somma, prodotto, quoziente). Se f, g sono continue in $p = x_0 \in \mathcal{D}$, si deduce dal teorema che anche le funzioni $f + g$, fg, f/g (quest'ultima purché sia $g(x_0) \neq 0$) sono continue in x_0.

<u>Osservazioni</u>. i. Il teorema vale anche nel caso di somma e prodotto di più funzioni $f_1, f_2, \ldots, f_n$, qualora siano soddisfatte le ipotesi

$$\lim_{x \to p} f_i(x) = L_i,$$

e

$$L_1 + L_2 + \ldots + L_n, \qquad L_1 \cdot L_2 \cdot \ldots \cdot L_n$$

siano operazioni definite in $\mathbb{R}^*$.

ii. Il limite di $f+g$, fg, f/g per x tendente a p può esistere anche se non esistono i limiti di f e g per x che tende a p. Per esempio, $\lim_{x\to+\infty} \sin x$ non esiste, $\lim_{x\to+\infty} (-\sin x)$ non esiste, ma $\lim_{x\to+\infty} (\sin x + (-\sin x)) = \lim_{x\to+\infty} 0 = 0$.

iii. Qualora il limite di f o di g non esista, il teorema non permette di dire nulla riguardo ai limiti di $f+g$, fg, f/g. Vale però la pena di segnalare dei casi particolari (molto utili in certi calcoli) di limiti di fg e $f+g$ dove una delle due funzioni *può non avere limite*, ma è lecito ugualmente concludere riguardo al limite del prodotto e della somma.

Corollario (del teorema del confronto). Siano $f, g : \mathcal{D} \subseteq \mathbb{R} \longrightarrow \mathbb{R}$ tali che

- $|f(x)| \leq K$ per $x \in \mathcal{U}(p) \cap \mathcal{D}, x \neq p$, e
- $\lim_{x\to p} g(x) = 0$;

allora $\lim_{x\to p} (fg)(x) = 0$.

Se f e g soddisfano le condizioni

- $f(x) \geq K > 0$ per $x \in \mathcal{U}(p) \cap \mathcal{D}, x \neq p$ e
- $\lim_{x\to p} g(x) = +\infty$,

si ha che $\lim_{x\to p} (fg)(x) = +\infty$.

Se invece f e g soddisfano le condizioni

- $|f(x)| \leq K$ per $x \in \mathcal{U}(p) \cap \mathcal{D}, x \neq p$, e
- $\lim_{x\to p} g(x) = +\infty$,

si ha che $\lim_{x\to p} (f+g)(x) = +\infty$.

dim. I risultati sono una diretta applicazione del teorema del confronto; infatti, nel primo caso, $|fg|$ è limitata, in un intorno di p, dalle funzioni 0 e $K|g|$:

$$0 \leq |f(x)g(x)| \leq K|g(x)|, \quad \forall x \in \mathcal{U}(p) \cap \mathcal{D}, x \neq p.$$

Poiché $g(x) \to 0$ per $x \to p$ se e solo se $|g(x)| \to 0$ per $x \to p$, si deduce facilmente che anche $|fg|(x) \to 0$ per $x \to p$. In maniera analoga si prova, nel secondo caso, che $(fg)(x) \to +\infty$; infatti, essendo g positiva in un intorno di p,

$$(fg)(x) \geq Kg(x) \to +\infty, \; x \to p,$$

e, sempre per un osservazione in coda al teorema del confronto, si conclude che $(fg)(x) \to +\infty$. Infine, da $f+g = g((f/g)+1)$, osservando che $f/g = f \cdot (1/g)$ con $|f|$ limitata e $1/g$ tendente a 0, si ha che

$$\lim_{x\to p}(f+g)(x) = \lim_{x\to p} g(x)\left(\frac{f(x)}{g(x)}+1\right) = \lim_{x\to p} g(x) \lim_{x\to p}\left(\frac{f(x)}{g(x)}+1\right) = +\infty.$$

Consideriamo ora il caso di composizione di funzioni. Sia $h = g \circ f$. Le ipotesi in cui si può enunciare il risultato che vediamo ora e che riguarda il calcolo del limite di h, noti i limiti di f e g, sono più generali di quelle che prendiamo in considerazione, ma, ai nostri fini, è sufficiente fornire il risultato nel caso particolare seguente:

Teorema (limite di funzione composta). Siano f e g tali che $h = g \circ f$ è definita su un insieme per cui p è d'accumulazione. Se

- $\lim_{x\to p} f(x) = L \in \mathbb{R}^*$,
- g è continua dove è definita, ed esiste $\lim_{t\to L} g(t)$,

allora

$$\lim_{x\to p} h(x) = \lim_{t\to L} g(t).$$

Corollario (continuità della funzione composta). Sia $h = g \circ f : \mathcal{D} \subseteq \mathbb{R} \longrightarrow \mathbb{R}$, e sia $x_0 \in \mathcal{D}$ non isolato. Se f è continua in x_0 e g è continua in $f(x_0)$, allora h è continua in x_0.

dim. Dal teorema precedente si ha che

$$\lim_{x\to x_0} h(x) = \lim_{t\to f(x_0)} g(t) = g(f(x_0)) = h(x_0).$$

Vale la pena di osservare quanto segue: le ipotesi del teorema autorizzano a effettuare un cambio di variabile, con la posizione $f(x) = t$, e con la sostituzione (obbligata) $t \to L$ al posto di $x \to p$. A titolo d'esempio, si consideri il

$$\lim_{x\to+\infty} e^{1/x}.$$

Essendo soddisfatte le ipotesi del teorema, si pone $1/x = t$, e, poiché $x \to +\infty$, deve essere $t \to 0^+$. Di conseguenza,

$$\lim_{x\to+\infty} e^{1/x} = \lim_{t\to 0^+} e^t = 1.$$

Analogamente, se $h(x) = \ln(1 - x^2)$, il calcolo di

$$\lim_{x\to 1^-} \ln(1 - x^2)$$

si effettua riconducendosi al calcolo del limite di una funzione elementare con la sostituzione $1 - x^2 = t$, da cui, se $x \to 1^-$, si ha che $t \to 0^+$, quindi

$$\lim_{x\to 1^-} \ln(1 - x^2) = \lim_{t\to 0^+} \ln t = -\infty.$$

Un'utile applicazione del teorema del limite di funzione composta è il seguente: date le funzioni f e g, con f positiva, si consideri, dove è definita, la funzione $h(x) = f(x)^{g(x)}$, che può essere scritta nella forma $h(x) = e^{g(x)\ln f(x)}$. Il calcolo del limite di $h(x)$ per $x \to p$, per la continuità della funzione esponenziale, è risolto una volta noto il limite di $g(x)\ln f(x)$. Ad esempio,

$$\lim_{x\to 0}(1 - \cos x)^{1/x^2} = \lim_{x\to 0} e^{\frac{1}{x^2}\ln(1-\cos x)} = 0.$$

2.5 Forme di indecisione

Il teorema che è stato denominato "algebra dei limiti" permette di calcolare, in molti casi, i limiti di somma, prodotto, quoziente di funzioni che ammettono limite, secondo le regole:

$$\lim(f + g) = \lim f + \lim g,$$
$$\lim(fg) = (\lim f)(\lim g),$$
$$\lim(f/g) = (\lim f)/(\lim g).$$

I casi in cui il teorema non fornisce indicazioni sono, essenzialmente, quelli in cui i secondi membri non possono essere calcolati in $\mathbb{R}^*$. Il motivo consiste nel fatto che, in quei casi, il risultato del calcolo del limite per $f+g$, fg e f/g

dipende strettamente dalle funzioni f e g, e non solo dai valori dei loro limiti. Vediamo, ad esempio, come nel caso "$\lim_{x\to p} f(x) = +\infty$, $\lim_{x\to p} g(x) = -\infty$" non si può dedurre nulla riguardo a $\lim_{x\to p}(f+g)(x)$.

Esempio. Siano $f(x) = x + k$ ($k \in \mathbb{R}$), $g(x) = -x$ e $p = +\infty$; si ha

$$f(x) + g(x) = k \to k, \qquad x \to +\infty.$$

Siano $f(x) = x^2$, $g(x) = -x$, e $p = +\infty$; si ha

$$f(x) + g(x) = x^2 - x = x(x-1) \to +\infty, \qquad x \to +\infty.$$

Siano $f(x) = x$, $g(x) = -x^2$, e $p = +\infty$; si ha

$$f(x) + g(x) = x - x^2 = x(1-x) \to -\infty, \qquad x \to +\infty.$$

Infine, siano $f(x) = x + \sin x$ (diverge a $+\infty$ in base al corollario del teorema del confronto), $g(x) = -x$, $p = +\infty$; si ha

$$f(x) + g(x) = \sin x$$

che non ha limite, per $x \to +\infty$.

L'esempio mostra come, a seconda delle funzioni in gioco, pur nell'ipotesi $f \to +\infty$ e $g \to -\infty$, la funzione $f + g$ possa avere tutti i possibili valori del limite (o non averlo neppure) per $x \to p$. Analoghi esempi si possono fare per fg e f/g. Non si possono, pertanto, fornire regole che, a priori, governino il calcolo in questi casi. Chiameremo le situazioni

$$\infty - \infty, \qquad 0 \cdot \infty, \qquad \frac{\infty}{\infty}, \qquad \frac{0}{0}$$

forme di indecisione (nel calcolo dei limiti).

A queste si possono aggiungere le forme di indecisione che nascono dal calcolo del limite di funzioni del tipo f^g, nelle situazioni seguenti:

- $f \to 1$ e $g \to \infty$ (in forma compatta: 1^∞);
- $f \to +\infty$ e $g \to 0$ (in forma compatta: $(+\infty)^0$);
- $f \to 0^+$ e $g \to 0$ (in forma compatta: 0^0).

Anche nelle situazioni sopra descritte si può provare con esempi (come si è visto esplicitamente nel caso $\infty - \infty$) che non possono essere date regole *a priori* per calcolare il limite di f^g. In realtà, ponendo $f^g = e^{g \ln f}$, la risoluzione di tali forme di indecisione è ridotta alla risoluzione delle forme di indecisione che si presentano ad esponente, e che sono del tipo $0 \cdot \infty$.

Osservazione. Nelle forme di indecisione sono coinvolte funzioni che hanno limite 0, $+\infty$, $-\infty$.

2.6 Infinitesimi

Supporremo nel seguito che f sia definita in $\mathcal{D} \subseteq \mathbb{R}$, e che p sia d'accumulazione per $\mathcal{D}$. Le definizioni che daremo per $x \to p$ possono essere estese al caso $x \to p^+$ e $x \to p^-$.

Definizione. Si dice che f è *infinitesima* per $x \to p$ (oppure: è *un infinitesimo* per $x \to p$) se

$$\lim_{x \to p} f(x) = 0.$$

Osservazione. È indispensabile specificare "$x \to p$". Ad esempio, $f(x) = 1/x$ è infinitesima se $x \to -\infty$ oppure $x \to +\infty$, ma non lo è per nessun altro p; $f(x) = x^2 + 1$ non è mai infinitesima (cioè non esiste $p \in \mathbb{R}^*$ tale che $x^2 + 1 \to 0$ se $x \to p$).

Diamo, ora, la seguente fondamentale

Definizione. Siano f, g infinitesime per $x \to p$, e sia g diversa da 0 in $\mathcal{U}(p) \setminus \{p\}$. Si dice che

- f è un infinitesimo d'*ordine superiore* a g per $x \to p$ se
$$\lim_{x \to p} \frac{f(x)}{g(x)} = 0;$$
- f è un infinitesimo d'*ordine inferiore* a g per $x \to p$ se
$$\lim_{x \to p} \frac{f(x)}{g(x)} = +\infty \ (\textit{oppure} \ -\infty);$$
- f e g sono infinitesimi dello *stesso ordine* se
$$\lim_{x \to p} \frac{f(x)}{g(x)} = k \in \mathbb{R},\ k \neq 0;$$

- f è infinitesimo *non confrontabile* con g se

$$\lim_{x \to p} \frac{f(x)}{g(x)} \text{ non esiste.}$$

Esempio. Consideriamo la classe di funzioni $\{x^\alpha\}_{\alpha>0}$ $(x \geq 0)$ che rappresentano degli infinitesimi per $x \to 0^+$. Siano $a, b \in \mathbb{R}_+$; si ha facilmente che

$$\frac{x^a}{x^b} \to \begin{cases} +\infty & a < b \\ 1 & a = b \\ 0 & a > b, \end{cases}$$

da cui si deduce che x^a è un infinitesimo d'ordine superiore (uguale, inferiore) rispetto a x^b se e solo se $a > b$ $(a = b,\ a < b)$. Ad esempio, se x tende a 0, x^2 è infinitesimo d'ordine superiore rispetto a $\sqrt[3]{x}$, mentre ha ordine inferiore rispetto a $x^3\sqrt[5]{x}$. Analoghe considerazioni si possono fare per le funzioni $\{1/x^\alpha\}_{\alpha>0}$, per $x \to +\infty$.

Esempio. Le funzioni $f(x) = x\sin(1/x)$ e $g(x) = x$ sono un esempio di infinitesimi non confrontabili per $x \to 0$.

<u>Osservazione</u>. Se f è un infinitesimo di ordine superiore rispetto a g, e f e g sono positive vicino a p, in un opportuno intorno di p si avrà, in particolare, che $f(x) < g(x)$. Questo di desume dalla definizione appena data e da quella di limite; infatti, la condizione $(f/g)(x) \to 0$ per $x \to p$ implica, in particolare, che valga la disuguaglianza $(f/g)(x) < 1$ in un intorno di p (punto p escluso). Le condizioni $f(x) \to 0$ e $g(x) \to 0$ se $x \to p$, e $f(x) < g(x)$ in un intorno di $\mathcal{U}(p)$, non sono però sufficienti affiché f sia un infinitesimo d'ordine superiore rispetto a g. Si pensi, ad esempio, alle funzioni $f(x) = x/2$ e $g(x) = x$, oppure $f(x) = x^2$ e $g(x) = x$, per $x \to 0^+$:

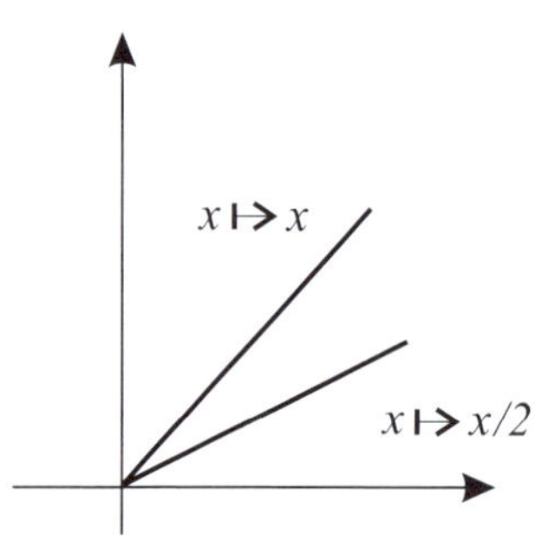

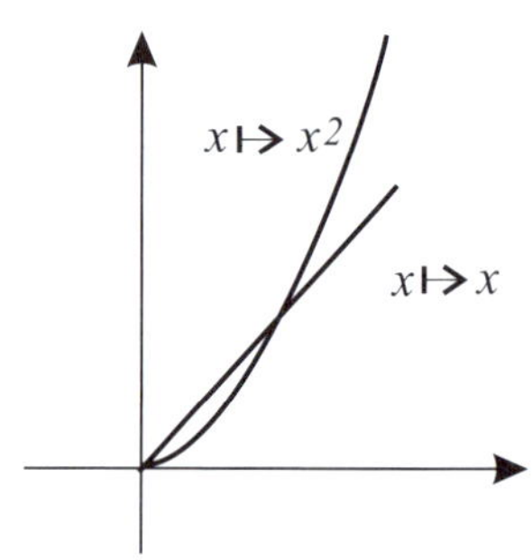

in entrambi i casi si ha che $f(x) < g(x)$ per $x \in (0,1)$, ma nel primo caso i due infinitesimi sono dello stesso ordine, nel secondo f ha ordine superiore rispetto a g. Di fatto, essere infinitesimo d'ordine superiore rispetto ad un altro è una condizione più fine, legata, diremo, alla "rapidità di convergenza a 0": l'infinitesimo d'ordine superiore converge a zero più velocemente.

Talvolta, dati due infinitesimi f e g per $x \to p$, è possibile definire un numero reale che, in un certo senso, misura la rapidità di convergenza a zero di f rispetto a g.

Definizione. Si dice che f ha ordine di infinitesimo $\alpha \in \mathbb{R}_+$ rispetto all'infinitesimo g (con $g(x) > 0$) per $x \to p$ se

$$\lim_{x \to p} \frac{f(x)}{g^\alpha(x)} = k \in \mathbb{R},\ k \neq 0.$$

Esempio. $f(x) = x^3 + 2x^4$ ha ordine di infinitesimo $3/2$ rispetto a x^2 per $x \to 0$; infatti

$$\lim_{x \to 0} \frac{x^3 + 2x^4}{(x^2)^{3/2}} = \lim_{x \to 0} \frac{x^3(1+2x)}{x^3} = 1.$$

<u>Osservazione</u>. Dati due infinitesimi f e g per $x \to p$, non è detto che si possa definire l'ordine di infinitesimo di f rispetto a g. Ad esempio, si vedrà successivamente che se $f(x) = e^{-x}$ e $g(x) = 1/x$, per $x \to +\infty$ si ha che

$$\lim_{x \to +\infty} \frac{e^{-x}}{1/x^\alpha} = 0, \qquad \forall \alpha > 0,$$

cioè f è infinitesimo d'ordine superiore a g^α, per ogni $\alpha > 0$ (equivalentemente, la rapidità di convergenza a zero di e^{-x} è superiore a quella di una qualsiasi potenza di $1/x$, quando $x \to +\infty$).

Se non viene specificato l'infinitesimo g, spesso è sottinteso che sia:

$g(x) = x - x_0$, se $p = x_0 \in \mathbb{R}$ e $x \to x_0^+$ ($g(x) = x_0 - x$, se $x \to x_0^-$);

$g(x) = \dfrac{1}{x}$, se $p = +\infty$ ($g(x) = -\dfrac{1}{x}$, se $p = -\infty$.)

Esempio. La funzione $f(x) = \frac{1}{x^2-4}$ ha ordine di infinitesimo 2 rispetto all'*infinitesimo campione* $\frac{1}{x}$ per $x \to +\infty$; infatti

$$\lim_{x \to +\infty} \frac{1/(x^2-4)}{1/x^2} = \lim_{x \to +\infty} \frac{x^2}{x^2(1 - 4/x^2)} = 1.$$

Sapere confrontare due o più infinitesimi si rivela di fondamentale importanza nel calcolo dei limiti, in presenza di forme di indecisione del tipo 0/0. Vale il seguente:

Teorema (degli infinitesimi). Siano $f, f_1\ g, g_1$ infinitesimi per $x \to p$. Se f_1 ha ordine superiore rispetto ad f, e g_1 ha ordine superiore rispetto a g, allora

$$\lim_{x\to p} \frac{f(x)+f_1(x)}{g(x)+g_1(x)} = \lim_{x\to p} \frac{f(x)}{g(x)}.$$

dim. Si osservi che

$$\frac{f(x)+f_1(x)}{g(x)+g_1(x)} = \frac{f(x)(1+f_1(x)/f(x))}{g(x)(1+g_1(x)/g(x))},$$

quindi, in base alle ipotesi,

$$\lim_{x\to p} \frac{f(x)+f_1(x)}{g(x)+g_1(x)} = \lim_{x\to p} \frac{f(x)}{g(x)} \lim_{x\to p} \frac{1+f_1(x)/f(x)}{1+g_1(x)/g(x)} = \lim_{x\to p} \frac{f(x)}{g(x)}.$$

Noto il confronto tra infinitesimi, il teorema permette di semplificare, ai fini del calcolo del limite, la scrittura del quoziente ed agevola, in generale, la risoluzione della forma di indecisione.

Esempio. Si calcoli il seguente

$$\lim_{x\to 0} \frac{x^2 - 3x\sqrt[3]{x}}{x^3 - 4x^2}.$$

Si osservi che x^2 ha ordine di infinitesimo superiore a $x\sqrt[3]{x}$, e x^3 superiore a x^2; pertanto

$$\lim_{x\to 0} \frac{x^2 - 3x\sqrt[3]{x}}{x^3 - 4x^2} = \lim_{x\to 0} \frac{-3x\sqrt[3]{x}}{-4x^2} = \lim_{x\to 0} \frac{3}{4x^{2/3}} = +\infty.$$

Osservazione. Il teorema continua a valere anche nel caso in cui al numeratore e al denominatore ci sia la somma di più infinitesimi; in particolare, se f_i $(i = 2, 3, \ldots, n)$ sono infinitesimi d'ordine superiore a f_1 e g_j $(j = 2, 3, \ldots, m)$ sono infinitesimi d'ordine superiore a g_1 per $x \to p$, si ha che

$$\lim_{x\to p} \frac{f_1(x) + \ldots + f_n(x)}{g_1(x) + \ldots + g_m(x)} = \lim_{x\to p} \frac{f_1(x)}{g_1(x)}.$$

L'infinitesimo f_1 viene detto *infinitesimo principale* relativamente a $f_1 + \ldots + f_n$.

Esempio. Si calcoli il

$$\lim_{x \to 1^+} \frac{\sqrt{x-1} + (x-1)^2 + x^2 - 1}{2x - 2 + \sqrt{(x-1)^3}}.$$

Si può provare facilmente che gli infinitesimi $(x-1)^2$ e $x^2 - 1 = (x-1)(x+1)$ hanno ordine superiore rispetto a $\sqrt{x-1}$, per $x \to 1^+$; analogamente, $\sqrt{(x-1)^3}$ ha ordine di infinitesimo superiore a $(x-1)$ per $x \to 1^+$; pertanto

$$\lim_{x \to 1^+} \frac{\sqrt{x-1} + (x-1)^2 + x^2 - 1}{2x - 2 + \sqrt{(x-1)^3}} = \lim_{x \to 1^+} \frac{\sqrt{x-1}}{2x-2} = \lim_{x \to 1^+} \frac{1}{2\sqrt{x-1}} = +\infty.$$

2.7 Limiti notevoli

Al fine di risolvere alcune forme di indecisione è utile saper stabilire l'ordine di infinitesimo di alcune funzioni elementari rispetto all'infinitesimo campione x per $x \to 0$. I limiti che consentono il calcolo di tali ordini si dicono *limiti notevoli*.

Consideriamo la funzione seno, che per $x \to 0$, è infinitesima, e proponiamoci di calcolare il limite:

$$\lim_{x \to 0^+} \frac{\sin x}{x}.$$

A tale scopo, confrontando i grafici delle funzioni seno e tangente (vedi cap. 1, par. 1.4), e quello della retta $y = x$ nell'intervallo $(0, \pi/2)$, si deducono le relazioni:

$$\sin x < x < \tan x.$$

Dividendo ogni membro per la quantità positiva $\sin x$ e considerando i reciproci delle espressioni ottenute, si perviene a

$$\cos x < \frac{\sin x}{x} < 1;$$

poiché $\lim_{x \to 0^+} \cos x = 1$, dal teorema del confronto segue $\lim_{x \to 0^+} \frac{\sin x}{x} = 1$. In realtà, essendo la funzione $\sin x / x$ pari, si può affermare che

$$\lim_{x \to 0} \frac{\sin x}{x} = 1.$$

Ne consegue, in particolare, che la funzione seno, per $x \to 0$, è un infinitesimo del primo ordine.

Sfruttando il limite appena calcolato, alla stessa conclusione si giunge considerando l'infinitesimo $\tan x$, per $x \to 0$, in quanto vale

$$\lim_{x\to 0} \frac{\tan x}{x} = \lim_{x\to 0} \frac{\sin x}{x} \frac{1}{\cos x} = 1.$$

Anche l'infinitesimo $\arctan x$, per $x \to 0$, è un infinitesimo del primo ordine poiché

$$\lim_{x\to 0} \frac{\arctan x}{x} = \lim_{z\to 0} \frac{z}{\tan z} = 1,$$

dove si è fatto uso del cambio di variabile $x = \tan z$ e quindi del teorema del limite della funzione composta.

Non essendo $\cos x$ infinitesimo, per $x \to 0$, consideriamo la sua traslata $\cos x - 1$, che è infinitesima, e dimostriamo che essa è del secondo ordine. Valgono infatti le seguenti uguaglianze

$$\lim_{x\to 0} \frac{\cos x - 1}{x^2} = \lim_{x\to 0} \frac{(\cos x - 1)(\cos x + 1)}{x^2(\cos x + 1)} = \lim_{x\to 0} \frac{\cos^2 x - 1}{x^2(\cos x + 1)}$$
$$= \lim_{x\to 0} -\frac{\sin^2 x}{x^2} \frac{1}{(\cos x + 1)} = -\frac{1}{2}$$

(si è fatto uso dell'identità: $\cos^2 x + \sin^2 x = 1$).

La funzione $\ln x$ non è infinitesima, per $x \to 0$; consideriamo la sua traslata $\ln(1 + x)$, che è infinitesima, e dimostriamo che è del primo ordine. A tale fine osserviamo che vale l'uguaglianza

$$\lim_{x\to 0} \frac{\ln(1 + x)}{x} = \lim_{x\to 0} \ln(1 + x)^{\frac{1}{x}};$$

in particolare, noto il limite per $x \to 0$ della funzione $(1 + x)^{\frac{1}{x}}$, usando il teorema del limite della funzione composta si può facilmente calcolare il primo limite. Il limite

$$\lim_{x\to 0} (1 + x)^{\frac{1}{x}}$$

presenta però una forma di indecisione del tipo 1^∞ la cui risoluzione non è possibile esporre in questo contesto in modo semplice; ci limitiamo pertanto a riportare, senza giustificarlo, il seguente risultato:

$$\lim_{x\to 0} (1 + x)^{\frac{1}{x}} = e,$$

dove e è il numero di Nepero. Di conseguenza, si ha

$$\lim_{x\to 0} \frac{\ln(1+x)}{x} = \lim_{x\to 0} \ln(1+x)^{\frac{1}{x}} = \lim_{z\to e} \ln z = \ln e = 1.$$

In generale, se $a > 0$, $a \neq 1$, poiché

$$\log_a(1+x) = \frac{\ln(1+x)}{\ln a},$$

si ha

$$\lim_{x\to 0} \frac{\log_a(1+x)}{x} = \lim_{x\to 0} \frac{\ln(1+x)}{x \ln a} = \frac{1}{\ln a}.$$

<u>Osservazione</u>. Utilizzando il teorema del limite della funzione composta, da $\lim_{x\to 0}(1+x)^{1/x}$ si deduce che

$$\lim_{x\to\pm\infty} \left(1 + \frac{k}{x}\right)^{x} = \lim_{t\to 0}[(1+t)^{1/t}]^k = e^k.$$

Non essendo e^x infinitesimo, per $x \to 0$, consideriamo la sua traslata $e^x - 1$, che è infinitesima, e dimostriamo che è del primo ordine. Valgono infatti le seguenti uguaglianze

$$\lim_{x\to 0} \frac{e^x - 1}{x} = \lim_{z\to 0} \frac{z}{\ln(1+z)} = 1,$$

dove si è operato il cambio di variabile $x = \ln(1+z)$ e il limite precedentemente calcolato. In generale, quindi, se $a > 0$, $a \neq 1$, si ha

$$\lim_{x\to 0} \frac{a^x - 1}{x} = \lim_{x\to 0} \frac{e^{x \ln a} - 1}{x} = \ln a$$

(si è posto $x \ln a = t$).

Infine, utilizzando gli ultimi due limiti, dimostriamo che $(1+x)^\alpha - 1$, per ogni α reale, è infinitesimo del primo ordine, per $x \to 0$. Valgono infatti le seguenti uguaglianze

$$\lim_{x\to 0} \frac{(1+x)^\alpha - 1}{x} = \lim_{x\to 0} \frac{e^{\alpha \ln(1+x)} - 1}{x} = \lim_{x\to 0} \frac{e^{\alpha \ln(1+x)} - 1}{\alpha \ln(1+x)} \alpha \frac{\ln(1+x)}{x}$$

$$= \alpha \lim_{z\to 0} \frac{e^z - 1}{z} \lim_{x\to 0} \frac{\ln(1+x)}{x} = \alpha.$$

Osservazione. Usando il teorema del limite della funzione composta, i limiti sopra calcolati possono essere generalizzati nei seguenti modi: se $f \to 0$ per $x \to p$, e $f(x) \neq 0$ per ogni $x \in \mathcal{U}(p) \setminus \{p\}$, si ha:

$$\lim_{x\to p} \frac{\sin f(x)}{f(x)} = 1; \qquad \lim_{x\to p} \frac{\cos(f(x)) - 1}{f^2(x)} = -\frac{1}{2};$$

$$\lim_{x\to p} \frac{\ln(1 + f(x))}{f(x)} = 1; \qquad \lim_{x\to p} (1 + f(x))^{1/f(x)} = e;$$

$$\lim_{x\to p} \frac{e^{f(x)} - 1}{f(x)} = 1; \qquad \lim_{x\to p} \frac{(1 + f(x))^\alpha - 1}{f(x)} = \alpha.$$

2.8 Infiniti

Supporremo nel seguito che f sia definita in $\mathcal{D} \subseteq \mathbb{R}$, e che p sia d'accumulazione per $\mathcal{D}$. Le definizioni che daremo in seguito con $x \to p$ possono essere estese al caso $x \to p^+$ e $x \to p^-$.

Definizione. Si dice che f è *infinita* per $x \to p$ (oppure: è *un infinito* per $x \to p$) se

$$\lim_{x\to p} f(x) = +\infty, \quad \text{oppure} \quad \lim_{x\to p} f(x) = -\infty.$$

Osservazione. È indispensabile specificare "$x \to p$". Ad esempio: $f(x) = 1/x$ è infinita se $x \to 0^+$ oppure $x \to 0^-$, ma non lo è per nessun altro p. La funzione $f(x) = x^2 + 1$ è infinita per $x \to \pm\infty$.

Come nel caso degli infinitesimi, anche per gli infiniti diamo la seguente:

Definizione. Siano f, g infiniti per $x \to p$. Si dice che

- f è un infinito d'*ordine superiore* a g per $x \to p$ se

$$\lim_{x\to p} \frac{f(x)}{g(x)} = +\infty \quad (\text{oppure } -\infty);$$

- f è un infinito d'*ordine inferiore* a g per $x \to p$ se

$$\lim_{x\to p} \frac{f(x)}{g(x)} = 0;$$

- f e g sono infiniti dello *stesso ordine* se

$$\lim_{x \to p} \frac{f(x)}{g(x)} = k \in \mathbb{R}, \ k \neq 0;$$

- f e g sono infiniti *non confrontabili* se

$$\lim_{x \to p} \frac{f(x)}{g(x)} \text{ non esiste.}$$

Esempio. Consideriamo la classe di funzioni $\{x^\alpha\}_{\alpha>0}$ $(x \geq 0)$ che rappresentano degli infiniti per $x \to +\infty$. Siano $a, b \in \mathbb{R}_+$; si ha facilmente che

$$\frac{x^a}{x^b} \to \begin{cases} +\infty & a > b \\ 1 & a = b \\ 0 & a < b \end{cases}$$

da cui si deduce che x^a è un infinito d'ordine superiore (uguale, inferiore) rispetto a x^b se e solo se $a > b$ $(a = b,\ a < b)$. Analoghe considerazioni si possono fare per le funzioni $\{1/x^\alpha\}_{\alpha>0}$, per $x \to 0^+$.

Esempio. Consideriamo la classe di funzioni $\{a^x\}_{a>1}$ $(x \in \mathbb{R})$ che rappresentano degli infiniti per $x \to +\infty$. Siano $\alpha, \beta > 1$; si ha facilmente che, per $x \to +\infty$,

$$\frac{\alpha^x}{\beta^x} \to \begin{cases} +\infty & \alpha > \beta \\ 1 & \alpha = \beta \\ 0 & \alpha < \beta \end{cases}$$

da cui si deduce che α^x è un infinito d'ordine superiore (uguale, inferiore) rispetto a β^x se e solo se $\alpha > \beta$ $(\alpha = \beta,\ \alpha < \beta)$. Ad esempio, per $x \to +\infty$, 3^x è infinito d'ordine superiore a e^x, mentre π^x ha ordine inferiore rispetto a 4^x.

Esempio. Consideriamo la classe di funzioni $\{\log_\alpha x\}_{\alpha>0,\alpha\neq1}$, che rappresentano degli infiniti per $x \to +\infty$. Siano $a, b > 0, \neq 1$; si ha facilmente che, per $x \to +\infty$,

$$\frac{\log_a x}{\log_b x} = \frac{\ln x}{\ln a} \frac{\ln b}{\ln x} \to \frac{\ln b}{\ln a},$$

da cui si deduce che $\log_a x$ e $\log_b x$ sono infiniti dello stesso ordine quando $x \to +\infty$.

Esempio. Le funzioni $f(x) = x(2 + \cos x)$ e $g(x) = x$ sono esempi di infiniti non confrontabili per $x \to +\infty$.

Osservazione. Se f è un infinito di ordine superiore rispetto a g, e f e g sono positive vicino a p, in un opportuno intorno di p si avrà, in particolare, che $f(x) > g(x)$. Questo di desume dalla definizione appena data e da quella di limite. La condizione $f(x) \to +\infty$ e $g(x) \to +\infty$, $f(x) > g(x)$ in un intorno di $\mathcal{U}(p)$ non è però sufficiente affiché f sia un infinito d'ordine superiore rispetto a g. Si pensi, ad esempio, alle funzioni $f(x) = 2x$ e $g(x) = x$, oppure $f(x) = x^2$ e $g(x) = x$, per $x \to +\infty$:

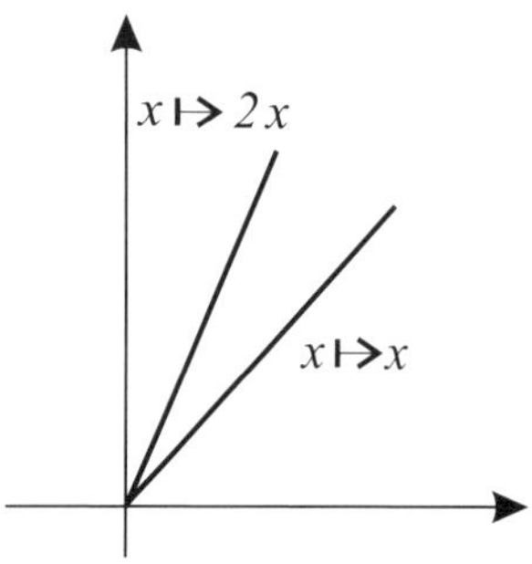

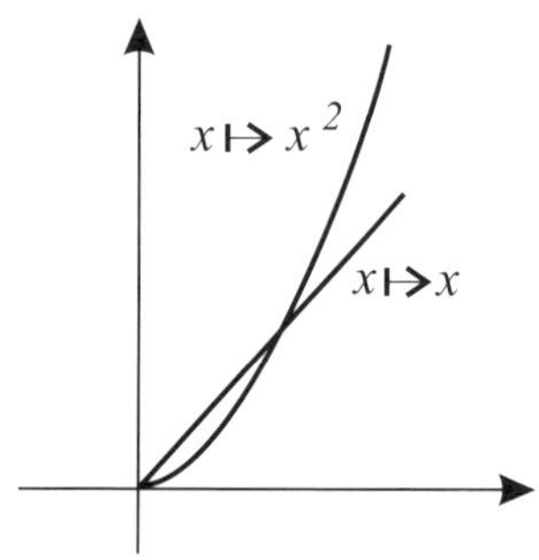

in entrambi i casi si ha che $f(x) > g(x)$ per $x > 1$, ma, nel primo, f e g sono infiniti dello stesso ordine, nel secondo, f ha ordine superiore rispetto a g. Di fatto, essere infinito d'ordine superiore rispetto ad un altro è una condizione più fine, legata, diremo, alla "rapidità di divergenza a $+\infty$" (o a $-\infty$).

Come nel caso degli infinitesimi, talvolta, dati due infiniti f e g per $x \to p$, è possibile definire un numero reale che, in un certo senso, misura la rapidità di divergenza di f rispetto a g.

Definizione. Si dice che f ha ordine di infinito $\alpha \in \mathbb{R}_+$ rispetto all'infinito g (con $g(x) > 0$) per $x \to p$ se

$$\lim_{x \to p} \frac{f(x)}{g^\alpha(x)} = k \in \mathbb{R},\ k \neq 0.$$

Esempio. $f(x) = x^3 + 2x^4$ ha ordine di infinito 2 rispetto a x^2 per $x \to +\infty$; infatti

$$\lim_{x \to +\infty} \frac{x^3 + 2x^4}{(x^2)^2} = \lim_{x \to +\infty} \frac{x^4((1/x) + 2)}{x^4} = 2.$$

Osservazione. Dati due infiniti f e g per $x \to p$, non è detto che si possa definire l'ordine di infinito di f rispetto a g. Ad esempio, si vedrà successivamente che se $f(x) = e^x$ e $g(x) = x$, per $x \to +\infty$ si ha che

$$\lim_{x\to+\infty} \frac{e^x}{x^\alpha} = +\infty, \qquad \forall\alpha > 0,$$

cioè f è infinito d'ordine superiore a g^α, per ogni $\alpha > 0$ (equivalentemente, la rapidità di divergenza a $+\infty$ di e^x è superiore a quella di una qualsiasi potenza di x, quando $x \to +\infty$).

Se non viene specificato l'infinito g, spesso è sottinteso che sia:

$$g(x) = \frac{1}{x - x_0}, \text{ se } p = x_0 \in \mathbb{R} \text{ e } x \to x_0^+ \ \left(g(x) = \frac{1}{x_0 - x}, \text{ se } x \to x_0^-\right);$$

$$g(x) = x, \text{ se } p = +\infty \ (g(x) = -x, \text{ se } p = -\infty).$$

Esempio. La funzione $f(x) = \frac{1}{x^2-4}$ ha ordine di infinito 1 rispetto all'*infinito campione* $\frac{1}{x-2}$ per $x \to 2^+$; infatti

$$\lim_{x\to2^+} \frac{1/(x^2-4)}{1/(x-2)} = \lim_{x\to2^+} \frac{x-2}{(x-2)(x+2)} = 1/4.$$

Come nel caso degli infinitesimi, sapere confrontare due o più infiniti si rivela di fondamentale importanza nel calcolo dei limiti, in presenza di forme di indecisione del tipo $\infty - \infty$ e ∞/∞. Vale il seguente

Teorema (degli infiniti). Siano f, f_1, g, g_1 infiniti per $x \to p$. Se f_1 ha ordine inferiore rispetto ad f, e g_1 ha ordine inferiore rispetto a g, allora

$$\lim_{x\to p}(f(x) + f_1(x)) = \lim_{x\to p} f(x),$$

e

$$\lim_{x\to p} \frac{f(x) + f_1(x)}{g(x) + g_1(x)} = \lim_{x\to p} \frac{f(x)}{g(x)}.$$

La dimostrazione è analoga a quella del teorema degli infinitesimi.

Osservazione. Si è visto come si confrontano tra loro infiniti del tipo x^a, x^b $(a, b > 0,\ x \to +\infty)$, e a^x, b^x $(a, b > 1,\ x \to +\infty)$. Non è però, al momento, nota la relazione tra gli infiniti x^α, a^x, $\ln x$ $(\alpha > 0,\ a > 1)$, per $x \to +\infty$.

Data l'utilità che queste informazioni hanno nel calcolo dei limiti, anticipiamo un risultato che può essere facilmente provato in seguito, mediante il teorema di de l'Hôpital:

$$\lim_{x \to +\infty} \frac{x}{e^x} = 0.$$

Da questo fatto discendono, mediante semplici cambi di variabile, i seguenti utili risultati:

$$\lim_{x \to +\infty} \frac{x^\alpha}{a^x} = 0, \quad \forall \alpha > 0, \quad a > 1;$$

$$\lim_{x \to +\infty} \frac{\ln^a x}{x^\alpha} = 0, \quad \forall a > 0,\ \alpha > 0.$$

Inoltre, ponendo $1/x = t$, e facendo tendere t a 0^+, si ricava che

$$\lim_{t \to 0^+} t^\alpha |\ln t|^a = 0, \quad \forall \alpha > 0,\ a > 0, \qquad \lim_{t \to 0^+} t^{-\alpha} a^{-1/t} = 0, \quad \forall \alpha > 0,\ a > 1.$$

2.9 Simboli di Landau: *o piccolo* e *asintotico*

Date due funzioni f, g infinite o infinitesime per $x \to p$, si è visto che la locuzione "f è infinita d'ordine inferiore a g", oppure "f è infinitesima d'ordine superiore a g" equivale a

$$\lim_{x \to p} \frac{f(x)}{g(x)} = 0.$$

In generale, diamo la seguente

Definizione. Siano $f, g : \mathcal{D} \subseteq \mathbb{R} \longrightarrow \mathbb{R}$, sia p d'accumulazione per $\mathcal{D}$ e sia $g(x) \neq 0$ in $\mathcal{U}(p) \setminus \{p\}$. Si dice che f è *o piccolo* di g per $x \to p$ (e si indica con la scrittura $f = o(g)$, $x \to p$) se

$$\lim_{x \to p} \frac{f(x)}{g(x)} = 0.$$

Osservazioni. i. La definizione di o piccolo è significativa solo se affiancata dal simbolo $x \to p$. Inoltre, se è vero che $f = o(g)$, non è mai vero che $g = o(f)$.
ii. Se $x \to +\infty$, $x^a = o(x^b)$ se e solo se $a < b$. Analogamente, $a^x = o(b^x)$ per $x \to +\infty$ se e solo se $0 < a < b$. Inoltre, $x^a = o(b^x)$ per $x \to +\infty$, per ogni $a \in \mathbb{R}, b > 1$, e $\ln^b x = o(x^a)$ per $x \to +\infty$, per ogni $b \in \mathbb{R}$, $a > 0$.

iii. Si deduce facilmente che se $f = o(g)$ e $g = o(h)$ per $x \to p$, allora $f = o(h)$ per $x \to p$.

Con la scrittura $o(g)$, $x \to p$, viene in realtà indicata una *classe di funzioni*: la scrittura $o(g)$, infatti, *non* rappresenta una *determinata funzione*, bensì una *qualsiasi funzione* f tale che $\lim_{x \to p} (f/g)(x) = 0$. A titolo d'esempio, consideriamo la scrittura

$$o(1), \qquad x \to p.$$

Una funzione appartiene alla classe $o(1)$ (oppure: è $o(1)$) per $x \to p$ se e solo se

$$\lim_{x \to p} \frac{f(x)}{1} = 0,$$

cioè f è infinitesima per $x \to p$. Quindi, il simbolo $o(1)$ indica una *qualsiasi funzione che tende a zero* per $x \to p$. Se $p = 0$, nella classe $o(1)$ troviamo, ad esempio, le funzioni x, x^2, $\sqrt[3]{x}$, $x\sqrt[3]{x}$, $x^3\sqrt[5]{x}$, $\ln(1 + x^4)$, $x + \sin^2 x$ (e infinite altre....).

Sia ora $p = 0$, e si consideri la scrittura

$$o(x), \qquad x \to 0.$$

A questa classe appartengono le funzioni f con la proprietà

$$\lim_{x \to 0} \frac{f(x)}{x} = 0.$$

Di conseguenza, tra le funzioni $o(x)$ ritroviamo, ad esempio, x^2, x^3, $x\sqrt[3]{x}$, $x^3\sqrt[5]{x}$, $\ln(1 + x^4)$, mentre non ci sono più le funzioni x, $\sqrt[3]{x}$, $x + \sin^2 x$. Si osservi che, per $x \to 0$, $o(x) \subset o(1)$ in senso proprio.

Per $p = 0$, la classe

$$o(x^2), \qquad x \to 0$$

è costituita da tutte e sole le funzioni tali che

$$\lim_{x \to 0} \frac{f(x)}{x^2} = 0.$$

In questa classe ritroviamo, ad esempio, le funzioni $x^3\sqrt[5]{x}$, $\ln(1 + x^4)$ ma non le funzioni $x\sqrt[3]{x}$, x^2. Si ha che, per $x \to 0$, $o(x^2) \subset o(x) \subset o(1)$ (sempre con inclusioni proprie).

Quello che si deduce dalle considerazioni appena fatte è che se aumenta la potenza $a > 0$ di x nella scrittura $o(x^a)$, per $x \to 0$, aumentano le richieste sulla rapidità di convergenza a 0 delle funzioni della classe.

Sono utili le seguenti "regole di calcolo" col simbolo di o piccolo, dove $x \to p$ è sottinteso (le uguaglianze che seguono vanno intese nel senso di *uguaglianza di insiemi*, cioè le funzioni della classe al primo membro sono le stesse della classe al secondo membro):

- $o(f) = ko(f) = o(kf)$ per ogni $k \in \mathbb{R}$, $k \neq 0$ (per esempio, $o(-2x) = 3o(x) = o(x)$);
- $g \cdot o(f) = o(gf)$, per ogni g definita e diversa da 0 in $\mathcal{U}(p)$ (per esempio, $\cos x \cdot o(x^2) = o(x^2 \cos x)$);
- $o(f) + o(f) = o(f)$ (per esempio, $o(x^2) + o(x^2) = o(x^2)$).

Osservazioni. i. È un grave errore la semplificazione $o(f) - o(f) = 0$!!!!! Quando si scrive $o(f) - o(f)$, si intende considerare la differenza tra due funzioni, ciascuna delle quali è $o(f)$ (per $x \to p$), ma tali funzioni non sono necessariamente la stessa funzione. Ad esempio: se $p = 0$, x^2 e x^3 sono entrambe $o(x)$, ma non è affatto vero che $x^2 - x^3 = 0$ per ogni x in un intorno di 0!

ii. Il teorema degli infinitesimi e quello degli infiniti possono essere enunciati in forma compatta come segue:

Teorema (degli infinitesimi e degli infiniti). Siano f, f_1, g, g_1 tali che $f_1 = o(f)$ e $g_1 = o(g)$ per $x \to p$. Allora

$$\lim_{x \to p} \frac{f(x) + f_1(x)}{g(x) + g_1(x)} = \lim_{x \to p} \frac{f(x)}{g(x)}.$$

In particolare, se $g(x) = 1$ e $g_1(x) = 0$, si ha anche che

$$\lim_{x \to p} (f(x) + f_1(x)) = \lim_{x \to p} f(x).$$

(Le funzioni f e g sono dette, rispettivamente, a seconda dei casi, infinitesimo o infinito *principale*).

iii. Nelle applicazioni possono essere utili le considerazioni seguenti:

$f = o(g)$ implica che sia

- $f^a = o(g^a)$, per ogni $a > 0$ e con $f, g > 0$; la dimostrazione è immediata, in quanto $\dfrac{f^a(x)}{g^a(x)} = \left(\dfrac{f(x)}{g(x)}\right)^a \to 0$;
- $e^f = o(e^g)$ se $g \to +\infty$ (in tal caso, infatti, $e^f/e^g = e^{f-g} = e^{o(g)-g} = e^{-g(1+o(1))} \to 0$);
- non è vero, in generale, che $\ln f = o(\ln g)$ (si pensi, ad esempio, alle funzioni $\ln(x^2)$ e $\ln x$ per $x \to 0^+ : x^2 = o(x)$, ma $\ln(x^2)/\ln x \to 2$ se $x \to 0^+$).

L'altro simbolo di Landau che introduciamo è il simbolo "$\sim$" (asintotico).

Definizione. Siano $f, g : \mathcal{D} \subseteq \mathbb{R} \longrightarrow \mathbb{R}$, sia p d'accumulazione per $\mathcal{D}$ e sia $g(x) \neq 0$ in $\mathcal{U}(p) \setminus \{p\}$. Si dice che f è *asintotica* a g per $x \to p$, e si indica con la scrittura $f \sim g$, $x \to p$, se

$$\lim_{x \to p} \frac{f(x)}{g(x)} = 1.$$

Osservazioni. i. Appare evidente dalla definizione che, se f e g sono diverse da 0 in $\mathcal{U}(p) \setminus \{p\}$, $f \sim g$ se e solo se $g \sim f$.
ii. Siano f e g due funzioni tali che $f \to L_1$ e $g \to L_2$ per $x \to p$. Se $f \sim g$ per $x \to p$, allora deve essere $L_1 = L_2$, ma questa condizione non è sufficiente perché le funzioni siano asintotiche (a meno che non sia $L_1 = L_2 \neq 0, \neq \pm\infty$). Per esempio, se $p = 0$, oppure $p = \pm\infty$, basta considerare $f(x) = x$, $g(x) = x^2$. Tali funzioni hanno lo stesso limite a 0 e a $\pm\infty$, ma non sono asintotiche per x che tende a tali punti.
iii. Esiste un'interessante relazione tra il simbolo di asintotico e quello di o piccolo: per $x \to p$,

$$f \sim g \Longleftrightarrow f = g + o(g).$$

La dimostrazione è semplice:

$$\begin{aligned} f \sim g, \quad x \to p &\Longleftrightarrow \frac{f(x)}{g(x)} \to 1, \quad x \to p \\ &\Longleftrightarrow \frac{f(x)}{g(x)} = 1 + o(1), \quad x \to p \\ &\Longleftrightarrow f(x) = g(x) + o(g(x)), \quad x \to p. \end{aligned}$$

In particolare, i limiti notevoli già visti precedentemente possono essere vantaggiosamente riscritti come segue ($x \to 0$ è sottinteso)

$$\begin{aligned} \sin x \sim x &\quad \text{cioè} \quad \sin x = x + o(x), \\ e^x - 1 \sim x &\quad \text{cioè} \quad e^x = 1 + x + o(x), \\ \ln(1+x) \sim x &\quad \text{cioè} \quad \ln(1+x) = x + o(x), \\ (1+x)^a - 1 \sim ax &\quad \text{cioè} \quad (1+x)^a = 1 + ax + o(x). \end{aligned}$$

Più in generale, se f è infinitesima per $x \to p$, valgono, per $x \to p$, le relazioni seguenti:

$$\begin{aligned} \sin f(x) \sim f(x) &\quad \text{cioè} \quad \sin f(x) = f(x) + o(f(x)), \\ e^{f(x)} - 1 \sim f(x) &\quad \text{cioè} \quad e^{f(x)} = 1 + f(x) + o(f(x)), \\ \ln(1+f(x)) \sim f(x) &\quad \text{cioè} \quad \ln(1+f(x)) = f(x) + o(f(x)), \\ (1+f(x))^a - 1 \sim af(x) &\quad \text{cioè} \quad (1+f(x))^a = 1 + af(x) + o(f(x)). \end{aligned}$$

iv. Nelle applicazioni possono essere utili le considerazioni seguenti ($x \to p$ è sottinteso)

$f \sim g$ implica che

- $f^a \sim g^a$, per ogni $a \in \mathbb{R}$ e con $f, g > 0$; la dimostrazione è immediata, in quanto $\dfrac{f^a(x)}{g^a(x)} = \left(\dfrac{f(x)}{g(x)}\right)^a \to 1$;
- $\ln f \sim \ln g$, purché non si abbia $f \to 1$ (in tal caso, non è detto: si pensi, ad esempio, a $\ln(1+x^2)$ e $\ln(1+x)$ per $x \to 0$; in tal caso

$$\lim_{x\to 0} \frac{\ln(1+x^2)}{\ln(1+x)} = \lim_{x\to 0} \frac{x^2}{x} = 0);$$

- non è vero, in generale, che $e^f \sim e^g$ (si pensi, ad esempio, alle funzioni e^{x^2+x} e e^{x^2} per $x \to +\infty$: è vero che $(x^2+x) \sim x^2$, ma $e^{x^2+x}/e^{x^2} = e^x \to +\infty$).

2.10 Asintoti obliqui

Data una funzione $f : (a, +\infty) \longrightarrow \mathbb{R}$, diamo la seguente

Definizione. Si dice che la retta di equazione $y = mx + q$ (con $m \neq 0$) è asintoto obliquo di f per $x \to +\infty$ se

$$\lim_{x \to +\infty} (f(x) - mx - q) = 0, \quad \text{cioè} \quad f(x) = mx + q + o(1), \quad x \to +\infty.$$

In maniera analoga si definisce il concetto di asintoto obliquo a $-\infty$ per funzioni $f : (-\infty, a) \longrightarrow \mathbb{R}$.

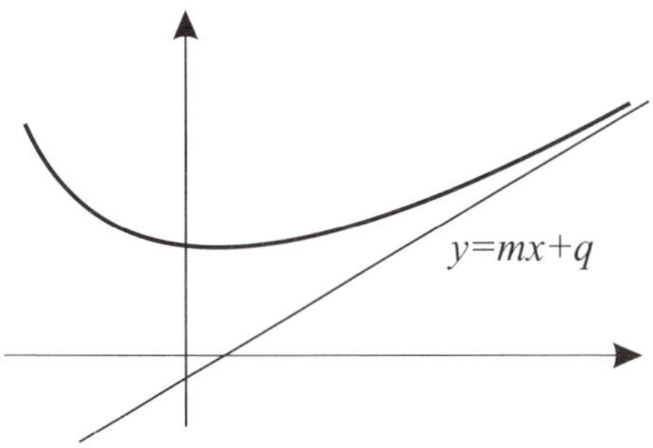

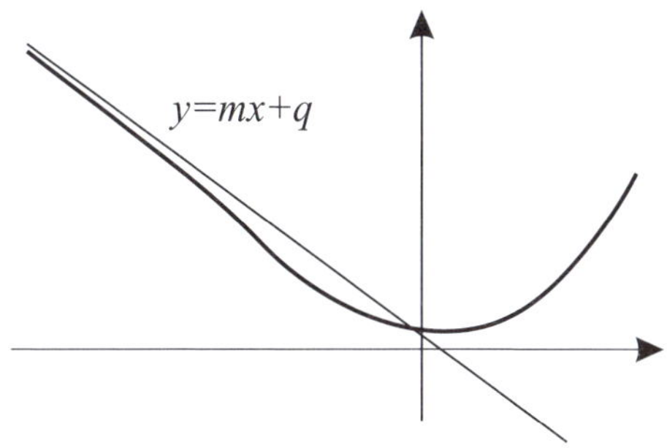

Si verifica facilmente che se f ha asintoto obliquo per $x \to +\infty$ (o per $x \to -\infty$), allora tale asintoto è unico. Infatti, sia $f(x) = mx + q + o(1)$ e $f(x) = m_1 x + q_1 + o(1)$ per $x \to +\infty$: in particolare,

$$(m - m_1)x + (q - q_1) = o(1), \quad x \to +\infty.$$

Affinché il limite al primo membro, per $x \to +\infty$, sia 0, come al secondo membro, deve essere $m = m_1$ e $q = q_1$.

Osservazioni. i. Se una funzione f può essere espressa nella forma $f(x) = mx+q+o(1)$ per $x \to +\infty$, si deduce immediatamente che la retta di equazione $y = mx + q$ è asintoto obliquo per $x \to +\infty$ (analoga considerazione per $x \to -\infty$). Ad esempio, la funzione $f(x) = xe^{1/x}$ per $x \to \pm\infty$ si può scrivere nella forma

$$f(x) = xe^{1/x} = x\left(1 + \frac{1}{x} + o\left(\frac{1}{x}\right)\right) = x + 1 + o(1), \quad x \to \pm\infty,$$

da cui segue che la retta di equazione $y = x + 1$ è asintoto obliquo di f per $x \to \pm\infty$.

ii. Una funzione può avere asintoti obliqui diversi per $x \to -\infty$ e per $x \to +\infty$. Ad esempio, la funzione $f(x) = \sqrt{x^2+3}$ ha, per $x \to -\infty$, asintoto obliquo di equazione $y = -x$, e, per $x \to +\infty$, asintoto obliquo di equazione $y = x$. Infatti

$$f(x) = \sqrt{x^2+3} = |x|\sqrt{1+\frac{3}{x^2}} = |x|\left(1+\frac{3}{2x^2}+o\left(\frac{1}{x^2}\right)\right)$$
$$= |x| + \frac{3}{2|x|} + o\left(\frac{1}{x}\right) = |x| + o(1), x \to \pm\infty.$$

Quindi, per $x \to +\infty$, $f(x) = x + o(1)$, mentre per $x \to -\infty$, $f(x) = -x + o(1)$.

iii. Dalla definizione si deduce che: condizione necessaria affinché una funzione abbia asintoto obliquo per $x \to \pm\infty$ è che diverga a $+\infty$ oppure a $-\infty$ con ordine di infinito uguale a 1. Questa condizione è utile per stabilire *a priori* se una funzione può avere asintoti obliqui; per esempio, le funzioni $f(x) = \sqrt[3]{x}+1$, $f(x) = e^x - x$ non possono avere asintoti obliqui per $x \to +\infty$ perché hanno, rispettivamente, ordine di infinito $1/3$ rispetto a x e ordine di infinito superiore a ogni potenza di x. Tale condizione non è tuttavia sufficiente; per esempio, la funzione $f(x) = x + \ln x$ ha ordine di infinito 1 per $x \to +\infty$, ma non ha asintoto obliquo.

Per la determinazione dell'eventuale asintoto obliquo di una funzione può essere utile la seguente caratterizzazione, che enunciamo per $x \to +\infty$ ma che vale analogamente per $x \to -\infty$:

Teorema. Sia $f : (a, +\infty) \longrightarrow \mathbb{R}$; f ha asintoto obliquo per $x \to +\infty$ di equazione $y = mx + q$ $(m \neq 0)$ se e solo se

- $\lim_{x\to+\infty} \frac{f(x)}{x} = m \in \mathbb{R} \setminus \{0\}$;
- $\lim_{x\to+\infty} (f(x) - mx) = q \in \mathbb{R}$.

dim. Sia $f(x) = mx + q + o(1)$, per $x \to +\infty$; allora:

$$\lim_{x\to+\infty} \frac{f(x)}{x} = \lim_{x\to+\infty} \frac{mx+q+o(1)}{x} = m;$$
$$\lim_{x\to+\infty} (f(x) - mx) = \lim_{x\to+\infty} (q + o(1)) = q.$$

Viceversa, dalla condizione $\lim_{x\to+\infty} (f(x) - mx) = q \in \mathbb{R}$ si deduce che $f(x) - mx = q + o(1)$ per $x \to +\infty$, cioè che $f(x) = mx + q + o(1)$ per $x \to +\infty$.

Esercizi

I. Limiti di funzioni

Si verifichi, utilizzando la definizione di limite, che le seguenti uguaglianze sono corrette:

• **2.1.** $\lim_{x\to 2}(x^2+1)=5$

• **2.2.** $\lim_{x\to +\infty} e^{-x^2}=0$

• **2.3.** $\lim_{x\to 2}\dfrac{1}{(x-2)^2}=+\infty$

• **2.4.** $\lim_{x\to +\infty}(e^x-e^{2x})=-\infty$

∘ **2.5.** $\lim_{x\to 0^+}(x-x^{1/2})=0^-$

∘ **2.6.** $\lim_{x\to +\infty}\ln(x^3+1)=+\infty$

∘ **2.7.** $\lim_{x\to 0^+}(\sin x+\cos x)=1^+$

∘ **2.8.** $\lim_{x\to -\infty}(x^2-x+2^x)=+\infty$

∘ **2.9.** $\lim_{x\to -1}(x^5-2)=-3$

∘ **2.10.** $\lim_{x\to 0^+}\ln(1-x)=0^-$

• **2.11.** $\lim_{x\to 4^+}\dfrac{x}{x^2-16}=+\infty$

∘ **2.12.** $\lim_{x\to -\infty}(x+1)^{1/3}=-\infty$

• **2.13.** $\lim_{x\to +\infty}(x^2-x^{1/2})=+\infty$

∘ **2.14.** $\lim_{x\to 0^+}\dfrac{1}{x^2-x}=-\infty$

• **2.15.** $\lim_{x\to -\infty}(x^3-2\sin x)=-\infty$

• **2.16.** $\lim_{x\to \pi/2^-}(\tan x-x)=+\infty$

∘ **2.17.** $\lim_{x\to +\infty}\dfrac{\cos x+1}{x^2+3}=0^+$

∘ **2.18.** $\lim_{x\to 0^-}(\tan x-x^3)=0^-$.

Si verifichi che non sono corrette le seguenti affermazioni:

• **2.19.** $\lim_{x\to 4}\dfrac{1}{x-4}=+\infty$

• **2.20.** $\lim_{x\to +\infty}\ln x=3$

∘ **2.21.** $\lim_{x\to 1^-}e^{x-1}=1^+$

∘ **2.22.** $\lim_{x\to -\infty}(e^x-e^{2x})=-\infty$.

∘ **2.23.** Sia $f:\mathbb{R}\longrightarrow\mathbb{R}$. L'affermazione

$$\forall a\neq 0\quad \exists b>0: |x|>b \Rightarrow |f(x)|<a^2$$

equivale a

i. $\lim_{x\to +\infty}f(x)=+\infty$;

ii. $f(x)=0$ per ogni $x\in\mathbb{R}$;

iii. $\lim_{x\to -\infty}f(x)=0$ e $\lim_{x\to +\infty}f(x)=0$.

∘ **2.24.** L'affermazione

$$\forall a > 1000, \exists b > 0 : \forall x > b \text{ si ha} : f(x) > a$$

equivale a

i. $\lim_{x \to +\infty} f(x) = +\infty$

ii. $\lim_{x \to -\infty} f(x) = +\infty$ e $\lim_{x \to +\infty} f(x) = +\infty$.

• **2.25.** Siano $f : \mathcal{D} \subset \mathbb{R} \longrightarrow \mathbb{R}$, x_0 punto di accumulazione per $\mathcal{D}$, $l \in \mathbb{R}$. Quale delle seguenti affermazioni è la negazione di $\lim_{x \to x_0} f(x) = l$?

i. $\forall \epsilon$, $\exists \delta = \delta(\epsilon)$ tale che $\forall x \in \mathcal{D}$, $0 < |x - x_0| < \delta \Rightarrow |f(x) - l| < \epsilon$;

ii. $\exists \epsilon_0$ tale che $\forall \delta > 0$, $\exists \overline{x} \in \mathcal{D}$ tale che $0 < |\overline{x} - x_0| < \delta$ e $|f(\overline{x}) - l| > \epsilon_0$;

iii. $\exists \epsilon_0, \delta_0 > 0$ tali che $x \in \mathcal{D}$ e $0 < |x - x_0| < \delta_0 \Rightarrow |f(x) - l| > \epsilon_0$.

○ **2.26.** Sia $f : \mathbb{R} \longrightarrow \mathbb{R}$ tale che, per ogni $\epsilon \in (0, 1)$, è soddisfatta la disequazione

$$|f(x) - 3| < \epsilon,$$

per ogni $x \in (-\infty, -1/\epsilon) \cup (-\epsilon, \epsilon) \cup (1/\epsilon, +\infty)$. Cosa si può dedurre riguardo a f?

• **2.27.** Sia $f(x) = \left[\!\left[3^{x^2-3} \right]\!\right] - \ln(x-1)$. Si dimostri che esiste $\mathcal{U}(2)$ tale che $f(x) > 0$ per ogni $x \in \mathcal{U}(2)$.

○ **2.28.** Sia

$$f(x) = \begin{cases} e^{-1/|1-x^2|} + \ln(x^{1/2} - 1/2) & x \neq 1 \\ -3 & x = 1. \end{cases}$$

Si dimostri che esiste un intorno di 1 in cui f è negativa.

○ **2.29.** Si verifichi, applicando il teorema della permanenza del segno, che la disequazione

$$e^{3x} - x > e^{2x} + x^2$$

è soddisfatta in un intorno di $+\infty$ e non è soddisfatta in alcun intorno di $-\infty$.

○ **2.30.** Si dimostri che $f(x) \to 0$ se e solo se $|f(x)| \to 0$.

○ **2.31.** Si calcolino i seguenti limiti

$$\lim_{x \to +\infty} \frac{\cos(2x) + 4}{x^2 + 1}, \qquad \lim_{x \to +\infty} (\sin x)/x = 0, \qquad \lim_{x \to 0^+} \sqrt{x} \cos(1/x).$$

○ **2.32.** Si calcolino i seguenti limiti

$$\lim_{x\to+\infty}(\cos x+2)e^x, \qquad \lim_{x\to+\infty} x(1+\sin^2 x)=+\infty.$$

• **2.33.** Si dimostri che $\lim_{x\to+\infty}([\![x]\!]/x)=1$.

• **2.34.** Si determinino i valori di $a\in\mathbb{R}$ per i quali esiste ed è finito il

$$\lim_{x\to+\infty}\frac{1+e^{a(a+1)x}}{x^2-(1+a)x+a}.$$

Si determinino, inoltre, i valori del parametro a per cui esiste il

$$\lim_{x\to1}\frac{1+e^{a(a+1)x}}{x^2-(1+a)x+a}.$$

• **2.35.** Data la funzione $f_{a,b}:\mathbb{R}\longrightarrow\mathbb{R}$ definita da

$$f_{a,b}(x)=\begin{cases}\dfrac{a}{2-x} & x<1\\ b & x=1\\ ax^2+x+b & x>1,\end{cases}$$

si determinino i valori dei parametri reali a e b per cui esiste il $\lim_{x\to1}f_{a,b}(x)$.

• **2.36.** Si determinino, se esistono, i valori dei parametri reali a e b per cui la funzione seguente risulta definita in $\mathbb{R}$ e ivi limitata

$$f_{a,b}(x)=\begin{cases}e^{-ax}+(a-b)x^3 & x\le2\\ \dfrac{\ln(x^2+1)}{\ln(x+a)} & x>2.\end{cases}$$

Si calcolino i seguenti limiti:

• **2.37.** $\lim_{x\to+\infty}\ln\left(1+\dfrac{\sin x}{x}\right)$

∘ **2.38.** $\lim_{x\to-\infty}e^{1/(x^4+2)}$

∘ **2.39.** $\lim_{x\to+\pi}\left(\dfrac{\cos x+2}{\ln(e-\pi+x)}\right)^{1/2}$

∘ **2.40.** $\lim_{x\to1^+}e^{1/(1-x)}$

• **2.41.** $\lim_{x\to+\infty}3^{(x-3)^{-1/2}}$

• **2.42.** $\lim_{x\to0}\dfrac{\ln(\cos x+1)}{\tan x+2^{-x}}$

∘ **2.43.** $\lim_{x\to+\infty}\dfrac{1}{1+((x+1)/3x)^2}$

∘ **2.44.** $\lim_{x\to-2^-}4^{3/(x+2)}$.

Si calcolino i seguenti limiti:

• **2.45.** $\lim_{x\to+\infty}(x^4-2x^3)$

∘ **2.46.** $\lim_{x\to+\infty}(4x^3-x+2)$

• **2.47.** $\lim_{x\to+\infty}\left(\sqrt[3]{x}-\sqrt{x-1}\right)$

• **2.48.** $\lim_{x\to+\infty}\left(2\sqrt{x}-\sqrt{x+1}\right)$

• **2.49.** $\lim_{x\to-\infty}\left(x+\sqrt{x^2+1}\right)$

∘ **2.50.** $\lim_{x\to+\infty}\left(\sqrt{x-1}-\sqrt{x}\right)$

∘ **2.51.** $\lim_{x\to+\infty}\left(2\sqrt[3]{x^3-1}-x\right)$

• **2.52.** $\lim_{x\to+\infty}\dfrac{2x^2-x+4}{x^3+x-2}$

∘ **2.53.** $\lim_{x\to-\infty}\dfrac{-x^3+x^2-6}{x^3+x+10}$

∘ **2.54.** $\lim_{x\to+\infty}\dfrac{x^6+2x^3-x^2}{x^4-3x-1}$

• **2.55.** $\lim_{x\to0^+}\dfrac{x^{2/3}+5x^{3/2}-x^{1/2}}{x^{2/5}-x+4x^3}$

∘ **2.56.** $\lim_{x\to3^+}\dfrac{x^2-9}{x^2-6x+9}$

• **2.57.** $\lim_{x\to2}\dfrac{x^3+x^2-12}{x^2-x-2}$

∘ **2.58.** $\lim_{x\to-1}\dfrac{x^3-7x-6}{x^2-1}$

∘ **2.59.** $\lim_{x\to1^+}\dfrac{(x^4-1)(x+2)}{x^5-1}$

∘ **2.60.** $\lim_{x\to0}\dfrac{1+2x-x^3}{x^2-x^3+x^4}$.

Si determinino gli eventuali valori del parametro $k\in\mathbb{R}\setminus\{0\}$ in modo tale che esista finito il $\lim_{x\to0}f_k(x)$, dove:

• **2.61.** $f_k(x)=\begin{cases}\dfrac{\tan(x^2)}{3^{kx^2}-1} & -1<x<0\\[2mm] \dfrac{\log_3(1+|k\sin x|)}{x} & 0<x<1\end{cases}$

∘ **2.62.** $f_k(x)=\begin{cases}\dfrac{x^3}{(e^{-kx}-1)\sin^2 x} & -1<x<0\\[2mm] \dfrac{(\sqrt[3]{1-kx^2}-1)\tan x}{x^3+x^4} & 0<x<1.\end{cases}$

• **2.63.** Siano $x_0\in\mathbb{R}^*$ e f una funzione definita in un intorno di x_0 (x_0 al più escluso) e ivi non nulla. Se $f(x)=o(1)$ per $x\to x_0$, si provi che:

a. $\lim_{x\to x_0}\dfrac{\ln(1+f(x))}{f(x)}=1$

b. $\lim_{x\to x_0}(1+f(x))^{\frac{1}{f(x)}}=e$

c. $\lim_{x\to x_0}\dfrac{(1+f(x))^\alpha-1}{f(x)}=\alpha$

d. $\lim_{x\to x_0}\dfrac{e^{f(x)}-1}{f(x)}=1$

e. $\lim_{x\to x_0}\dfrac{\sin(f(x))}{f(x)}=1$

f. $\lim_{x\to x_0}\dfrac{1-\cos(f(x))}{(f(x))^2}=\dfrac{1}{2}$.

Utilizzando i risultati dell'esercizio [**2.63**], si calcolino i limiti seguenti:

• **2.64.** $\lim_{x\to0^+}\dfrac{\sin(\sqrt{x})}{\sqrt[3]{x}}$

• **2.65.** $\lim_{x\to0^+}(1+x^2)^{1/x}$

∘ **2.66.** $\lim_{x\to0}\dfrac{x(2^x-1)}{\ln(\cos x)}$

∘ **2.67.** $\lim_{x\to+\infty}\left(1+\dfrac{1}{x^2}\right)^{x^3}$

∘ **2.68.** $\lim_{x\to0}\dfrac{1-\sqrt[4]{\cos x}}{x\sin x}$

∘ **2.69.** $\lim_{x\to1}\dfrac{\log_3 x}{\sqrt{x}-1}$

• **2.70.** $\lim_{x\to 0^+} \dfrac{e^{\sin x}-1}{\log_4(1+x^2)}$

◦ **2.71.** $\lim_{x\to 0^+} \dfrac{x(\cos(\sqrt{x})-1)}{(1+x^2)^{1/3}-1}$

◦ **2.72.** $\lim_{x\to 0^+} \dfrac{\tan x+\log_5(1+\sqrt[3]{x})}{2\sqrt{x}}$

◦ **2.73.** $\lim_{x\to 0} \dfrac{\cos(\sin x)-(1+x^2)^{1/4}}{3x^2}$

Si calcolino i seguenti limiti:

• **2.74.** $\lim_{x\to 0}(\cos x)^{(\tan x)/(x^3+x^5)}$

• **2.75.** $\lim_{x\to 0^+}\left(\dfrac{1}{x}\right)^{\frac{(\sin^2 x-\tan^2 x)}{\ln(1+x)}}$

◦ **2.76.** $\lim_{x\to 0^+}(\sin x)^{(e^{x\sqrt{x}}-1)/(x+x^2)}$

◦ **2.77.** $\lim_{x\to +\infty}(\ln x)^{x/(2^x+x^3)}$

• **2.78.** Si verifichi che $\ln(x^2+x)\sim\ln(x^2)$ per $x\to+\infty$; più in generale, si mostri che se $P_n(x)=a_0x^n+\ldots+a_n$, $a_0\neq 0$, si ha, per $x\to+\infty$,

$$\log_b(P_n(x))\sim\log_b(a_0x^n)\qquad(b>0, b\neq 1)$$

(si suppone che sia $a_0x^n>0$ per x sufficientemente grande).

◦ **2.79.** Si verifichi che $e^{2x^3-3x+2}\not\sim e^{2x^3}$ per $x\to+\infty$, nonostante sia $2x^3-3x+2\sim 2x^3$ per $x\to+\infty$. Si diano condizioni sufficienti su f e g affinché $f\sim g\Longrightarrow e^f\sim e^g$ per $x\to+\infty$.

◦ **2.80.** Si dia un esempio di funzione f per cui risulti $f(x)=o(x^{3/2})$, per $x\to 0^+$, ma non sia $f(x)=o(x^2)$. Più in generale, si dia un esempio di funzione f che sia $o(x^{3/2})$, ma non esista $\epsilon>0$ tale che $f(x)=o(x^{3/2+\epsilon})$.

• **2.81.** Si mostri con esempi quanto segue:

a. $f-g\to 0$ per $x\to x_0$ non implica $f\sim g$ per $x\to x_0$

b. $f\sim g$ per $x\to x_0$ non implica $f-g\to 0$ per $x\to x_0$.

Si diano condizioni sufficienti su f e g affinché [**a**] oppure [**b**] siano verificate.

◦ **2.82.** Si provi, esibendo un controesempio, che $f\sim f_1$ e $g\sim g_1$ non implica che $(f-g)\sim(f_1-g_1)$.

• **2.83.** Sia $x\to 0^+$. Si dimostri che:

a. $o(x^2)+o(x\sqrt{x})=o(x\sqrt{x})$

b. $xo(x^2)=o(x^3)$

c. $-7o(x)=o(x)$

d. $o(o(x))=o(x)$.

Si dimostri, più in generale, che

f. $\sum_{j=1}^k o(x^{\alpha_j})=o(x^{\min\alpha_j})\qquad(\alpha_j\in\mathbb{R}^+\ j=1,\ldots,k)$

g. $x^\alpha o(x^\beta) = o(x^{\alpha+\beta})$ **h.** $o(o(x^\alpha)) = o(x^\alpha)$.

• **2.84.** Si diano esempi di funzioni (non identicamente nulle in un intorno dell'origine) che risultano $o(x)$, $o(\sqrt{x})$, $o(x \ln x)$, $o(x/\ln x)$, per $x \to 0^+$.

• **2.85.** Sia $f(x) = o(x)$ per $x \to 0$. Cosa si può dire di $\lim_{x\to 0} \dfrac{f(x)}{x^3}$?

• **2.86.** È vero che se $f(x) \sim mx + q$ $(m \neq 0)$, per $x \to +\infty$, allora la retta $y = mx + q$ è asintoto obliquo per f?

○ **2.87.** Si determini il parametro reale a in modo tale che la funzione $f_a(x) = \sqrt{x^2 - 3ax + 2}$ abbia asintoto obliquo di equazione $y = x + 2$ per $x \to +\infty$.

Si determini, se esiste, l'asintoto obliquo per $x \to -\infty$ e per $x \to +\infty$ delle funzioni seguenti:

• **2.88.** $f(x) = \sqrt{x^2 - 3} + 2x$

• **2.89.** $f(x) = xe^{1/x} - 3x + 2$

• **2.90.** $f(x) = x \log_2(2 + 3/|x|) + xe^{-x^2-x}$

○ **2.91.** $f(x) = \ln(e^{|x|} + 2) - \ln(e^{3|x|} + 4)$

○ **2.92.** $f(x) = \sqrt[3]{|2x^3 - x^2 - 1|} - \sqrt{x^2 + x}$.

II. Continuità

○ **2.93.** Si verifichi che le funzioni seguenti sono continue nel loro dominio: $x^\alpha (\alpha \in \mathbb{R})$, $a^x (a > 0)$, $\log_a x (a > 0, a \neq 1)$, $\sin x$, $\cos x$, $\tan x$.

○ **2.94.** Si studi la continuità della funzione $f(x) = x + [\![x]\!]$ in $\mathbb{R}$.

Si determinino e si classifichino i punti di discontinuità delle funzioni seguenti:

○ **2.95.** $$f(x) = \begin{cases} e^{1/x} + \dfrac{x^2 - 1}{x^2 + 3x + 2} & x < 0,\ x \neq -2,\ x \neq -1 \\ 0 & x = 0,\ x = -2,\ x = -1 \\ \ln(1 + x) + \sqrt{x} & x > 0 \end{cases}$$

○ **2.96.** $$f(x) = \begin{cases} \arctan \dfrac{1}{x^2 - 1} & x \leq 0,\ x \neq -1 \\ 0 & x = -1 \\ \dfrac{x - \pi}{x^2 + 4} & x > 0. \end{cases}$$

• **2.97.** Sia $f : \mathbb{R} \longrightarrow \mathbb{R}$ una funzione continua e tale che $f(0) = 1$, $f(1) = 2$. Si calcolino i limiti:

a. $\lim_{x \to +\infty} f(1 + 1/x)$ **b.** $\lim_{x \to -\infty} f(e^x)$.

Quali delle seguenti funzioni possono essere prolungate con continuità nel punto x_0?

• **2.98.** $f(x) = e^{-1/x^2}, \quad x_0 = 0$

○ **2.99.** $f(x) = \operatorname{sgn}(x) \quad x_0 = 0$

• **2.100.** $f(x) = \begin{cases} \dfrac{\ln x}{1-x} & 0 < x < 1 \\ \cos(\pi x) & x > 1 \end{cases}, \quad x_0 = 1$

○ **2.101.** $f_a(x) = \begin{cases} [\![x]\!] & x < 2 \\ x^2 - a & x > 2 \end{cases} \quad (a \in \mathbb{R}), \quad x_0 = 2$

○ **2.102.** Date le funzioni f, g, si determinino e si classifichino i punti di discontinuità di f, g, $f \circ g$, $g \circ f$, nei punti del loro dominio:

$$f(x) = \begin{cases} e^{-1/x} & x < 0 \\ \sqrt{x} & x \geq 0 \end{cases} \qquad g(x) = \begin{cases} \operatorname{sgn}(x) & x \leq 1 \\ \ln x + 1 & x > 1. \end{cases}$$

○ **2.103.** Sia f la funzione definita come segue

$$f(x) = \begin{cases} x^2 & x \in \mathbb{Q} \\ x & x \in \mathbb{R} \setminus \mathbb{Q}. \end{cases}$$

Si determinino i punti di continuità di f.

Si determinino, se esistono, i valori dei parametri reali a, b per cui sono continue in $\mathbb{R}$ le funzioni:

• **2.104.** $f_{a,b}(x) = \begin{cases} ax^2 + x + b & x \leq 2 \\ \log_2(x^2 + 4) & 2 < x < 3 \\ 3x + 2a & x \geq 3 \end{cases}$

○ **2.105.** $f_{a,b}(x) = \begin{cases} \dfrac{\sqrt[3]{2 + 6ax^2}}{x^2 + 1} & x < 1 \\ a & x = 1 \\ e^{bx} + a^2 \arctan x & x > 1. \end{cases}$

○ **2.106.** Si determinino i valori dei parametri reali a, b, c $(c \neq 0)$ per cui è continua in $\mathbb{R}$ la funzione

$$f_{a,b,c}(x) = \begin{cases} \dfrac{\sin(ax)}{x} & x < 0 \\ b & x = 0 \\ \dfrac{\cos x - 1}{cx^2} & x > 0. \end{cases}$$

• **2.107.** Si provi che l'equazione $x^3 - 2x = 3$ ha almeno una radice reale nell'intervallo $(-1, 2)$.

○ **2.108.** Si mostri che l'equazione $\ln x + x = 0$ ha esattamente una soluzione reale nell'intervallo $(0, +\infty)$.

○ **2.109.** Si provi che ogni polinomio di grado dispari ha almeno una radice reale.

• **2.110.** Si dia esempio di funzione f soddisfacente una delle condizioni seguenti:

a. $f : (-1, 1) \longrightarrow \mathbb{R}$, f continua, f non ha massimo assoluto né minimo assoluto;

b. $f : [-1, 1] \longrightarrow \mathbb{R}$, f discontinua in $x_0 \in [-1, 1]$, f ha massimo e minimo assoluto (se ne deduca che il teorema di Weierstrass fornisce una condizione di tipo sufficiente, ma non necessaria, per l'esistenza di estremi assoluti).

○ **2.111.** Si scriva una funzione $f : [0, 1] \cup [2, 3] \longrightarrow \mathbb{R}$, continua, che non assume tutti i valori compresi tra il massimo assoluto e il minimo assoluto.

○ **2.112.** Si scriva una funzione $f : [-1, 1] \cup [3, 4] \longrightarrow \mathbb{R}$, continua, non monotona e invertibile.

• **2.113.** Si scriva una funzione $f : \mathbb{R} \longrightarrow \mathbb{R}$ discontinua in qualche punto e invertibile.

○ **2.114.** Si dia esempio di funzione f soddisfacente una delle condizioni seguenti:

a. $f : [-1, 1] \longrightarrow \mathbb{R}$, f discontinua in un punto di $[-1, 1]$, f ha massimo assoluto e minimo assoluto e assume in $[-1, 1]$ tutti i valori intermedi;

b. $f : [-1, 1] \cup [2, 3] \longrightarrow \mathbb{R}$, f continua, f assume tutti i valori compresi tra massimo assoluto e minimo assoluto.

Si deduca che il teorema di Darboux fornisce solo una condizione sufficiente.

SOLUZIONI

2.1. Premettiamo la seguente

Osservazione. Siano ϵ_1, ϵ_2 tali che $0 < \epsilon_1 < \epsilon_2$, ed $l \in \mathbb{R}$; ogni soluzione della disequazione $|f(x) - l| < \epsilon_1$ è soluzione della disequazione $|f(x) - l| < \epsilon_2$. In particolare, se le soluzioni della prima disequazione contengono un insieme della forma $\mathcal{U}(x_0) \setminus \{x_0\}$, anche le soluzioni della seconda disequazione contengono un insieme dello stesso tipo. Non si perde quindi di generalità, nelle verifiche dei limiti del tipo $\lim_{x \to x_0} f(x) = l$ ($x_0 \in \mathbb{R}^*$, $l \in \mathbb{R}$), se si studia la disequazione $|f(x) - l| < \epsilon$ solo per valori $\epsilon < \epsilon_0$, dove ϵ_0 è un numero positivo fissato.

Sia $\epsilon > 0$; proviamo che esiste $\mathcal{U}(2)$ tale che per ogni $x \in \mathcal{U}(2) \setminus \{2\}$ è soddisfatta la disequazione $|f(x) - 5| < \epsilon$, cioè $|x^2 - 4| < \epsilon$. In virtù dell'osservazione si può supporre che sia $\epsilon < 4$. Risolvendo il sistema

$$\begin{cases} x^2 < 4 + \epsilon \\ x^2 > 4 - \epsilon \end{cases} \iff \begin{cases} -\sqrt{4+\epsilon} < x < \sqrt{4+\epsilon} \\ x < -\sqrt{4-\epsilon}, \quad x > \sqrt{4+\epsilon}, \end{cases}$$

si ottengono, come soluzioni, i punti dell'insieme

$$(-\sqrt{4+\epsilon}, -\sqrt{4-\epsilon}) \cup (\sqrt{4-\epsilon}, \sqrt{4+\epsilon}).$$

Basta quindi porre $\mathcal{U}(2) = (\sqrt{4-\epsilon}, \sqrt{4+\epsilon})$.

Osservazione. In generale la disequazione $|f(x) - l| < \epsilon$ è soddisfatta in un insieme che contiene propriamente un intorno di x_0; questo non è però in contraddizione con la definizione di limite, in cui si richiede solo l'*esistenza* di un intorno di x_0 in cui la disequazione è soddisfatta.

2.2. Poiché la funzione è positiva, basta verificare che per ogni $\epsilon > 0$ esiste $\mathcal{U}(+\infty)$ in cui è soddisfatta la disuguaglianza $f(x) < \epsilon$, cioè $e^{-x^2} < \epsilon$. In virtù della prima osservazione relativa all'esercizio [**2.1**], si può supporre che sia $\epsilon < 1$. Si ha: $e^{-x^2} < \epsilon \iff -x^2 < \ln \epsilon$, che ha come soluzioni i punti dell'insieme $\{x \in \mathbb{R} : |x| > \sqrt{-\ln \epsilon}\}$; basta quindi porre $\mathcal{U}(+\infty) = (\sqrt{-\ln \epsilon}, +\infty)$.

2.3. Premettiamo la seguente

Osservazione. Siano K_1, K_2 tali che $K_1 > K_2$, e sia $x_0 \in \mathbb{R}^*$; ogni soluzione della disequazione $f(x) > K_1$ è soluzione della disequazione $f(x) > K_2$. In particolare, se le soluzioni della prima disequazione contengono un insieme della forma $\mathcal{U}(x_0) \setminus \{x_0\}$, anche le soluzioni della seconda disequazione contengono un insieme dello stesso tipo. Non si perde quindi di generalità, nelle verifiche dei limiti del tipo $\lim_{x \to x_0} f(x) = \pm\infty$ $(x_0 \in \mathbb{R}^*)$, se si studia la disequazione $f(x) > K$ $(f(x) < K)$ solo per valori $K > K_0$ $(K < K_0)$, dove K_0 è un numero fissato.

Proviamo che, comunque si fissi un numero reale K, esiste $\mathcal{U}(2)$ tale che

$$\frac{1}{(x-2)^2} > K \qquad \forall x \in \mathcal{U}(2) \setminus \{2\}.$$

In virtù dell'osservazione, supponiamo $K > 0$; si ha

$$\frac{1}{(x-2)^2} > K \iff |x-2| < \frac{1}{\sqrt{K}}, \ x \neq 2;$$

si può scegliere $\mathcal{U}(2) = \left(2 - 1/\sqrt{K}, 2 + 1/\sqrt{K}\right)$.

2.4. Il limite è $-\infty$ se, per ogni numero reale K, esiste $H \in \mathbb{R}$ tale che per ogni $x > H$ è soddisfatta la disequazione $e^x - e^{2x} < K$. Ragionando come nell'osservazione relativa all'esercizio [**2.3**], si può supporre $K < 0$. Risolvendo la disequazione (di secondo grado nell'incognita e^x) si perviene alla soluzione $e^x > \dfrac{1+\sqrt{1-4K}}{2}$; basta quindi scegliere $H = \ln\left(\dfrac{1+\sqrt{1-4K}}{2}\right)$.

2.5. Sia $0 < \epsilon < 1/4$; si ha

$$-\epsilon < f(x) \leq 0 \quad \forall x : \ 0 < x < \left(\frac{1-\sqrt{1-4\epsilon}}{2}\right)^2.$$

2.6. Si ha $f(x) > K \ \forall x > \sqrt[3]{e^K - 1}$.

2.7. Sia $0 < \epsilon < \sqrt{2} - 1$; si ha

$$1 \leq f(x) < 1 + \epsilon \quad \forall x : \ 0 < x < \arcsin\left(\frac{1+\epsilon}{\sqrt{2}}\right) - \frac{\pi}{4}.$$

2.8. Da $x^2 - x + 2^x > x^2 - x \ \forall x \in \mathbb{R}$, si ha, per $K > -1/4$,

$$f(x) > K \quad \forall x : \ x < \frac{1-\sqrt{1+4K}}{2}.$$

2.9. Si ha $-3 - \epsilon < f(x) < -3 + \epsilon \ \forall x : \ \sqrt[5]{-1-\epsilon} < x < \sqrt[5]{-1+\epsilon}$.

2.10. Si ha $-\epsilon < \ln(1-x) \leq 0 \ \forall x : \ 0 < x < 1 - e^{-\epsilon}$.

2.11. Sia K un numero reale fissato; bisogna provare che esiste $\mathcal{U}^+(4)$ tale che la disequazione $\dfrac{x}{x^2-16} > K$ è soddisfatta per ogni scelta di $x \in \mathcal{U}^+(4)\setminus\{4\}$. Si può risolvere la disequazione supponendo $x > 4$ e $K > 0$ (si veda l'osservazione relativa all'esercizio [**2.3**]); in tal caso, si ottengono come soluzioni i punti dell'intervallo $\left(4, \dfrac{1+\sqrt{1+64K^2}}{2K}\right) = \mathcal{U}^+(4) \setminus \{4\}$.

2.12. Si ha $f(x) < K \ \forall x : \ x < K^3 - 1$.

2.13. Sia $K \in \mathbb{R}$; si tratta di determinare $H \in \mathbb{R}$ in modo che sia $x^2 - \sqrt{x} > K$ per ogni $x > H$. La disequazione $x^2 - \sqrt{x} > K$ non è risolubile in termini elementari. Poniamo $f(x) = x^2 - \sqrt{x}$ e $g(x) = x^2 - x$. Si osservi che, se x è sufficientemente grande, si ha che $f(x) > g(x)$; infatti $f(x) > g(x) \iff \sqrt{x} < x \iff x > 1$. Sia x tale che $g(x) \geq k$; allora $f(x) > k$. Se l'insieme delle soluzioni della prima disequazione contiene un intorno di $+\infty$, *a fortiori* i punti di tale intorno soddisfano la seconda disequazione. Le soluzioni di $g(x) \geq K$ si determinano facilmente:

$$g(x) \geq K \iff x < \frac{1-\sqrt{1+4K}}{2}, \quad x > \frac{1+\sqrt{1+4K}}{2}.$$

In particolare, ogni x dell'insieme $\left(\dfrac{1+\sqrt{1+4K}}{2}, +\infty\right)$ è soluzione della disequazione $f(x) > K$.

<u>Osservazione</u>. La risoluzione proposta è un'applicazione diretta del teorema del confronto alla funzione f; è stata, infatti, individuata una funzione minorante $g(x) = x^2 - x$ che diverge a $+\infty$.

2.14. Sia $K < -4$; si ha

$$f(x) < K \quad \forall x : \ 0 < x < \frac{1-\sqrt{1+(4/K)}}{2}.$$

2.15. Sia $f(x) = x^3 - 2\sin x$ e K un numero reale arbitrario; come nella risoluzione dell'esercizio [**2.13**], applichiamo il teorema del confronto maggiorando la funzione f con la funzione g definita da $g(x) = x^3 + 2$; è sufficiente determinare un intorno $\mathcal{U}(-\infty)$ in cui è soddisfatta la disequazione $x^3 + 2 \leq K$. Le soluzioni sono i punti dell'intervallo $\left(-\infty, \sqrt[3]{K-2}\right)$. In tale insieme, del tipo $\mathcal{U}(-\infty)$, si ha che $x^3 - 2\sin x < K$.

2.16. Osservazione. Sia $f : \mathcal{D} \subset \mathbb{R} \longrightarrow \mathbb{R}$, e sia $x_0 \in \mathbb{R}^*$ un punto d'accumulazione per $\mathcal{D}$. Se g è la restrizione di f a un intorno di x_0, allora $\lim_{x\to x_0} f(x) = \lim_{x\to x_0} g(x)$. Questo equivale a dire che i valori di f coinvolti nel calcolo del limite per $x \to x_0$ sono solo quelli che f assume in un intorno di x_0.

Fissato $K \in \mathbb{R}$, bisogna determinare $\mathcal{U}^-(\pi/2)$ tale che la disequazione $\tan x - x > K$ sia soddisfatta per ogni x appartenente a un intorno sinistro di $\pi/2$ ($\pi/2$ al più escluso). Poiché la disequazione $\tan x - x > K$ non può essere risolta esattamente, procediamo come segue (si veda [**2.13**]): dalla validità di $\tan x - x > \tan x - \dfrac{\pi}{2}$ per ogni $x \in \left(0, \dfrac{\pi}{2}\right)$, in virtù dell'osservazione precedente è sufficiente risolvere in tale intervallo la disequazione $\tan x - \dfrac{\pi}{2} > K$, le cui soluzioni, relativamente all'intervallo $\left(0, \dfrac{\pi}{2}\right)$, sono i punti dell'insieme $\left(\arctan\left(K + \dfrac{\pi}{2}\right), \dfrac{\pi}{2}\right)$, che è del tipo $\mathcal{U}^-(\pi/2) \setminus \{\pi/2\}$.

2.17. Da $0 \le \cos x + 1 \le 2$, per $0 < \epsilon < 2/3$ si ha

$$0 \le \frac{\cos x + 1}{x^2 + 3} < \epsilon \qquad \forall x : \; x > \sqrt{\frac{2 - 3\epsilon}{\epsilon}}.$$

2.18. Da $\tan x - x^3 > \tan x$ per $x \in (-\pi/2, 0)$, si ha

$$-\epsilon < f(x) \le 0 \quad \forall x : \; -\arctan \epsilon < x < 0.$$

2.19. È sufficiente determinare K in modo tale che l'insieme delle soluzioni della disequazione $\dfrac{1}{x-4} > K$ non contenga alcun insieme del tipo $\mathcal{U}(4) \setminus \{4\}$. Per esempio, se $K = 0$, non potrà mai essere $\dfrac{1}{x-4} > 0$ in un intorno di $x = 4$, poiché la funzione $\dfrac{1}{x-4}$ è negativa per ogni $x < 4$.

2.20. Bisogna provare che esiste un numero reale $\epsilon > 0$ per cui l'insieme delle soluzioni della disequazione $|\ln x - 3| < \epsilon$ non contiene alcun intorno di $+\infty$. Sia, ad esempio, $\epsilon = 1$. Risolvendo la disequazione $|\ln x - 3| < 1$ si perviene alle soluzioni $e^2 < x < e^4$, che non contengono alcun insieme della forma $\mathcal{U}(+\infty)$.

2.23. iii. **2.24.** i.

2.25. L'espressione $\lim_{x\to x_0} f(x) = l$ ($l \in \mathbb{R}$) equivale alla richiesta che per ogni $\epsilon > 0$, esista $\mathcal{U}(x_0)$ tale che $|f(x) - l| < \epsilon$ per ogni $x \in \mathcal{U}(x_0) \setminus \{x_0\}$.

Negare il predicato equivale a dire che *non è vero* che per ogni $\epsilon > 0$ si riesce a determinare un intorno con le proprietà suddette; quindi esiste $\epsilon_0 > 0$ tale che, comunque si scelga $\mathcal{U}(x_0)$, non è soddisfatta in $\mathcal{U}(x_0) \setminus \{x_0\}$ la disequazione $|f(x) - l| < \epsilon_0$. La risposta corretta è quindi la ii.

2.26. $\lim_{x\to-\infty} f(x) = \lim_{x\to 0} f(x) = \lim_{x\to+\infty} f(x) = 3$.

2.27. Applicando il teorema di permanenza del segno, basta verificare che $\lim_{x\to 2^-} f(x) > 0$, $\lim_{x\to 2^+} f(x) > 0$ e $f(2) > 0$. Poiché $f(2) = 3$, $\lim_{x\to 2^-} f(x) = 2$ e $\lim_{x\to 2^+} f(x) = 3$, si deduce che esiste $\mathcal{U}(2)$ in cui la funzione assume segno positivo.

2.31. Per il corollario del teorema del confronto tutti e tre i limiti valgono 0.

2.32. Per il corollario del teorema del confronto tutti e due i limiti valgono $+\infty$.

2.33. Il limite presenta la forma di indecisione $\dfrac{\infty}{\infty}$. Per risolverla, osserviamo che vale la disuguaglianza $x - 1 < [\![x]\!] \le x$, da cui, dividendo per x $(x > 0)$, $1 - 1/x < [\![x]\!]/x \le 1$. Poiché $\lim_{x\to+\infty} (1 - 1/x) = 1$, dal teorema del confronto si deduce che $\lim_{x\to+\infty} [\![x]\!]/x = 1$.

2.34. Se $a(a+1) > 0$, $e^{a(a+1)x}$ è un infinito d'ordine superiore a x^2; si ha quindi che

$$\lim_{x\to+\infty} \frac{1 + e^{a(a+1)x}}{x^2 - (1+a)x + a} = +\infty.$$

Supponiamo che sia $a(a+1) \le 0$, cioè $-1 \le a \le 0$; in tal caso

$$\lim_{x\to+\infty} \frac{1 + e^{a(a+1)x}}{x^2 - (1+a)x + a} = 0.$$

Calcoliamo ora

$$\lim_{x\to 1} \frac{1 + e^{a(a+1)x}}{x^2 - (1+a)x + a};$$

il denominatore si decompone nel prodotto $(x-1)(x-a)$; pertanto, se $a \ne 1$, esso non ha segno costante in un intorno di 1 e quindi

$$\lim_{x\to 1^-} \frac{1 + e^{a(a+1)x}}{x^2 - (1+a)x + a} = \begin{cases} +\infty & a \ge 1 \\ -\infty & a < 1 \end{cases}$$

$$\lim_{x\to 1^+} \frac{1+e^{a(a+1)x}}{x^2-(1+a)x+a} = \begin{cases} -\infty & a>1 \\ +\infty & a\le 1. \end{cases}$$

L'unico valore del parametro per cui i due limiti, da destra e da sinistra, coincidono, è il valore $a=1$; in tal caso

$$\lim_{x\to 1} \frac{1+e^{2x}}{(x-1)^2} = +\infty.$$

2.35. Affinché esista il $\lim\limits_{x\to 1} f_{a,b}(x)$, è necessario e sufficiente che sia soddisfatta la condizione $\lim\limits_{x\to 1^-} f_{a,b}(x) = \lim\limits_{x\to 1^+} f_{a,b}(x)$; poiché

$$\lim_{x\to 1^-} f_{a,b}(x) = a, \qquad \lim_{x\to 1^+} f_{a,b}(x) = a+1+b,$$

i parametri a e b devono soddisfare la relazione $a=a+1+b$, da cui $b=-1$, a qualsiasi.

2.36. La funzione $e^{-ax}+(a-b)x^3$ è definita in $(-\infty,2]$, per ogni valore dei parametri a e b, mentre $\ln(x^2+1)/\ln(x+a)$ è definita in $(2,+\infty)$ solo se a soddisfa la condizione $1-a\le 2$, cioè $a\ge -1$. In questo caso, la funzione risulta continua in $\mathbb{R}\setminus\{2\}$, e quindi limitata in ogni sottointervallo chiuso che non contiene il punto 2. Inoltre si ha

$$\lim_{x\to -\infty} f_{a,b}(x) = \begin{cases} 0 & a=b<0 \\ 1 & a=b=0 \\ \infty & \text{altrimenti.} \end{cases}$$

Per la limitatezza della funzione in $(-\infty,2]$ deve quindi essere $a=b\le 0$. La funzione $\ln(x^2+1)/\ln(x+a)$ (nell'ipotesi $a\ge -1$), è definita e continua in $(2,+\infty)$; inoltre

$$\lim_{x\to 2^+} f_{a,b}(x) = \begin{cases} +\infty & a=-1 \\ \dfrac{\ln 5}{\ln(2+a)} & a>-1, \end{cases} \qquad \lim_{x\to +\infty} f_{a,b}(x) = 2.$$

I parametri a e b devono quindi soddisfare contemporaneamente le condizioni $a>-1$, $a=b$, $a\le 0$, da cui si conclude che deve essere $-1<a=b\le 0$.

2.37. Per la continuità della funzione $x\mapsto \ln x$ si ha

$$\lim_{x\to +\infty} \ln\left(1+\frac{\sin x}{x}\right) = \ln\left(1+\lim_{x\to +\infty}\frac{\sin x}{x}\right) = 0.$$

2.38. 1. **2.39.** 1. **2.40.** 0.

2.41. Per la continuità della funzione esponenziale si ha

$$\lim_{x\to +\infty} 3^{(x-3)^{-1/2}} = 3^{\lim_{x\to +\infty}(x-3)^{-1/2}} = 1.$$

2.42. Per noti teoremi sul calcolo dei limiti e per la continuità della funzione logaritmo si ha

$$\lim_{x\to 0} \frac{\ln(\cos x + 1)}{\tan x + 2^{-x}} = \frac{\lim_{x\to 0} \ln(\cos x + 1)}{\lim_{x\to 0} \tan x + \lim_{x\to 0} 2^{-x}}$$
$$= \ln(\lim_{x\to 0} \cos x + 1) = \ln 2.$$

2.43. $\frac{9}{10}$. **2.44.** 0.

2.45. Il limite presenta la forma di indecisione $\infty - \infty$; procediamo come segue

$$\lim_{x\to+\infty} (x^4 - 2x^3) = \lim_{x\to+\infty} x^4(1 - 2x^{-1})$$
$$= \lim_{x\to+\infty} x^4 \cdot \lim_{x\to+\infty} (1 - 2x^{-1})$$
$$= +\infty \cdot 1 = +\infty.$$

Si osservi che in questa maniera si risolve la forma di indecisione del tipo $\infty - \infty$ che può presentare un polinomio nel calcolo del limite a $+\infty$ e a $-\infty$. Infatti, sia $P_n(x) = a_n + a_{n-1}x + \ldots a_1 x^{n-1} + a_0 x^n$, $a_0 \neq 0$, un polinomio di grado n, con $n \geq 1$. Dall'uguaglianza

$$P_n(x) = x^n(a_n x^{-n} + a_{n-1}x^{-n+1} + \ldots + a_1 x^{-1} + a_0),$$

si ricava

$$\lim_{x\to+\infty} P_n(x) = \lim_{x\to+\infty} x^n \cdot \lim_{x\to+\infty} (a_n x^{-n} + \ldots + a_1 x^{-1} + a_0)$$
$$= +\infty \cdot \operatorname{sgn}(a_0),$$
$$\lim_{x\to-\infty} P_n(x) = \lim_{x\to-\infty} x^n \cdot \lim_{x\to-\infty} (a_n x^{-n} + \ldots + a_1 x^{-1} + a_0)$$
$$= +\infty \cdot \operatorname{sgn}(a_0) \cdot (-1)^n.$$

2.46. $+\infty$.

2.47. La forma di indecisione $\infty - \infty$ può essere risolta nel modo seguente

$$\lim_{x\to+\infty} \left(\sqrt[3]{x} - \sqrt{x-1}\right) = \lim_{x\to+\infty} \left(\sqrt[3]{x} - \sqrt{x}\sqrt{1 - 1/x}\right)$$
$$= -\lim_{x\to+\infty} \sqrt{x}\left(-\sqrt[6]{1/x} + \sqrt{1 - 1/x}\right)$$
$$= -\infty.$$

2.48. Il limite presenta la forma di indecisione $\infty - \infty$; riscrivendo la funzione in una forma più conveniente si ha

$$\begin{aligned}\lim_{x\to+\infty}\left(2\sqrt{x}-\sqrt{x+1}\right) &= \lim_{x\to+\infty}\left(2\sqrt{x}-\sqrt{x}\sqrt{1+1/x}\right)\\ &= \lim_{x\to+\infty}\sqrt{x}\left(2-\sqrt{1+1/x}\right)\\ &= +\infty.\end{aligned}$$

2.49. Il limite presenta la forma di indecisione $\infty-\infty$; conviene riscrivere la funzione razionalizzando il numeratore nel modo seguente

$$\begin{aligned}\lim_{x\to-\infty}\left(x+\sqrt{x^2+1}\right) &= \lim_{x\to-\infty}\frac{x^2-x^2-1}{x-\sqrt{x^2+1}}\\ &= \lim_{x\to-\infty}\frac{-1}{x-\sqrt{x^2+1}}=\frac{-1}{-\infty}=0.\end{aligned}$$

2.50. 0. **2.51.** $+\infty$.

2.52. Il limite presenta la forma di indecisione $\dfrac{\infty}{\infty}$; si ha

$$\begin{aligned}\lim_{x\to+\infty}\frac{2x^2-x+4}{x^3+x-2} &= \lim_{x\to+\infty}\frac{x^2\left(2-1/x+4/x^2\right)}{x^3\left(1+1/x^2-2/x^3\right)}\\ &= \lim_{x\to+\infty}\frac{2-1/x+4/x^2}{x\left(1+1/x^2-2/x^3\right)}=0^+.\end{aligned}$$

2.53. -1. **2.54.** $+\infty$.

2.55. Il limite presenta la forma di indecisione $0/0$. Raccogliendo al numeratore e al denominatore l'infinitesimo d'ordine inferiore, che in questo caso rappresenta il termine principale, si ha

$$\begin{aligned}\lim_{x\to0^+}\frac{x^{2/3}+5x^{3/2}-x^{1/2}}{x^{2/5}-x+4x^3} &= \lim_{x\to0^+}\frac{x^{1/2}(x^{1/6}+5x-1)}{x^{2/5}(1-x^{3/5}+4x^{13/5})}\\ &= \lim_{x\to0^+}x^{1/10}\cdot\lim_{x\to0^+}\frac{x^{1/6}+5x-1}{1-x^{3/5}+4x^{13/5}}=0.\end{aligned}$$

2.56. $+\infty$.

2.57. La forma di indecisione $0/0$ può essere risolta nel modo seguente: poiché i polinomi al numeratore e al denominatore hanno una radice uguale a 2, si ha

$$\frac{x^3+x^2-12}{x^2-x-2}=\frac{(x-2)(x^2+3x+6)}{(x-2)(x+1)},$$

da cui

$$\lim_{x\to2}\frac{(x-2)(x^2+3x+6)}{(x-2)(x+1)}=\lim_{x\to2}\frac{x^2+3x+6}{x+1}=\frac{16}{3}.$$

2.58. 2. **2.59.** 12/5. **2.60.** $+\infty$.

2.61. L'esistenza del limite equivale alla validità dell'uguaglianza

$$\lim_{x\to 0^-} f_k(x) = \lim_{x\to 0^+} f_k(x);$$

deve essere

$$\lim_{x\to 0^-} \frac{\tan(x^2)}{3^{kx^2}-1} = \lim_{x\to 0^+} \frac{\log_3(1+|k\sin x|)}{x}.$$

Entrambi i limiti presentano la forma di indecisione 0/0, che si risolve, ad esempio, tenendo presente che, per $x \to 0$, valgono le relazioni

$$\tan(x^2) \sim x^2, \quad 3^{kx^2}-1 \sim kx^2 \ln 3, \quad \log_3(1+|k\sin x|) \sim \frac{|k\sin x|}{\ln 3}.$$

Pertanto

$$\lim_{x\to 0^-} \frac{\tan(x^2)}{3^{kx^2}-1} = \lim_{x\to 0^-} \frac{x^2}{x^2 k\ln 3} = \frac{1}{k\ln 3},$$

$$\lim_{x\to 0^+} \frac{\log_3(1+|k\sin x|)}{x} = \lim_{x\to 0^+} \frac{|k|\sin x}{x\ln 3} = \frac{|k|}{\ln 3}.$$

I due limiti sono entrambi finiti; per l'esistenza del limite deve essere soddisfatta la condizione $\frac{1}{k\ln 3} = \frac{|k|}{\ln 3}$, cioè $k|k| = 1$, da cui $k = 1$.

2.62. $k = \pm\sqrt{3}$.

2.63. a. Basta effettuare il cambio di variabile $f(x) = t$ nel calcolo del limite. Si ha

$$\lim_{x\to x_0} \frac{\ln(1+f(x))}{f(x)} = \lim_{t\to 0} \frac{\ln(1+t)}{t} = 1.$$

In maniera del tutto analoga, i limiti **b**, **c**, **d**, **e**, **f** si riducono, con il cambiamento di variabile $f(x) = t$, $t \to 0$, ad altrettanti limiti notevoli.

2.64. Posto $\sqrt{x} = t$, si ha

$$\lim_{x\to 0^+} \frac{\sin(\sqrt{x})}{\sqrt[3]{x}} = \lim_{t\to 0^+} \frac{\sin t}{t} \cdot \sqrt[3]{t} = 0.$$

2.65. Sia $x^2 = t$; si ha

$$\lim_{x\to 0^+} (1+x^2)^{1/x} = \lim_{t\to 0^+} \left((1+t)^{1/t}\right)^{\sqrt{t}} = e^0 = 1.$$

2.66. $-2\ln 2$. **2.67.** $+\infty$. **2.68.** 1/8. **2.69.** $2/\ln 3$.

2.70. Basta scrivere la funzione assegnata nel modo seguente

$$\frac{e^{\sin x}-1}{\log_4(1+x^2)} = \frac{e^{\sin x}-1}{\sin x}\cdot\frac{\sin x}{x}\cdot\frac{x^2}{\log_4(1+x^2)}\cdot\frac{1}{x}.$$

Facendo tendere x a 0^+, i quozienti a secondo membro tendono rispettivamente a 1, 1, $\ln 4$ e $+\infty$; pertanto il limite vale $+\infty$.

2.71. $-3/2$. **2.72.** $+\infty$. **2.73.** $-1/4$.

2.74. Poiché

$$\lim_{x\to 0}\frac{\tan x}{x^3+x^5} = \lim_{x\to 0}\frac{\tan x}{x^3} = +\infty,$$

il limite assegnato presenta la forma di indecisione 1^∞. Conviene esprimere la funzione nella forma esponenziale seguente

$$(\cos x)^{(\tan x)/(x^3+x^5)} = e^{((\tan x)/(x^3+x^5))\ln(\cos x)},$$

e calcolare il $\lim_{x\to 0}\frac{\tan x}{x^3+x^5}\ln(\cos x)$. Dalle note relazioni

$$\tan x \sim x, \qquad \ln(\cos x)\sim \cos x - 1 \sim -\frac{x^2}{2},$$

valide per $x\to 0$, si ricava che

$$\lim_{x\to 0}\frac{\tan x}{x^3+x^5}\ln(\cos x) = \lim_{x\to 0}\left(\frac{x}{x^3+x^5}\cdot\frac{-x^2}{2}\right) = -\frac{1}{2},$$

e quindi, per la continuità della funzione esponenziale,

$$\lim_{x\to 0}(\cos x)^{\tan x/(x^3+x^5)} = 1/\sqrt{e}.$$

2.75. Il limite presenta la forma di indecisione ∞^0; infatti

$$\lim_{x\to 0+}\frac{\sin^2 x - \tan^2 x}{\ln(1+x)} = \lim_{x\to 0+}\frac{o(x^2)}{x} = 0.$$

Scritta la funzione come segue

$$\exp\left(\ln(1/x)\frac{\sin^2 x - \tan^2 x}{\ln(1+x)}\right),$$

calcoliamo il

$$\lim_{x\to 0+}\ln(1/x)\frac{\sin^2 x - \tan^2 x}{\ln(1+x)}.$$

Si ha

$$\begin{aligned}\lim_{x\to 0+}\ln(1/x)\frac{\sin^2 x - \tan^2 x}{\ln(1+x)} &= \lim_{x\to 0+}\left(-\ln x\frac{o(x^2)}{x}\right)\\ &= \lim_{x\to 0+}\left(-x\ln x\frac{o(x^2)}{x^2}\right) = 0,\end{aligned}$$

da cui segue, per la continuità della funzione esponenziale, che

$$\lim_{x\to 0^+} (1/x)^{(\sin^2 x - \tan^2 x)/\ln(1+x)} = 1.$$

2.76. 1. **2.77.** 1.

2.78. Calcoliamo il $\lim_{x\to+\infty} \frac{\ln(x^2+x)}{\ln(x^2)}$. Si ha

$$\begin{aligned}\frac{\ln(x^2+x)}{\ln(x^2)} &= \frac{\ln(x^2(1+x^{-1}))}{\ln(x^2)}\\ &= \frac{\ln(x^2)+\ln(1+x^{-1})}{\ln(x^2)} = 1 + \frac{\ln(1+x^{-1})}{\ln(x^2)},\end{aligned}$$

da cui $\lim_{x\to+\infty} \frac{\ln(x^2+x)}{\ln(x^2)} = 1$. Più in generale, dal fatto che

$$\begin{aligned}\ln(a_0x^n + \ldots + a_n) &= \ln\left(a_0x^n\left(1 + \frac{a_1}{a_0x} + \ldots + \frac{a_n}{a_0x^n}\right)\right)\\ &= \ln(a_0x^n) + \ln\left(1 + \frac{a_1}{a_0x} + \ldots + \frac{a_n}{a_0x^n}\right)\\ &= \ln(a_0x^n) + o(1), \qquad \text{per } x \to +\infty,\end{aligned}$$

si ha che $\lim_{x\to+\infty} \ln(P_n(x))/\ln(a_0x^n) = 1$.

2.80. Per esempio: $f_1(x) = x^{7/4}$, $f_2(x) = x^{3/2}/\ln x$ (f_1 non è $o(x^2)$, però è $o(x^{3/2+\epsilon})$, per ogni $\epsilon \in [0, 1/4)$).

2.81. **a.** Per esempio: $f(x) = x$, $g(x) = x^2$ e $x_0 = 0$; una condizione sufficiente è che $\lim_{x\to x_0} f(x) = l$, con $l \in \mathbb{R}^* \setminus \{0\}$.
b. Per esempio: $f(x) = x + \ln x$, $g(x) = x$ e $x_0 = +\infty$; una condizione sufficiente è che g sia limitata in un intorno di x_0.

2.82. Un possibile controesempio è il seguente: $f(x) = x$, $f_1(x) = x + x^3$, $g(x) = x + x^2$, $g_1(x) = x$, per $x \to 0$.

2.83. **a.** Basta provare che $\lim_{x\to 0^+} \frac{o(x^2) + o(x\sqrt{x})}{x\sqrt{x}} = 0$. Il limite può essere convenientemente riscritto nella forma

$$\lim_{x\to 0^+} \left(\frac{o(x^2)}{x^2}\frac{x^2}{x\sqrt{x}} + \frac{o(x\sqrt{x})}{x\sqrt{x}}\right).$$

Poiché

$$\lim_{x\to 0^+} \frac{o(x^2)}{x^2} = \lim_{x\to 0^+} \frac{o(x\sqrt{x})}{x\sqrt{x}} = 0,$$

si ha che

$$\lim_{x\to 0^+} \left(\frac{o(x^2)}{x^2}\sqrt{x} + \frac{o(x\sqrt{x})}{x\sqrt{x}} \right) = 0.$$

b. Calcoliamo il $\lim_{x\to 0^+} \frac{xo(x^2)}{x^3} = \lim_{x\to 0^+} \frac{o(x^2)}{x^2} = 0.$

c. Calcoliamo il $\lim_{x\to 0^+} \frac{-7o(x)}{x} = \lim_{x\to 0^+} (-7)\frac{o(x)}{x} = 0.$

d. Sia f una funzione tale che $f(x) = o(x)$, e sia $g(x) = o(f(x))$, per $x \to 0^+$. Mostriamo che $g(x) = o(x)$ per $x \to 0^+$. Dalla definizione di $o-$piccolo, per ogni $\epsilon > 0$, esiste $\delta > 0$ tale che $\left|\frac{g(x)}{f(x)}\right| < \epsilon$ per ogni $x \in (0, \delta)$. In particolare $|g(x)| < \epsilon|f(x)|$, per ogni $x \in (0, \delta)$. Dal teorema del confronto applicato alle funzioni $\frac{|g(x)|}{x} < \frac{\epsilon|f(x)|}{x}$, si ricava che $\lim_{x\to 0^+} \frac{g(x)}{x} = 0$.

La dimostrazione dei punti **e**, **f**, **g** è lasciata al lettore.

2.84. Per esempio $f_1(x) = x^2$, $f_2(x) = x^{2/3}$, $f_3(x) = x$, $f_4(x) = x\sqrt{x}$.

2.85. Non si può dire nulla, in generale. Esaminiamo i seguenti esempi:

$$f_1(x) = x^2,\ f_2(x) = kx^3,\ f_3(x) = x^4,\ f_4(x) = x^3 \sin(1/x)$$

$(k \in \mathbb{R})$; tali funzioni sono $o(x)$ per $x \to 0$. Si ha:

$$\lim_{x\to 0^\pm} \frac{f_i(x)}{x^3} = \begin{cases} \pm\infty & i = 1 \\ k & i = 2 \\ 0 & i = 3 \\ \text{non esiste} & i = 4. \end{cases}$$

2.86. È falso. Basta considerare la funzione $f(x) = mx + q + \sqrt{x}$; f è asintotica a $mx + q$ per $x \to +\infty$, ma non ha asintoto obliquo. La condizione $f(x) \sim mx + q$ implica che $f(x) = mx + o(x)$, per $x \to +\infty$, e non che $f(x) = mx + q + o(1)$.

2.87. $-4/3$.

2.88. Utilizzando la condizione necessaria e sufficiente per l'esistenza dell'asintoto obliquo, verifichiamo se esistono finiti i seguenti limiti

$$\lim_{x\to\pm\infty} \frac{f(x)}{x} = m\ (\neq 0), \qquad \lim_{x\to\pm\infty} (f(x) - mx) = q.$$

Poiché

$$\frac{f(x)}{x} = \frac{\sqrt{x^2-3}+2x}{x} = \frac{|x|\sqrt{1-3/x^2}+2x}{x} = \operatorname{sgn}(x)\sqrt{1-\frac{3}{x^2}}+2,$$

si ha

$$\lim_{x\to-\infty}\frac{f(x)}{x} = 1, \qquad \lim_{x\to+\infty}\frac{f(x)}{x} = 3.$$

Calcoliamo quindi

$$\lim_{x\to-\infty}(f(x)-x), \qquad \lim_{x\to+\infty}(f(x)-3x).$$

Si ha, razionalizzando,

$$\lim_{x\to-\infty}(\sqrt{x^2-3}+x) = \lim_{x\to-\infty}\frac{-3}{\sqrt{x^2-3}-x} = 0,$$

e

$$\lim_{x\to+\infty}(\sqrt{x^2-3}-x) = \lim_{x\to+\infty}\frac{-3}{\sqrt{x^2-3}+x} = 0.$$

Quindi esistono l'asintoto obliquo per $x \to -\infty$, di equazione $y = x$, e l'asintoto obliquo a $+\infty$, di equazione $y = 3x$.

Osservazione. Ricordando che una retta di equazione $y = mx + q$ si dice asintoto obliquo per una funzione a $\pm\infty$ se la seguente condizione è soddisfatta

$$f(x) - mx - q = o(1), \qquad x \to \pm\infty,$$

si può anche procedere nel modo seguente: per $x \to \pm\infty$ si ha

$$\begin{aligned} f(x) = \sqrt{x^2-3}+2x &= |x|\left(1-\frac{3}{x^2}\right)^{1/2}+2x \\ &= |x|\left(1-\frac{3}{2x^2}+o\left(\frac{1}{x^2}\right)\right)+2x \\ &= |x|+2x+o\left(\frac{1}{x}\right) \end{aligned}$$

(si è utilizzata la relazione $(1+x)^\alpha = 1+\alpha x+o(x)$ per $x \to 0$); quindi

$$\begin{aligned} f(x) &= x+o(1), \qquad x \to -\infty, \\ f(x) &= 3x+o(1), \qquad x \to +\infty. \end{aligned}$$

2.89. Calcoliamo

$$\lim_{x\to\pm\infty}\frac{f(x)}{x} = \lim_{x\to\pm\infty}\frac{xe^{1/x}-3x+2}{x} = \lim_{x\to\pm\infty}\left(e^{1/x}-3+\frac{2}{x}\right) = -2.$$

Quindi

$$\begin{aligned}\lim_{x\to\pm\infty}(f(x)+2x) &= \lim_{x\to\pm\infty}\Big(x(e^{1/x}-1)+2\Big)\\ &= \lim_{x\to\pm\infty}\left(x\left(\frac{1}{x}+o\left(\frac{1}{x}\right)\right)+2\right)\\ &= \lim_{x\to\pm\infty}(1+o(1)+2)=3,\end{aligned}$$

da cui segue che la retta di equazione $y=-2x+3$ è asintoto obliquo per $x\to-\infty$ e $x\to+\infty$.

Osservazione. Tenendo conto dello sviluppo $e^x=1+x+o(x)$ per $x\to 0$, si può procedere direttamente come segue (per $x\to\pm\infty$)

$$\begin{aligned}xe^{1/x}-3x+2 &= x\left(1+\frac{1}{x}+o\left(\frac{1}{x}\right)\right)-3x+2\\ &= x+1+o(1)-3x+2\\ &= -2x+3+o(1)\end{aligned}$$

da cui si ricava, in base alla definizione, l'equazione dell'asintoto obliquo.

2.90. Calcoliamo $\lim_{x\to\pm\infty}(f(x)/x)$:

$$\begin{aligned}\lim_{x\to\pm\infty}&\frac{x\log_2(2+3/|x|)+xe^{-x^2-x}}{x}\\ &= \lim_{x\to\pm\infty}\Big(\log_2(2+3/|x|)+e^{-x^2-x}\Big)=1.\end{aligned}$$

Verifichiamo ora se esiste finito il $\lim_{x\to\pm\infty}(f(x)-x)$:

$$\begin{aligned}\lim_{x\to\pm\infty}&\left(x\log_2\left(2+\frac{3}{|x|}\right)+xe^{-x^2-x}-x\right)\\ &= \lim_{x\to\pm\infty}\left(x\left(\log_2\left(2+\frac{3}{|x|}\right)-1\right)+xe^{-x^2-x}\right)\\ &= \lim_{x\to\pm\infty}\left(x\log_2\left(1+\frac{3}{2|x|}\right)\right)\\ &= \lim_{x\to\pm\infty}\left(x\frac{3}{2|x|\ln 2}+o(1)\right)=\pm\frac{3}{2\ln 2}.\end{aligned}$$

Di conseguenza, esiste l'asintoto obliquo per $x\to-\infty$ ed ha equazione $y=x-3/(2\ln 2)$, ed esiste l'asintoto obliquo per $x\to+\infty$ ed ha equazione $y=x+3/(2\ln 2)$.

2.91. $y=-2x$ per $x\to+\infty$, $\quad y=2x$ per $x\to-\infty$.

2.92. $y = x(\sqrt[3]{2} - 1) - \dfrac{\sqrt[3]{2}}{6} - \dfrac{1}{2}$ per $x \to +\infty$, $y = x(1 - \sqrt[3]{2}) + \dfrac{\sqrt[3]{2}}{6} + \dfrac{1}{2}$ per $x \to -\infty$.

2.94. La funzione f risulta continua per ogni $x \in \mathbb{R} \setminus \mathbb{Z}$, e continua da destra per ogni $x \in \mathbb{Z}$.

2.95. $x = -2$ discontinuità di seconda specie, $x = -1$ discontinuità eliminabile, $x = 0$ discontinuità di prima specie.

2.96. $x = -1$ discontinuità di prima specie.

2.97. a. Sia $g(x) = 1 + 1/x$; calcoliamo il $\lim_{x \to +\infty} (f \circ g)(x)$. Per il fatto che f è continua, e g tende a 1 per $x \to +\infty$, possiamo scrivere che

$$\lim_{x \to +\infty} f \circ g(x) = f(\lim_{x \to +\infty} g(x)) = f(1) = 2.$$

b. In maniera analoga si calcola il $\lim_{x \to -\infty} f(e^x) = f(0) = 1$.

2.98. Sia f una funzione definita e continua nell'insieme $(a, x_0) \cup (x_0, b)$ $(a, b \in \mathbb{R}^*)$; f è prolungabile con continuità in x_0 se esiste finito il $\lim_{x \to x_0} f(x) = l$. Il suo prolungamento continuo è definito nel modo seguente

$$f_1(x) = \begin{cases} f(x) & x \in (a, x_0) \cup (x_0, b) \\ l & x = x_0. \end{cases}$$

Poiché $\lim_{x \to 0} e^{-1/x^2} = 0$, si conclude che f ha prolungamento continuo nel punto 0, definito da

$$f_1(x) = \begin{cases} e^{-1/x^2} & x \neq 0 \\ 0 & x = 0. \end{cases}$$

2.99. Non può essere prolungata con continuità.

2.100. La funzione f è continua negli intervalli $(0, 1)$ e $(1, +\infty)$. Inoltre

$$\lim_{x \to 1^-} f(x) = \lim_{x \to 1^-} \frac{-\ln(1 + (x - 1))}{x - 1} = -1,$$
$$\lim_{x \to 1^+} f(x) = \lim_{x \to 1^+} \cos(\pi x) = -1;$$

si deduce che f è prolungabile con continuità in 1, e il suo prolungamento continuo è

$$f_1(x) = \begin{cases} \ln x/(1 - x) & 0 < x < 1 \\ -1 & x = 1 \\ \cos(\pi x) & x > 1. \end{cases}$$

2.101. È prolungabile con continuità nel punto 2 solo se $a = 3$.

2.102. $x = 0$: discontinuità di seconda specie per f; $x = 0$: discontinuità di prima specie per g; $x = 0$: discontinuità di prima specie per $f \circ g$; $x = 0$: discontinuità di seconda specie per $g \circ f$.

2.103. $x = 0, \quad x = 1$.

2.104. Negli intervalli aperti $(-\infty, 2)$, $(2, 3)$, $(3, +\infty)$ la funzione $f_{a,b}$ coincide con la restrizione di funzioni continue, pertanto è ivi continua; inoltre, si verifica che $f_{a,b}$ è continua da sinistra in 2 e da destra in 3. Bisogna, quindi, studiare la continuità di $f_{a,b}$ da destra in 2 e da sinistra in 3. Si osservi che

$$\lim_{x \to 2^+} f_{a,b}(x) = f_{a,b}(2) \quad \text{e} \quad \lim_{x \to 3^-} f_{a,b}(x) = f_{a,b}(3)$$

se e solo se

$$\begin{cases} \log_2 8 = 4a + 2 + b \\ \log_2 13 = 9 + 2a. \end{cases}$$

Risolvendo il sistema si perviene alla soluzione

$$a = \frac{\log_2 13 - 9}{2}, \qquad b = 19 - 2\log_2 13,$$

che rappresenta l'unica coppia di valori per cui la funzione è continua nel suo dominio.

2.105. $a = 1,\ b = \ln\left(1 - \frac{\pi}{4}\right)$. **2.106.** $b = a$, $c = -(2a)^{-1}$ $(a \neq 0)$.

2.107. Le soluzioni dell'equazione proposta coincidono con gli zeri della funzione $f(x) = x^3 - 2x - 3$. Si osservi che f è definita e continua in $\mathbb{R}$; inoltre $f(-1) = -2$ e $f(2) = 1$. Il teorema degli zeri, applicato all'intervallo $[-1, 2]$, permette di concludere che esiste almeno uno zero di f in $(-1, 2)$.

2.110. a. Ad esempio, la funzione $f(x) = x$ è continua in $\mathbb{R}$, e quindi in $(-1, 1)$, e non ha massimo assoluto né minimo assoluto; infatti, l'estremo superiore vale 1, l'estremo inferiore vale -1, e tali valori non sono mai assunti da f in $(-1, 1)$.
b. Ad esempio, $f(x) = \begin{cases} -x & -1 \leq x < 0 \\ x - 1 & 0 \leq x \leq 1 \end{cases}$. Tale funzione è discontinua in 0, e ha massimo assoluto 1, e minimo assoluto -1 ($f(-1) = 1$, $f(0) = -1$).

2.111. Ad esempio, $f(x) = x$.

2.112. Ad esempio, $f(x) = \begin{cases} x & -1 \leq x \leq 1 \\ 6 - x & 3 \leq x \leq 4. \end{cases}$

2.113. Ad esempio, $f(x) = \begin{cases} 1/x & x \neq 0 \\ 0 & x = 0 \end{cases}$. Tale funzione è discontinua nell'origine, e stabilisce una corrispondenza biunivoca di $\mathbb{R}$ in sé. La funzione inversa, in questo caso, coincide con f.

2.114. a. Ad esempio, $f(x) = \begin{cases} -x^2 & -1 \leq x < 0 \\ 1 - x^2 & 0 \leq x \leq 1. \end{cases}$

b. Ad esempio, $f(x) = \begin{cases} x & -1 \leq x \leq 1 \\ 2x - 5 & 2 \leq x \leq 3. \end{cases}$

Capitolo 3

Derivate

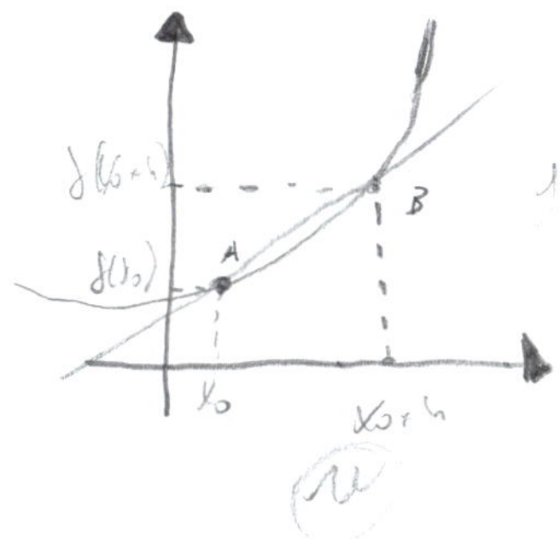

3.1 Definizione di derivata

Sia $f : \mathcal{D} \subseteq \mathbb{R} \to \mathbb{R}$, e siano $x_0 \in \mathcal{D}$ e $h \in \mathbb{R} \setminus \{0\}$ tale che $x_0 + h \in \mathcal{D}$. Il quoziente

$$\frac{f(x_0 + h) - f(x_0)}{h}$$

viene detto *rapporto incrementale* di f relativo al punto iniziale x_0 e all'incremento h, e rappresenta geometricamente il coefficiente angolare della retta passante per i punti del grafico di f di coordinate $(x_0, f(x_0))$, $(x_0 + h, f(x_0 + h))$. Se il punto variato $x_0 + h$ viene denotato con x, allora, per omogeneità, il rapporto incrementale si scrive

$$\frac{f(x) - f(x_0)}{x - x_0};$$

inoltre, se $h > 0$ il rapporto incrementale viene detto *destro*, mentre se $h < 0$ viene detto *sinistro*. È abbastanza evidente che, quanto più è elevato (in modulo) il valore del rapporto incrementale, tanto più la funzione f risulta mediamente sensibile in x_0 a una variazione h.

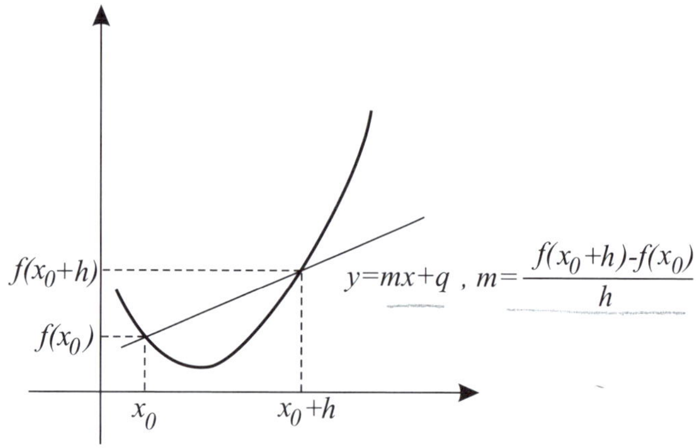

Esempio. Sia $f : \mathbb{R} \to \mathbb{R}$, $f(x) = x^2$. Per ogni $x_0 \in \mathbb{R}$, $h \in \mathbb{R} \setminus \{0\}$, si ha

$$\frac{f(x_0+h) - f(x_0)}{h} = \frac{(x_0+h)^2 - x_0^2}{h} = 2x_0 + h.$$

È facile osservare che tale rapporto cresce (tenendo fisso x_0) al crescere di h; questo equivale al fatto che, quanto più il punto variato è lontano, tanto più la funzione è reattiva, in media, alla variazione. Inoltre, se h è tenuto costante, la funzione reagisce di più alla variazione h quanto più il punto x_0 è lontano dall'origine.

Per misurare nel punto x_0 la reattività di f rispetto a una variazione arbitrariamente piccola h introduciamo il concetto di derivata di f nel punto x_0. Supporremo che f sia definita in $\mathcal{D}$, e che x_0 sia un punto interno a $\mathcal{D}$ (questo garantisce che, se h è sufficientemente piccolo, $x_0 + h$ è ancora in $\mathcal{D}$).

Definizione. Si dice che f è derivabile nel punto x_0 se esiste finito il limite (che chiameremo *derivata prima* o, più semplicemente, *derivata* di f in x_0)

$$\lim_{h\to 0} \frac{f(x_0+h) - f(x_0)}{h} = \lim_{x\to x_0} \frac{f(x) - f(x_0)}{x - x_0} = f'(x_0) \in \mathbb{R}.$$

Inoltre, chiameremo *derivata destra* e *derivata sinistra* di f in x_0 gli eventuali limiti finiti

$$\lim_{h\to 0^+} \frac{f(x_0+h) - f(x_0)}{h} = f'_+(x_0), \quad \lim_{h\to 0^-} \frac{f(x_0+h) - f(x_0)}{h} = f'_-(x_0).$$

La derivata di $y = f(x)$ nel punto $x = x_0$ si indica anche con i simboli

$$\frac{df}{dx}(x_0), \qquad D(f(x))_{x=x_0}, \qquad y'(x_0).$$

Osservazioni. i. La derivata di f in x_0 esiste se e solo se esistono ed hanno lo stesso valore le derivate destra e sinistra di f in x_0.

ii. Se il dominio $\mathcal{D}$ è del tipo $[x_0, b)$ oppure $(a, x_0]$, nel punto x_0 (che non è interno) si potrà calcolare solo il limite del rapporto incrementale destro, oppure sinistro; per *convenzione* si dirà, tuttavia, che f è derivabile in x_0 se esiste $f'_+(x_0)$, nel primo caso, e $f'_-(x_0)$, nel secondo caso, e si porrà $f'(x_0) = f'_+(x_0)$, $f'(x_0) = f'_-(x_0)$.

Si può dimostrare che la derivabilità di f nel punto x_0 equivale, geometricamente, all'esistenza della *retta tangente* (non verticale) al grafico della funzione nel punto di coordinate $(x_0, f(x_0))$; il numero $f'(x_0)$ coincide col coefficiente angolare di tale retta, che è pertanto definita dall'equazione

$$y = f(x_0) + f'(x_0)(x - x_0).$$

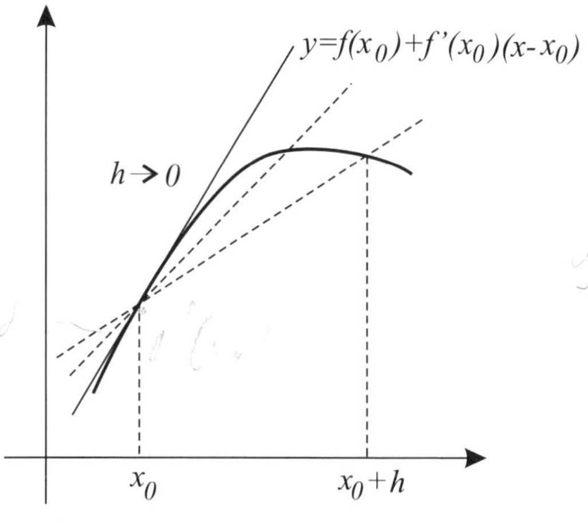

In modo analogo, la derivabilità da destra e da sinistra di f in x_0 equivale, geometricamente, all'esistenza di "semirette" tangenti rispettivamente al ramo destro e sinistro del grafico di f nel punto $(x_0, f(x_0))$, di equazioni:

$$y = f(x_0) + f'_+(x_0)(x - x_0) \quad \text{e} \quad y = f(x_0) + f'_-(x_0)(x - x_0).$$

Esempio. Si considerino le funzioni $f(x) = x^2 - x$ e $f(x) = x^2 - |x|$; calcolando il limite dei rispettivi rapporti incrementali in 0, dati da

$$\frac{h^2 - h}{h} = h - 1, \qquad \frac{h^2 - |h|}{h} = h - \operatorname{sgn} h,$$

si deduce che la prima è derivabile in $x = 0$, con $f'(0) = -1$, la seconda è derivabile in $x = 0$ solo da destra e da sinistra, con $f'_+(0) = -1$, $f'_-(0) = 1$. La retta e le semirette tangenti al grafico nel punto di ascissa 0 sono quelle rappresentate in figura

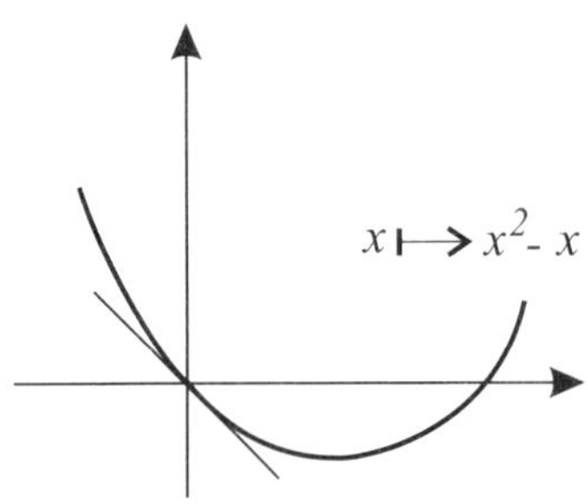

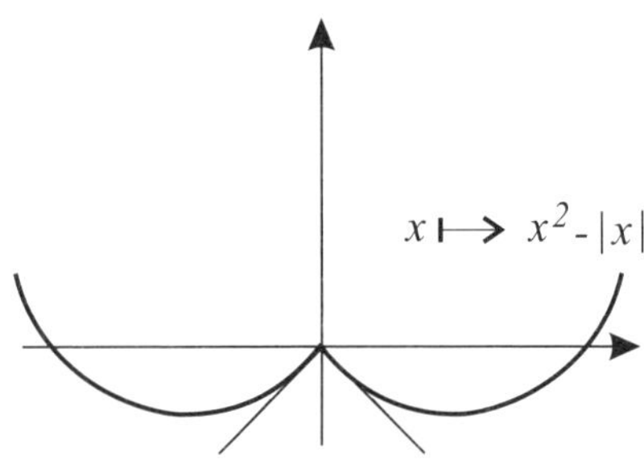

Osservazione. Dalla definizione di derivabilità di f in x_0 si ricava quanto segue (si ricordi che $\lim_{x \to p} g(x) = L \in \mathbb{R}$ se e solo se $g(x) = L + o(1)$ per $x \to p$):

$$\lim_{x \to x_0} \frac{f(x) - f(x_0)}{x - x_0} = f'(x_0) \iff \frac{f(x) - f(x_0)}{x - x_0} = f'(x_0) + o(1),\ x \to x_0$$
$$\iff f(x) - f(x_0) = f'(x_0)(x - x_0) + $$
$$+ o(x - x_0),\ x \to x_0;$$

questo mostra che la derivabilità di f in x_0 *equivale* ad avere una variazione assoluta $f(x) - f(x_0)$ *infinitesima*, e di *ordine maggiore o uguale al primo* per $x \to x_0$ (rispetto all'infinitesimo campione $|x - x_0|$). Per esempio, la funzione $f(x) = \sqrt[3]{x}$ non può essere derivabile in $x_0 = 0$, perché $f(x) - f(0) = \sqrt[3]{x}$ è infinitesimo, per $x \to 0$, ma di ordine troppo basso (1/3). Considerazioni analoghe valgono, naturalmente, nel caso di derivata destra e sinistra; si avrà, cioè

$$f(x) - f(x_0) = f'_+(x_0)(x - x_0) + o(x - x_0), \qquad x \to x_0^+,$$

$$f(x) - f(x_0) = f'_-(x_0)(x - x_0) + o(x - x_0), \qquad x \to x_0^- .$$

Teorema (condizione necessaria di derivabilità). Sia f derivabile in x_0. Allora f è continua in x_0. Analogamente, se f è derivabile da destra (sinistra) in x_0, f è continua da destra (sinistra) in x_0.

dim. Basta osservare che, nell'ipotesi di derivabilità,

$$\begin{aligned}\lim_{x\to x_0}(f(x) - f(x_0)) &= \lim_{x\to x_0}\frac{f(x) - f(x_0)}{x - x_0}(x - x_0)\\ &= \lim_{x\to x_0}\frac{f(x) - f(x_0)}{x - x_0}\lim_{x\to x_0}(x - x_0)\\ &= f'(x_0)\lim_{x\to x_0}(x - x_0) = 0,\end{aligned}$$

che è la tesi.

Osservazione. La continuità di f in x_0 non è però sufficiente a garantirne la derivabilità in x_0 : si pensi, ad esempio, alle funzioni $f(x) = |x|$, e $g(x) = x\sin(1/x)$, per $x \neq 0$, $g(0) = 0$. Entrambe le funzioni sono continue in $x_0 = 0$; nel primo caso si ha che $f'_+(0) = 1$, $f'_-(0) = -1$, mentre, nel caso della funzione g, non esistono neppure $g'_+(0)$ e $g'_-(0)$, in quanto $\lim_{x\to 0}\sin(1/x)$ non esiste.

3.2 Punti di non derivabilità

Se f non è derivabile in un punto x_0, si dice che x_0 è un punto di *non derivabilità* per f. È evidente che, in base al teorema precedente, *ogni punto di discontinuità di f è anche un punto di non derivabilità.*

Supponiamo ora che x_0 sia un punto di *continuità* per f. Se x_0 è un punto di non derivabilità può capitare che:

- $\displaystyle\lim_{h\to 0}\frac{f(x_0 + h) - f(x_0)}{h} = +\infty$ (oppure $-\infty$); tale punto si chiama punto di *flesso a tangente verticale*, e la funzione, in un intorno di x_0, ha un

grafico del tipo

- $\lim\limits_{h\to 0^+} \dfrac{f(x_0+h)-f(x_0)}{h} = +\infty$ e $\lim\limits_{h\to 0^-} \dfrac{f(x_0+h)-f(x_0)}{h} = -\infty$ (o viceversa); tale punto si chiama *cuspide*, e il grafico di f in un intorno di x_0 è del tipo

- $\lim\limits_{h\to 0^+} \dfrac{f(x_0+h)-f(x_0)}{h} = L_1$ e $\lim\limits_{h\to 0^-} \dfrac{f(x_0+h)-f(x_0)}{h} = L_2$, con $L_1 \neq L_2$, ed almeno uno dei due limiti sia finito; tale punto è detto *angoloso*, e il grafico di f in un intorno di x_0 è del tipo

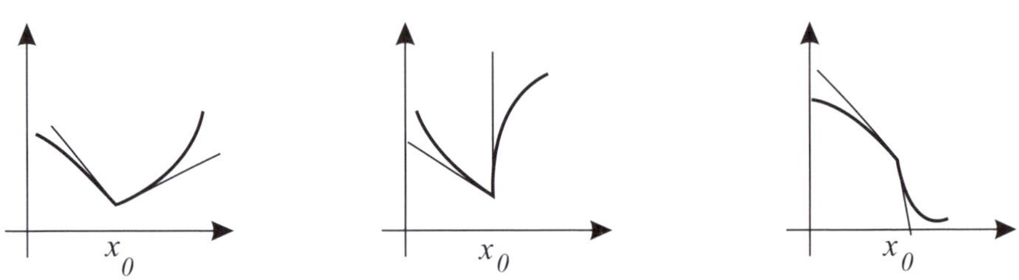

Ci limitiamo ad "etichettare" i punti di continuità e di non derivabilità che corrispondono alle situazioni descritte sopra, anche se ne esistono altri che non ricadono in nessuna delle situazioni precedenti.

3.3 Calcolo delle derivate

Il problema che si pone, a questo punto, è quello di fornire regole di calcolo della derivata di una funzione, senza ricorrere ogni volta al limite del rapporto incrementale. Si procede, in un certo senso, come nel caso del calcolo dei limiti:

a) si calcolano le derivate delle funzioni elementari;

b) si provano dei risultati che forniscono, sotto opportune ipotesi, utili regole di derivazione di somme, prodotti, quozienti, composizione, inversione di funzioni derivabili.

Per quanto riguarda il primo punto calcoliamo, usando la definizione, la derivata delle seguenti funzioni:

- $f(x) = k \in \mathbb{R}$, $\forall x \in \mathbb{R}$; in tale caso il rapporto incrementale è nullo in ogni punto del dominio e quindi la derivata è $f'(x) = 0$ per ogni $x \in \mathbb{R}$.
- $f(x) = x^\alpha$, con $\alpha \in \mathbb{R} \setminus \{0\}$ e $x \in \mathbb{R}_+$; poiché si ha

$$\frac{f(x+h)-f(x)}{h} = \frac{(x+h)^\alpha - x^\alpha}{h} = x^\alpha \frac{(1+h/x)^\alpha - 1}{h},$$

usando la relazione $(1+h/x)^\alpha - 1 \sim \alpha h/x$ per $h \to 0$ (si veda il paragrafo 2.9) si ottiene

$$\frac{f(x+h)-f(x)}{h} \sim x^\alpha \frac{1}{h} \alpha \frac{h}{x} = \alpha x^{\alpha-1}, \qquad h \to 0,$$

e quindi: $f'(x) = \alpha x^{\alpha-1}$, per ogni x positivo. Se $\alpha > 0$, allora f è definita anche in 0 e il rapporto incrementale in tale punto è

$$\frac{f(h)-f(0)}{h} = \frac{h^\alpha}{h} = h^{\alpha-1};$$

quindi il limite, per $h \to 0$, è finito solo se $\alpha \geq 1$ e in particolare si ha $f'(0) = 0$, per $\alpha > 1$, e $f'(0) = 1$, per $\alpha = 1$; nel caso $0 < \alpha < 1$, il limite è $+\infty$ e quindi f non è derivabile in tale punto ed ha ivi tangente verticale.

- $f(x) = e^x$; poiché si ha

$$\frac{f(x+h)-f(x)}{h} = \frac{e^{x+h} - e^x}{h} = e^x \frac{e^h - 1}{h},$$

ricordando il limite fondamentale $\lim_{h\to 0}\frac{e^h-1}{h}=1$, si ottiene $f'(x)=e^x$, per ogni $x\in\mathbb{R}$.

- $f(x)=\ln x$; poiché si ha

$$\frac{f(x+h)-f(x)}{h}=\frac{\ln(x+h)-\ln x}{h}=\frac{1}{h}\ln\left(\frac{x+h}{x}\right)=\frac{1}{h}\ln\left(1+\frac{h}{x}\right),$$

usando la relazione $\ln\left(1+\frac{h}{x}\right)\sim\frac{h}{x}$ per $h\to 0$ (si veda il paragrafo 2.9) si ottiene

$$\frac{f(x+h)-f(x)}{h}\sim\frac{1}{h}\frac{h}{x}=\frac{1}{x}\qquad h\to 0,$$

e quindi $f'(x)=\frac{1}{x}$, per ogni x positivo.

- $f(x)=\sin x$; usando la formula $\sin\alpha-\sin\beta=2\sin\left(\frac{\alpha-\beta}{2}\right)\cos\left(\frac{\alpha+\beta}{2}\right)$, si ha

$$\frac{f(x+h)-f(x)}{h}=\frac{\sin(x+h)-\sin x}{h}=\frac{2\sin\left(\frac{h}{2}\right)\cos\left(\frac{2x+h}{2}\right)}{h};$$

poiché $\sin\frac{h}{2}\sim\frac{h}{2}$ per $h\to 0$ (si veda il paragrafo 2.9) si ottiene

$$\frac{f(x+h)-f(x)}{h}\sim\frac{2\frac{h}{2}\cos\left(\frac{2x+h}{2}\right)}{h}=\cos\left(\frac{2x+h}{2}\right)\qquad h\to 0,$$

e quindi, ricordando che $\cos\left(\frac{2x+h}{2}\right)$ è una funzione continua, si ricava che $f'(x)=\cos x$, per ogni $x\in\mathbb{R}$.

- $f(x)=\cos x$; come nel caso precedente, usando in questo caso la formula $\cos\alpha-\cos\beta=-2\sin\left(\frac{\alpha-\beta}{2}\right)\sin\left(\frac{\alpha+\beta}{2}\right)$, si ha

$$\frac{f(x+h)-f(x)}{h}=\frac{\cos(x+h)-\cos x}{h}=-\frac{2\sin\left(\frac{h}{2}\right)\sin\left(\frac{2x+h}{2}\right)}{h}$$

e quindi

$$\frac{f(x+h)-f(x)}{h}\sim-\frac{2\frac{h}{2}\sin\left(\frac{2x+h}{2}\right)}{h}=-\sin\left(\frac{2x+h}{2}\right)\qquad h\to 0;$$

da tale relazione, ricordando che $\sin\left(\frac{2x+h}{2}\right)$ è una funzione continua, si ricava che $f'(x) = -\sin x$, per ogni $x \in \mathbb{R}$.

Per quanto riguarda il calcolo della derivata di somme, prodotti, quozienti di funzioni, vale il seguente

Teorema (algebra delle derivate). Siano $f, g : \mathcal{D} \subseteq \mathbb{R} \to \mathbb{R}$, e sia x_0 interno a $\mathcal{D}$. Se f e g sono derivabili in x_0, allora

- $(f+g)'(x_0) = f'(x_0) + g'(x_0)$ (per esempio: per ogni $x \in \mathbb{R}$, $(d/dx)(x^2 + \sin x) = 2x + \cos x$);
- $(fg)'(x_0) = f'(x_0)g(x_0) + f(x_0)g'(x_0)$ (per esempio, per ogni $x > 0$, $(d/dx)(x^3 \ln x) = 3x^2 \ln x + x^2$);
- $(f/g)'(x_0) = \dfrac{f'(x_0)g(x_0) - f(x_0)g'(x_0)}{g^2(x_0)}$, purché sia $g(x_0) \neq 0$ (per esempio, per ogni $x \in \mathbb{R}$, $(d/dx)(x^4/e^x) = (4x^3e^x - x^4e^x)/e^{2x}) = (4x^3 - x^4)/e^x$).

dim. La dimostrazione è piuttosto tecnica; a titolo d'esempio, vediamo come si prova la regola di derivazione del prodotto. Ricordando che una funzione derivabile in un punto è sempre continua in quel punto, dalle ipotesi si ha

$$\begin{aligned}
&\lim_{h\to 0} \frac{f(x_0+h)g(x_0+h) - f(x_0)g(x_0)}{h} \\
&= \lim_{h\to 0} \frac{f(x_0+h)g(x_0+h) - f(x_0)g(x_0+h) + f(x_0)g(x_0+h) - f(x_0)g(x_0)}{h} \\
&= \lim_{h\to 0} \frac{f(x_0+h) - f(x_0)}{h} g(x_0+h) + \lim_{h\to 0} f(x_0)\frac{g(x_0+h) - g(x_0)}{h} \\
&= f'(x_0)g(x_0) + f(x_0)g'(x_0).
\end{aligned}$$

<u>Osservazioni</u>. i. La regola di derivazione della somma e del prodotto di funzioni può essere naturalmente estesa al caso di somma e prodotto di n funzioni ($n > 2$). Si può provare infatti che: se $f_1, f_2, \ldots, f_n$ sono derivabili in x_0, allora

- $(f_1 + \ldots + f_n)'(x_0) = f_1'(x_0) + \ldots f_n'(x_0)$;
- $(f_1 \cdot \ldots \cdot f_n)'(x_0) = f_1'(x_0)f_2(x_0) \cdot \ldots \cdot f_n(x_0) + \ldots\ldots + f_1(x_0) \cdot \ldots \cdot f_n'(x_0)$.

ii. Se f è derivabile in x_0, allora $(kf)'(x_0) = kf'(x_0)$ per ogni $k \in \mathbb{R}$, e $(f^n)'(x_0) = nf'(x_0)f^{n-1}(x_0)$ per ogni $n \in \mathbb{N}$, $n \geq 2$.

iii. Con la regola di derivazione del quoziente si calcola la derivata della funzione $f(x) = \tan x$, nei punti del dominio: si ha

$$\frac{d}{dx}\frac{\sin x}{\cos x} = \frac{\cos^2 x + \sin^2 x}{\cos^2 x} = \frac{1}{\cos^2 x} = 1 + \tan^2 x.$$

Teorema (derivazione di funzione composta). Siano f e g due funzioni tali che $g \circ f$ è definita (almeno) in $\mathcal{U}(x_0)$. Se f è derivabile in x_0 e g è derivabile in $f(x_0)$, allora $g \circ f$ è derivabile in x_0 e

$$(g \circ f)'(x_0) = g'(f(x_0)) \cdot f'(x_0).$$

Esempio. Si consideri la funzione $h(x) = e^{1/x} = (g \circ f)(x)$, dove $f(x) = 1/x$ e $g(x) = e^x$. Le funzioni f e g sono derivabili in tutti i punti del loro dominio, con $f'(x) = -1/x^2$ e $g'(x) = e^x$. Quindi, per il teorema di derivazione della funzione composta, h è derivabile in $\mathbb{R} \setminus \{0\}$. Si ha:

$$h'(x) = g'(f(x))f'(x) = e^{1/x}(-1/x^2).$$

Osservazione. Il teorema si estende alla composizione di n funzioni ($n > 2$) come segue: se $f_1, f_2, \ldots, f_n$ sono tali che $f_n \circ \ldots \circ f_1$ è definita in $\mathcal{U}(x_0)$, e se esistono $f_1'(x_0)$, $f_2'(f_1(x_0)), \ldots, f_n'((f_{n-1} \circ \ldots \circ f_1)(x_0))$, allora

$$(f_n \circ \ldots \circ f_1)'(x_0) = f_n'((f_{n-1} \circ \ldots \circ f_1)(x_0)) \cdot f_{n-1}'((f_{n-2} \circ \cdots \circ f_1)(x_0)) \cdot \ldots \cdot f_1'(x_0).$$

Esempio. Sia $h(x) = \sin(e^{1/x}) = (f_3 \circ f_2 \circ f_1)(x)$, con $f_1(x) = 1/x$, $f_2(x) = e^x$ e $f_3(x) = \sin x$. Le funzioni f_1, f_2, f_3 sono derivabili nel loro dominio, quindi h risulta derivabile in $\mathbb{R} \setminus \{0\}$. Si ha

$$h'(x) = \cos(e^{1/x}) \cdot e^{1/x} \cdot (-1/x^2).$$

Esempio. Sia $h(x) = \ln |f(x)|$, con f derivabile e diversa da 0 in x_0. Poiché $g(x) = |x|$ è derivabile per ogni $x \neq 0$ e

$$g'(x) = \operatorname{sgn} x = \begin{cases} -1 & x < 0 \\ 1 & x > 0 \end{cases},$$

si deduce che h è derivabile in x_0 e

$$h'(x_0) = \frac{\operatorname{sgn}(f(x_0))}{|f(x_0)|} \cdot f'(x_0) = \begin{cases} \dfrac{f'(x_0)}{f(x_0)}, & f(x_0) > 0 \\ \dfrac{-f'(x_0)}{-f(x_0)}, & f(x_0) < 0 \end{cases} = \frac{1}{f(x_0)}.$$

<u>Osservazione</u>. Consideriamo il caso particolare di composizione $h = g \circ f = |f|$, dove $g(x) = |x|$. Se f è derivabile in x_0, il teorema di derivazione della funzione composta permette di concludere che $|f|$ è derivabile in x_0, purché non sia $f(x_0) = 0$ (infatti, la funzione $|x|$ non è derivabile in $x = 0$). Se $f(x_0) = 0$, il teorema non dà informazioni. Esaminiamo, a tale proposito, il comportamento di due funzioni: $h_1 = |f_1|$, con $f_1(x) = x^2 - 1$, e $h_2 = |f_2|$, con $f_2(x) = x^3$. Le funzioni f_1 e f_2 sono definite e derivabili in $\mathbb{R}$; si annullano, rispettivamente, nei punti $x = \pm 1$, e $x = 0$.

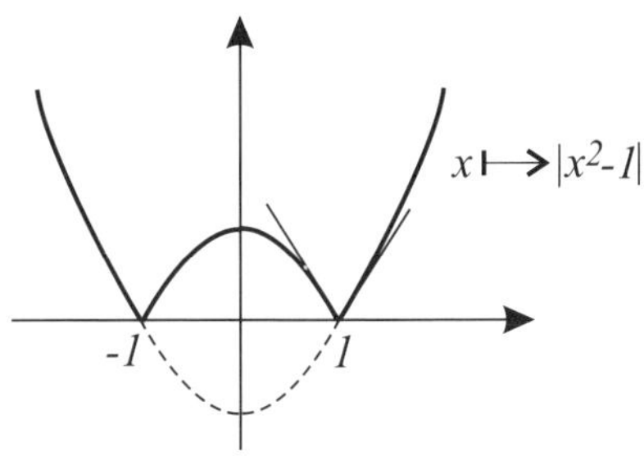

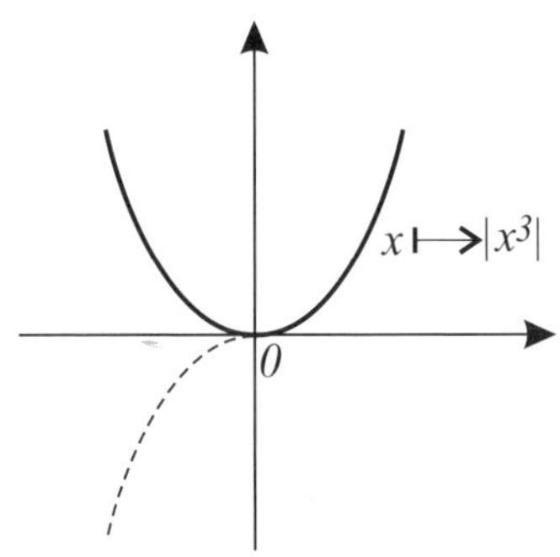

Si osservi che la retta tangente al grafico della funzione f_1 nel punto di ascissa 1 ha pendenza $m = f_1'(1) = 2$, ed ha equazione $y = 2(x - 1)$; la presenza del modulo altera localmente la situazione, per cui, mentre la (semi)retta di equazione $y = 2(x - 1)$ continua ad essere tangente al ramo destro del grafico della funzione (corrisponde a $(h_1)'_+(1) = 2$), la (semi)retta tangente al ramo sinistro del grafico nel punto di ascissa 1 ha equazione $y = -2(x - 1)$ (corrisponde a $(h_1)'_-(1) = -2$). Analogo discorso si può fare nel punto -1. Appare quindi evidente come, in corrispondenza dei punti 1 e -1, la presenza del modulo faccia "perdere" la derivabilità, introducendo due punti angolosi. Consideriamo ora la funzione f_2, che si annulla in corrispondenza di $x = 0$. La retta tangente al grafico di f_2 nel punto di ascissa 0 ha equazione $y = 0$ (in quanto $f_2'(0) = 0$); se si considera $|f_2|$, è facile constatare che esiste ancora la retta tangente al grafico di $|f_2|$ nel punto di ascissa 0 ed ha ancora equazione $y = 0$ (cioè, $(h_2)'_+(0) = (h_2)'_-(0) = 0$). Ne segue che $|f_2|$ è derivabile anche nel punto in cui si annulla l'argomento del modulo. Si può, in generale, provare quanto segue: se $h(x) = |f(x)|$, con $f(x_0) = 0$ e f derivabile in x_0, allora h è derivabile in x_0 se e solo se $f'(x_0) = 0$. In tal caso, $h'(x_0) = 0$.

Teorema (derivazione della funzione inversa). Sia I un intervallo, e sia $f : I \subseteq \mathbb{R} \to \mathbb{R}$ una funzione continua e strettamente monotona. Se f è derivabile in un punto $x_0 \in I$ e $f'(x_0) \neq 0$, allora esiste $(f^{-1})'(f(x_0))$ e

$$(f^{-1})'(f(x_0)) = \frac{1}{f'(x_0)}.$$

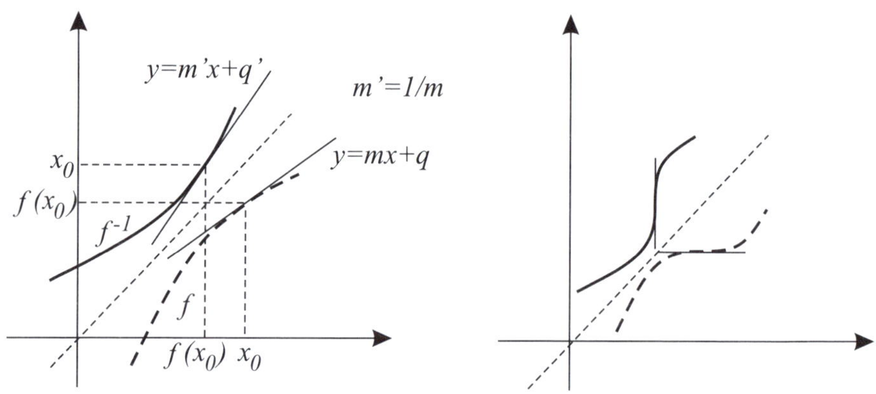

Il risultato del teorema ammette un'immediata interpretazione geometrica. Ricordando che il grafico della funzione inversa f^{-1} di una funzione f si può ottenere per simmetria rispetto alla retta di equazione $y = x$ a partire dal grafico di f, risulta evidente che se $f'(x_0) = 0$, il grafico della funzione inversa nel punto di coordinate $(f(x_0), x_0)$ ha retta tangente verticale, e pertanto $f(x_0)$ è un punto di non derivabilità per f^{-1}.

3.4 Funzione derivata prima e derivate d'ordine successivo

Sia $f : \mathcal{D} \subseteq \mathbb{R} \to \mathbb{R}$, e supponiamo che f sia derivabile in tutti i punti dell'insieme $\mathcal{D}_1 \subseteq \mathcal{D}$; si può definire la funzione che associa a $x \in \mathcal{D}_1$ il numero reale $f'(x)$.

Definizione. Si chiama *funzione derivata prima di f* la funzione

$$f' : \mathcal{D}_1 \to \mathbb{R}, \quad x \to f'(x).$$

Esempio. Sia $f : \mathbb{R} \to \mathbb{R}$, $f(x) = \sqrt[3]{x}$; f è derivabile in tutti i punti $x \neq 0$, e $f'(x) = (1/3)x^{-2/3}$. La funzione derivata prima di f è pertanto definita come segue:

$$f' : \mathbb{R} \setminus \{0\} \to \mathbb{R}, \quad f'(x) = \frac{1}{3}x^{-2/3}.$$

Sia ora x_0 un punto interno a $\mathcal{D}_1$, dominio della derivata prima f' di f.

Definizione. Se esiste finito il

$$\lim_{h\to 0} \frac{f'(x_0 + h) - f'(x_0)}{h},$$

diremo che f è derivabile due volte in x_0, e chiameremo tale limite *derivata seconda di f in x_0* (in simboli: $f''(x_0)$).

In maniera analoga a quanto detto per la derivata prima, se $\mathcal{D}_2 \subseteq \mathcal{D}_1$ è l'insieme dei punti x in cui è definita $f''(x)$, si può considerare la *funzione derivata seconda* che associa ad $x \in \mathcal{D}_2$ il numero reale $f''(x)$.

Esempio. Se $f : \mathbb{R} \to \mathbb{R}$, $f(x) = \sqrt[3]{x}$, e $f' : \mathbb{R} \setminus \{0\} \to \mathbb{R}$, $f(x) = \frac{1}{3}x^{-2/3}$, la funzione derivata seconda di f è

$$f'' : \mathbb{R} \setminus \{0\} \to \mathbb{R}, \quad f''(x) = -\frac{2}{9}x^{-5/3}.$$

Procedendo in queso modo, sia $f^{(n-1)}$ la funzione derivata d'ordine $n-1$, definita in $\mathcal{D}_{n-1}$, e sia x_0 interno a $\mathcal{D}_{n-1}$.

Definizione. Si dice che f è derivabile n volte in x_0 se esiste finito il

$$\lim_{h\to 0} \frac{f^{(n-1)}(x_0 + h) - f^{(n-1)}(x_0)}{h};$$

tale limite si chiama *derivata n-esima di f in x_0* (in simboli: $f^{(n)}(x_0)$).

Esempio. Se $f : \mathbb{R} \to \mathbb{R}$, $f(x) = x^2$, si ha che, per ogni $n \geq 1$, $f^{(n)}$ è definita in $\mathbb{R}$ e

$$f'(x) = 2x, \quad f''(x) = 2, \quad f^{(n)}(x) = 0 \quad \forall n \geq 3.$$

Osservazione. Nel caso $\mathcal{D}_j = [a,b]$, $(j = 1,2,\dots,n-1)$, se $x_0 = a$ oppure $x_0 = b$ valgono le considerazioni già fatte per la derivata prima.

Se $f : \mathcal{D} \subseteq \mathbb{R} \longrightarrow \mathbb{R}$ è derivabile k volte e la funzione $f^{(k)}$ è continua in $\mathcal{D}$, si dice che f *è di classe* $\mathcal{C}^k(\mathcal{D})$; in particolare, se f è derivabile infinite volte in $\mathcal{D}$, si dice che è di classe $\mathcal{C}^\infty(\mathcal{D})$.

3.5 La derivata come strumento per il calcolo dei limiti: il teorema di de l'Hôpital

Il calcolo delle derivate permette di risolvere, in alcuni casi, le forme di indecisione $0/0$ e ∞/∞, sostituendo al rapporto delle due funzioni quello delle loro derivate. Se, ad esempio, le funzioni f e g sono nulle in un punto x_0 del loro dominio e sono ivi derivabili, con $g'(x_0) \neq 0$, si ha:

$$\lim_{x\to x_0} \frac{f(x)}{g(x)} = \lim_{x\to x_0} \frac{f(x)-f(x_0)}{g(x)-g(x_0)} = \lim_{x\to x_0} \frac{\frac{f(x)-f(x_0)}{x-x_0}}{\frac{g(x)-g(x_0)}{x-x_0}} = \frac{f'(x_0)}{g'(x_0)}.$$

Più in generale, non richiedendo la derivabilità delle funzioni in x_0 e considerando anche il caso ∞/∞, vale il seguente

Teorema di de l'Hôpital. Siano $f, g : (a,b) \longrightarrow \mathbb{R}$, con $-\infty \leq a < b \leq +\infty$, due funzioni che soddisfano le seguenti condizioni:

i. per $x \to a^+$ $(x \to b^-)$, entrambe tendono a 0, oppure a $\pm\infty$;
ii. sono entrambe derivabili in (a,b), con $g'(x) \neq 0$, per ogni $x \in (a,b)$.

Se esiste il $\displaystyle\lim_{x\to a^+} \frac{f'(x)}{g'(x)}$ (oppure $\displaystyle\lim_{x\to b^-} \frac{f'(x)}{g'(x)}$), allora

$$\lim_{x\to a^+} \frac{f(x)}{g(x)} = \lim_{x\to a^+} \frac{f'(x)}{g'(x)} \qquad \left(\lim_{x\to b^-} \frac{f(x)}{g(x)} = \lim_{x\to b^-} \frac{f'(x)}{g'(x)}\right).$$

Se le ipotesi sono verificate sia in un intorno destro che sinistro di un punto x_0, ovviamente la tesi vale per il limite del rapporto con $x \to x_0$.

Quindi, se sono verificate le condizioni del teorema, al limite del rapporto fra due funzioni entrambe infinitesime o infinite è possibile sostituire il limite del rapporto delle loro derivate.

Esempio. Dovendo confrontare, per $x \to +\infty$, gli infiniti x e $e^{\alpha x}$, con $\alpha > 0$, si può risolvere la relativa forma di indecisione ∞/∞, utilizzando il teorema di de l'Hôpital nel seguente modo

$$\lim_{x\to+\infty} \frac{x}{e^{\alpha x}} = \lim_{x\to+\infty} \frac{1}{\alpha e^{\alpha x}} = 0.$$

Può capitare che il quoziente $f'(x)/g'(x)$ presenti a sua volta la forma di indecisione $0/0$ o ∞/∞; in tal caso, permanendo la validità delle ipotesi, è possibile iterare la procedura fino a quando si ottiene un limite che non presenta forma di indecisione. Ad esempio, nel seguente caso si ha:

$$\lim_{x\to1} \frac{x^3 - x^2 - x + 1}{x^4 - 2x^2 + 1} = \lim_{x\to1} \frac{3x^2 - 2x - 1}{4x^3 - 4x} = \lim_{x\to1} \frac{6x - 2}{12x^2 - 4} = \frac{1}{2}.$$

Non si deve però credere che, iterando il procedimento, si riesca sempre a superare la forma di indecisione, come il seguente esempio mostra:

$$\lim_{x\to+\infty} \frac{\sqrt{1+x^2}}{x} = \lim_{x\to+\infty} \frac{x}{\sqrt{1+x^2}} = \lim_{x\to+\infty} \frac{\sqrt{1+x^2}}{x} = \cdots$$

Per calcolare tale limite è invece più semplice osservare che $\sqrt{1+x^2} \sim x$, per $x \to +\infty$, e quindi il rapporto tende a 1.
Altre volte, benché il teorema si applichi indifferentemente alle forme di indecisione $0/0$ o ∞/∞, la scelta fra le due forme di indecisione può essere decisiva al successo della sua applicazione. Infatti, dovendo calcolare il

$$\lim_{x\to+\infty} \frac{e^{-x}}{(1/x)},$$

che presenta la forma $0/0$, si ha:

$$\lim_{x\to+\infty} \frac{e^{-x}}{(1/x)} = \lim_{x\to+\infty} \frac{e^{-x}}{(1/x^2)} = \lim_{x\to+\infty} \frac{e^{-x}}{2(1/x^3)} = \cdots,$$

e si vede che i limiti, invece di semplificarsi, si complicano via via di più; invece, scrivendo il rapporto nella forma $\frac{x}{e^x}$, ovvero come rapporto fra infiniti, si ha immediatamente

$$\lim_{x\to+\infty} \frac{x}{e^x} = \lim_{x\to+\infty} \frac{1}{e^x} = 0.$$

Osservazione. Il teorema di de l'Hôpital non è invertibile, ovvero l'esistenza del limite del rapporto di due funzioni (soddisfacenti alle condizioni sopra esposte) *non implica* l'esistenza del limite del rapporto delle loro derivate. Ad esempio, il $\lim_{x \to +\infty} \frac{x}{2x + \sin x}$ vale $1/2$, in quanto $(2x + \sin x) \sim 2x$, per $x \to +\infty$, mentre il limite del rapporto delle derivate, $\lim_{x \to +\infty} \frac{1}{2 + \cos x}$, non esiste, poiché il denominatore oscilla fra 1 e 3 quando $x \to +\infty$.

Nelle altre forme di indecisione $(\infty - \infty,\ 0 \cdot \infty)$ è possibile applicare il teorema di de l'Hôpital solo dopo aver ricondotto tali casi ad un rapporto tra infinitesimi o infiniti, come è mostrato nei seguenti due esempi.

Esempio. Per calcolare il $\lim_{x \to +\infty} (e^x - \ln x)$, che presenta la forma di indecisione $\infty - \infty$, lo si trasforma nel seguente modo:

$$\lim_{x \to +\infty} (e^x - \ln x) = \lim_{x \to +\infty} e^x \left(1 - \frac{\ln x}{e^x}\right);$$

applicando il teorema al rapporto $\frac{\ln x}{e^x}$, si vede che il suo limite vale 0, cosicché il limite cercato vale $+\infty \cdot 1 = +\infty$.

Esempio. Per calcolare $\lim_{x \to 0^+} x \ln x$, che presenta la forma di indecisione $0 \cdot \infty$, lo si trasforma nel seguente modo:

$$\lim_{x \to 0^+} x \ln x = \lim_{x \to 0^+} \frac{\ln x}{(1/x)};$$

applicando il teorema di de l'Hôpital, si ottiene:

$$\lim_{x \to 0^+} \frac{\ln x}{(1/x)} = \lim_{x \to 0^+} \frac{(1/x)}{-(1/x^2)} = \lim_{x \to 0^+} (-x) = 0^-.$$

Infine, il teorema di de l'Hôpital permette di dimostrare la seguente utile *condizione sufficiente di derivabilità* in un punto.

Teorema. Sia $f : (a, b) \longrightarrow \mathbb{R}$ una funzione *continua* in $x_0 \in (a, b)$ e derivabile per ogni $x \neq x_0$;

i. se esiste il $\lim_{x \to x_0^-} f'(x) = L_1 \in \mathbb{R}$, allora $f'_-(x_0) = L_1$;

ii. se esiste il $\lim_{x \to x_0^+} f'(x) = L_2 \in \mathbb{R}$, allora $f'_+(x_0) = L_2$;

in particolare, se $L_1 = L_2$, esiste $f'(x_0) = L_1 = L_2$.

dim. Ci limitiamo al caso i. Il rapporto incrementale in x_0 presenta la forma di indecisione $0/0$, in quanto la funzione è continua in x_0. Si può quindi applicare il teorema di de l'Hôpital, come segue:

$$f'_-(x_0) = \lim_{x \to x_0^-} \frac{f(x) - f(x_0)}{x - x_0} = \lim_{x \to x_0^-} \frac{f'(x)}{1} = L_1.$$

Osservazione. La condizione espressa dal teorema precedente è solo di tipo sufficiente, come dimostra l'esempio seguente. Sia $f : \mathbb{R} \longrightarrow \mathbb{R}$ definita da

$$f(x) = \begin{cases} x + x^2 \sin \dfrac{1}{x} & x \neq 0 \\ 0 & x = 0. \end{cases}$$

Tale funzione è continua in $\mathbb{R}$, derivabile per ogni $x \neq 0$, con

$$f'(x) = 1 + 2x \sin \frac{1}{x} - \cos \frac{1}{x}.$$

Non esiste il $\lim_{x \to 0} f'(x)$, pur essendo f derivabile in $x = 0$, come si deduce calcolando il limite del rapporto incrementale

$$\lim_{h \to 0} \frac{h + h^2 \sin \frac{1}{h}}{h} = \lim_{h \to 0} \left(1 + h \sin \frac{1}{h}\right) = 1.$$

3.6 La derivata come strumento per lo studio della monotonia di una funzione

Sotto opportune ipotesi, il valore nullo della derivata prima di f in x_0 fornisce un'utile condizione necessaria perché x_0 sia punto di estremo relativo per f.

Definizione. Un punto x_0 si dice *stazionario* per f se f è derivabile in x_0 e $f'(x_0) = 0$.

Teorema (*di Fermat*, o condizione necessaria per estremo relativo). Sia $f : \mathcal{D} \subseteq \mathbb{R} \to \mathbb{R}$, e sia x_0 un punto *interno* a $\mathcal{D}$. Se f è derivabile in x_0, e se x_0 è un estremante per f, allora $f'(x_0) = 0$, cioè x_0 è punto stazionario per f.

dim. Supponiamo che x_0 sia di massimo relativo (in maniera del tutto analoga si procede se x_0 è di minimo relativo); in tal caso, esiste $\mathcal{U}(x_0)$ tale che

$$f(x) \leq f(x_0) \qquad \forall x \in \mathcal{U}(x_0)$$

(si può supporre di scegliere $\mathcal{U}(x_0)$ contenuto in $\mathcal{D}$, perché x_0 è interno a $\mathcal{D}$). Se per assurdo fosse

$$f'(x_0) = \lim_{x \to x_0} \frac{f(x) - f(x_0)}{x - x_0} > 0,$$

per il teorema di permanenza del segno applicato al rapporto incrementale, si avrebbe

$$\frac{f(x) - f(x_0)}{x - x_0} > 0$$

per ogni x in un opportuno intorno di x_0 (che possiamo supporre coincidente con $\mathcal{U}(x_0)$ a patto di restringere opportunamente quest'ultimo). Ma questo contraddice l'ipotesi che x_0 sia punto di massimo relativo, in quanto, se $x > x_0$ e $x \in \mathcal{U}(x_0)$, si avrebbe che $f(x) > f(x_0)$. In modo analogo si prova che non può essere $f'(x_0) < 0$, nel qual caso si avrebbe: $f(x) > f(x_0)$ per $x < x_0$ e $x \in \mathcal{U}(x_0)$.

Vale la pena di fare alcune

Osservazioni. i. È indispensabile che il punto di estremo relativo sia interno al dominio; in caso contrario, il teorema è falso (si pensi, ad esempio, alla funzione $f : [0,1] \to \mathbb{R}$ definita da $f(x) = x$, che ha punto di massimo assoluto, e quindi relativo, in $x = 1$ e $f'(1) = f'_-(1) = 1$; analogamente, ha punto di minimo assoluto, e quindi relativo, in $x = 0$, ma, ancora, $f'(0) = f'_+(0) = 1$).

ii. Una funzione può non essere derivabile in un punto di estremo relativo (si pensi, ad esempio, a $f : \mathbb{R} \to \mathbb{R}$, $f(x) = |x|$; f ha punto di minimo assoluto in $x = 0$, ma non è ivi derivabile. La condizione $f'(0) = 0$ è, in questo caso, priva di significato).

iii. Dalla dimostrazione si deduce anche che: se x_0 è un punto interno a $\mathcal{D}$ e $f'(x_0) > 0$, allora, in un opportuno intorno di x_0, si ha che $f(x) < f(x_0)$ se $x < x_0$, e $f(x) > f(x_0)$ se $x > x_0$; si dice, in questo caso, che la funzione f è *puntualmente crescente* in x_0. Analogamente, se $f'(x_0) < 0$, in base a considerazioni analoghe si può affermare che f è *puntualmente decrescente* in x_0. La definizione di monotonia puntuale differisce (è più debole) da quella di monotonia locale.

iv. La condizione espressa dal teorema di Fermat *non* è *sufficiente*; non basta, cioè, che un punto interno al dominio sia stazionario per la funzione per garantire che il punto sia di estremo relativo (si pensi, ad esempio, alla funzione

$f(x) = x^3 : \mathbb{R} \to \mathbb{R}$, monotona strettamente crescente in $\mathbb{R}$, che però ha un punto stazionario in $x = 0$).

Teorema (*di Rolle*). Sia $f : [a,b] \to \mathbb{R}$ una funzione continua in $[a,b]$, derivabile in (a,b) e tale che $f(a) = f(b)$. Esiste allora $c \in (a,b)$ tale che $f'(c) = 0$.

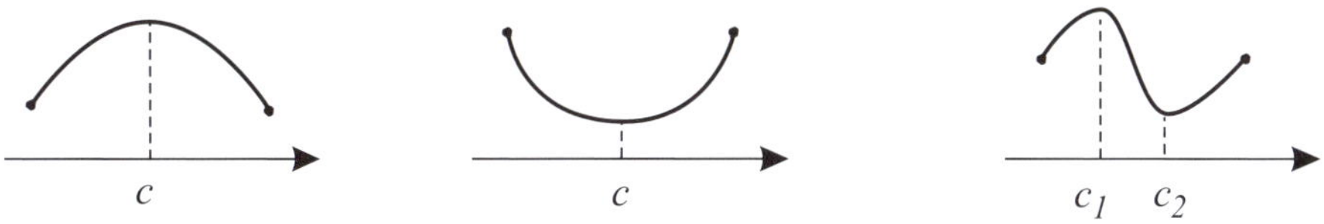

dim. Se f è una funzione costante, la tesi è banalmente verificata. Sia f non costante. Per il teorema di Weierstrass, f assume in $[a,b]$ massimo assoluto M e minimo assoluto m, e si ha che $M > m$ (poiché f non è costante); inoltre almeno uno dei due punti di estremo assoluto deve essere interno ad $[a,b]$ (non possono essere entrambi sulla frontiera per l'ipotesi $f(a) = f(b)$). Sia $c \in (a,b)$ tale che $f(c) = M$ (oppure, $f(c) = m$): in base al teorema di Fermat si ha che $f'(c) = 0$, che è quanto si voleva provare.

<u>Osservazioni</u>. i. Come si deduce dal terzo grafico della figura precedente, possono esserci più punti $c \in (a,b)$ che verificano la tesi; di fatto, possono essere anche infiniti, come per la funzione $f : [-2,1] \to \mathbb{R}$, così definita:

$$f(x) = \begin{cases} (x+1)^2 & -2 \leq x \leq -1 \\ 0 & -1 < x < 0 \\ x^2 & 0 \leq x \leq 1. \end{cases}$$

ii. Il teorema di Rolle non vale se viene meno anche una sola delle ipotesi: infatti,

• se f è continua in $[a,b]$, $f(a) = f(b)$, ma f non è derivabile in (a,b) (anche in un solo punto di (a,b)), si può considerare il controesempio

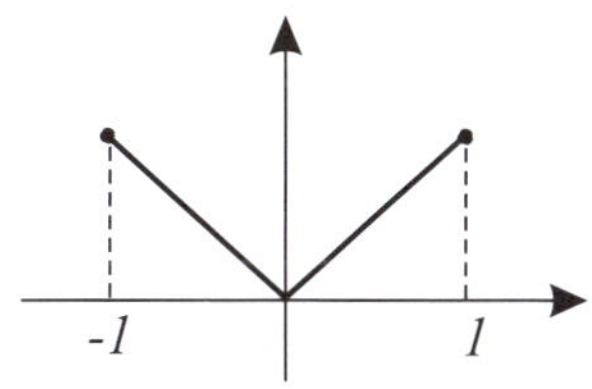

$$f : [-1,1] \longrightarrow \mathbb{R}, \quad f(x) = |x|$$

che non ha punti stazionari;

• se f è derivabile in (a, b), $f(a) = f(b)$, ma f non è continua in a o in b, si può considerare il controesempio

$$f : [0,1] \longrightarrow \mathbb{R}, \quad f(x) = \begin{cases} 1 & x = 0 \\ x & 0 < x \leq 1 \end{cases}$$

che non ha punti stazionari;

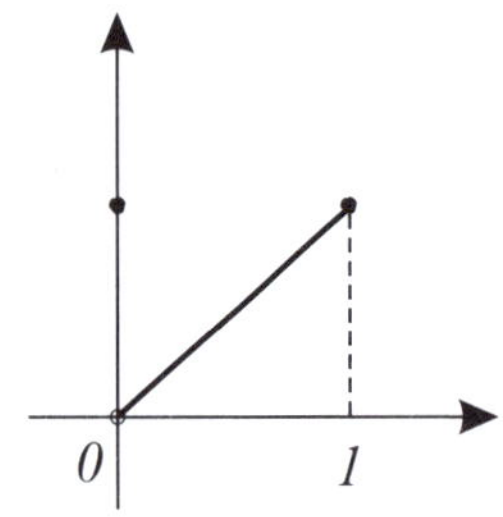

• se f è continua in $[a, b]$, derivabile in (a, b) ma $f(a) \neq f(b)$, si può considerare il controesempio

$$f : [0,1] \rightarrow \mathbb{R}, \quad f(x) = x$$

che non ha punti stazionari.

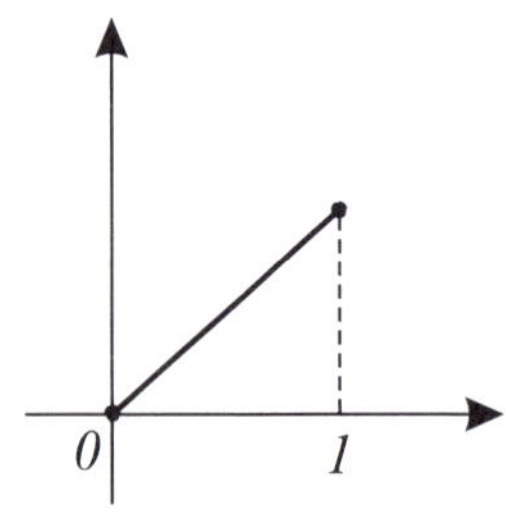

Utilizzando il teorema di Rolle si può provare il seguente teorema, le cui conseguenze sono di grande utilità per le applicazioni e forniscono efficaci strumenti per lo studio della monotonia di una funzione.

Teorema (*di Lagrange*). Sia $f : [a, b] \rightarrow \mathbb{R}$ una funzione continua in $[a, b]$ e derivabile in (a, b). Allora esiste $c \in (a, b)$ tale che $f'(c) = \dfrac{f(b) - f(a)}{b - a}$.

dim. Indichiamo con $y = r(x)$ l'equazione della retta passante per i punti $(a, f(a))$ e $(b, f(b))$; in particolare, $r'(x) = \frac{f(b)-f(a)}{b-a}$. Si consideri la funzione $g(x) = f(x) - r(x)$. È facile osservare che tale funzione soddisfa le ipotesi del teorema di Rolle. Infatti, g è continua in $[a, b]$ in quanto differenza di funzioni ivi continue; g è derivabile in (a, b) in quanto differenza di funzioni ivi derivabili; infine, $g(a) = f(a) - r(a) = 0$ e $g(b) = f(b) - r(b) = 0$, per costruzione. Di conseguenza, esiste $c \in (a, b)$ tale che $g'(c) = 0$; poiché

$$g'(x) = f'(x) - r'(x) = f'(x) - \frac{f(b) - f(a)}{b - a},$$

si ha la tesi, cioè $f'(c) = \dfrac{f(b) - f(a)}{b - a}$.

Il teorema di Lagrange può essere interpretato graficamente come segue: esiste un punto $c \in (a, b)$ tale che la retta tangente al grafico della funzione nel punto $(c, f(c))$ è *parallela* alla retta passante per i punti $(a, f(a))$ e $(b, f(b))$.

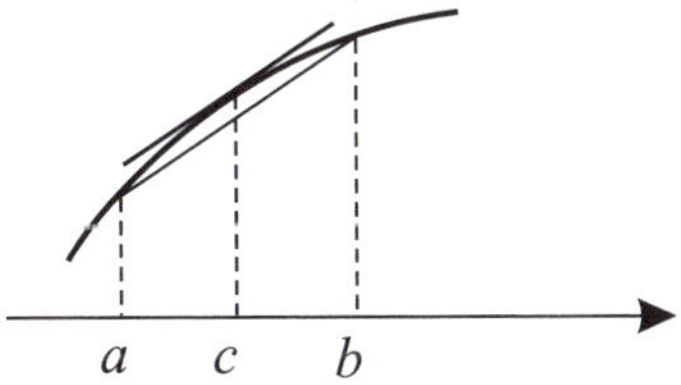

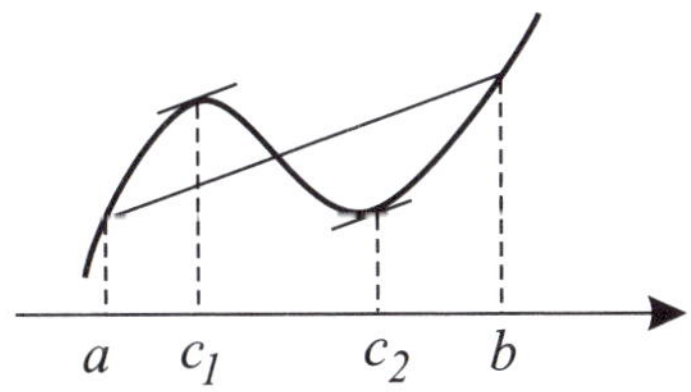

Supponiamo che f sia definita in un *intervallo* I, e sia ivi derivabile (basterebbe che fosse continua in I e derivabile nei punti interni). Dal teorema di Lagrange si può dedurre quanto segue: se x_1, x_2 sono punti di I ($x_1 < x_2$), allora

$$f(x_2) - f(x_1) = f'(c)(x_2 - x_1),$$

dove c è un opportuno punto in (x_1, x_2). (Basta applicare il teorema di Lagrange alla funzione f nell'intervallo $[x_1, x_2]$). Si deducono i seguenti

Corollari. Siano $f, g : I \to \mathbb{R}$ funzioni derivabili nell'intervallo I. Allora:

i. $f'(x) \geq 0$ per ogni $x \in I \Longrightarrow f$ è monotona crescente in I;

ii. $f'(x) > 0$ per ogni $x \in I \Longrightarrow f$ è monotona strettamente crescente in I;

iii. $f'(x) = 0$ per ogni $x \in I \Longrightarrow f$ è costante in I;

iv. $f'(x) = g'(x)$ per ogni $x \in I \Longrightarrow f$ differisce da g per una funzione costante in I.

Versioni analoghe del primo e secondo corollario si hanno nel caso $f'(x) \leq 0$ e $f'(x) < 0$.

dim. i. Siano $x_1, x_2 \in I$, $x_1 < x_2$. Si deve provare che $f(x_1) \leq f(x_2)$. Dal teorema di Lagrange applicato all'intervallo $[x_1, x_2]$ si ha che, per un opportuno punto $c \in (x_1, x_2)$,

$$f(x_2) - f(x_1) = f'(c)(x_2 - x_1);$$

poiché $f'(c) \geq 0$ e $x_2 - x_1 > 0$, ne segue che $f(x_2) \geq f(x_1)$.

ii. Si ragiona analogamente al punto i, tenendo conto che $f'(c) > 0$.

iii. Procedendo come nel punto i, e tenendo conto che $f'(c) = 0$, si ha che $f(x_2) = f(x_1)$ per ogni scelta di $x_1, x_2 \in I$; ne segue che f è costante in I.

iv. Basta applicare alla funzione $h = f - g$ il corollario iii; ne segue che h è costante, quindi f differisce da g per una funzione costante.

Osservazioni. i. Le implicazioni dei corollari iii e iv possono ovviamente anche essere invertite; questo è vero, ma è meno banale, anche per il corollario i. Proviamo infatti che se $f : I \to \mathbb{R}$ è una funzione derivabile in I e monotona crescente, allora $f'(x) \geq 0$ per ogni $x \in I$. Supponiamo, per assurdo, che esista $x_0 \in I$ tale che $f'(x_0) < 0$; per il teorema di permanenza del segno si ha che

$$\frac{f(x) - f(x_0)}{x - x_0} < 0$$

per tutti i punti di un intorno di x_0 e dell'intervallo I. Si ha, cioè,

$$f(x) > f(x_0), \quad x < x_0, \quad \text{e} \quad f(x) < f(x_0), \quad x > x_0,$$

che contraddice l'ipotesi di crescenza di f.

ii. Non può essere invertita l'implicazione del corollario ii, cioè non è vero che se una funzione f derivabile è monotona strettamente crescente (strettamente decrescente) allora $f'(x) > 0$ ($f'(x) < 0$). Si pensi, ad esempio, alla funzione $f : \mathbb{R} \to \mathbb{R}$, $f(x) = x^3$; f è monotona strettamente crescente, ma $f'(0) = 0$.

iii. Si può provare che se $f'(x) \geq 0$ per ogni $x \in I$, e $f'(x) = 0$ per un numero finito di punti di I, allora f è strettamente crescente in I (analogamente nel caso $f'(x) \leq 0$).

Attenzione! L'ipotesi che la funzione sia definita su un intervallo è essenziale! Ad esempio, la funzione $f(x) = 1/x$ definita per ogni $x \in \mathbb{R} \setminus \{0\}$ ha derivata $f'(x) = -1/x^2 < 0$ per ogni x del dominio, ma f non è monotona decrescente; la funzione $f(x) = \operatorname{sgn} x : \mathbb{R} \setminus \{0\} \to \mathbb{R}$ non è costante, pur avendo derivata nulla nel dominio.

Esempio. Si determini il più grande intervallo di invertibilità contenente il punto $x = 1$ per la funzione $f(x) = e^x - 3e^{-x} - 4x$.

Ricordiamo che la condizione di monotonia stretta di una funzione è sufficiente, ma non necessaria, in generale, per l'esistenza della funzione inversa; se però la funzione è *continua* su un *intervallo*, allora la monotonia stretta è condizione necessaria e sufficiente per la sua invertibilità nell'intervallo. La derivata di f è

$$f'(x) = e^x + 3e^{-x} - 4;$$

in particolare,

$$f'(x)\begin{cases} = 0 & \text{se e solo se } x = 0, x = \ln 3 \\ > 0 & \text{se e solo se } x < 0, x > \ln 3 \\ < 0 & \text{se e solo se } 0 < x < \ln 3. \end{cases}$$

Ne segue che il più grande intervallo di invertibilità di f contenente $x = 1$ è l'intervallo $[0, \ln 3]$.

Le conseguenze del teorema di Lagrange si rivelano di grande utilità per la determinazione degli eventuali punti di estremo relativo di una funzione. Infatti, è noto (vedi teorema di Fermat) che se una funzione derivabile in un punto interno al suo dominio ha ivi un punto di estremo relativo, allora la derivata nel punto è nulla. Non è vero il viceversa, come si vede negli esempi riportati qui sotto.

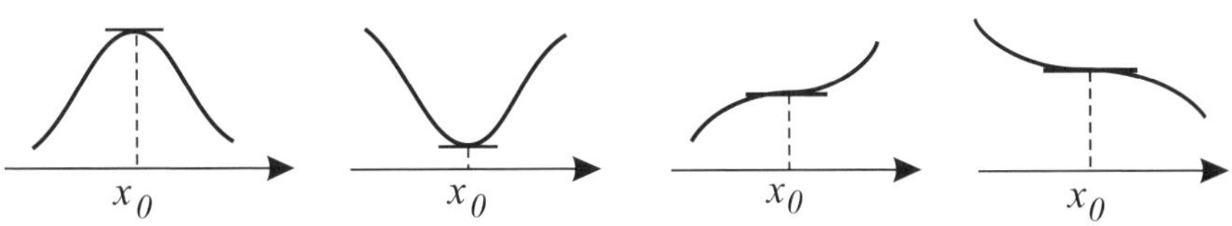

Se però

- $f : I \to \mathbb{R}$ è derivabile in I ed esiste un intorno di x_0 in cui $f'(x) \geq 0$ se $x < x_0$ e $f'(x) \leq 0$ per $x > x_0$, si può concludere che x_0 è punto di massimo relativo (se il segno della derivata è invertito, è punto di minimo relativo);

inoltre,

- se $f : I \to \mathbb{R}$ è continua in I, e derivabile in $I \setminus \{x_0\}$, se esiste un intorno di x_0 in cui $f'(x) \geq 0$ se $x < x_0$ e $f'(x) \leq 0$ per $x > x_0$, allora si può concludere che x_0 è punto di massimo relativo (se il segno della derivata è invertito, il punto è di minimo relativo);

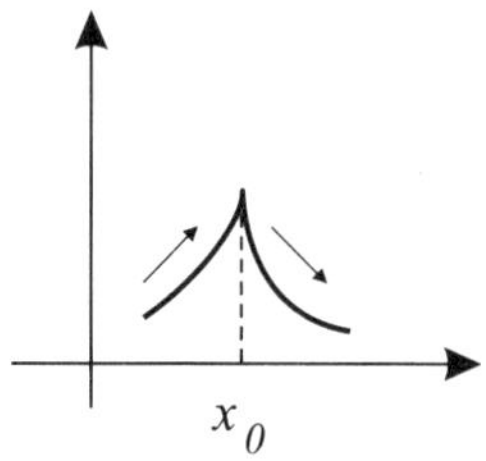

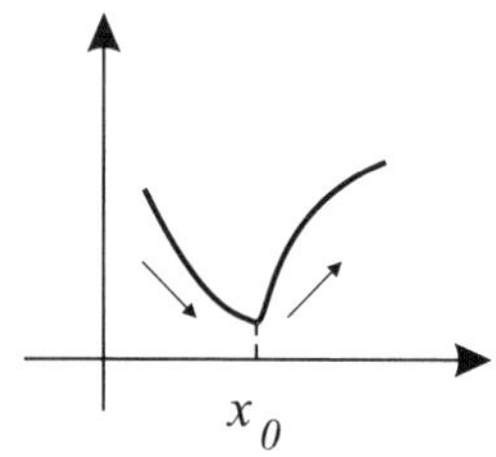

- se $f : I \to \mathbb{R}$ è derivabile in $I \setminus \{x_0\}$ (ma potrebbe non essere neppure continua in x_0!), ed esiste un intorno di x_0 in cui $f'(x) \geq 0$ se $x < x_0$ e $f'(x) \leq 0$ per $x > x_0$, *non si può concludere che x_0 è punto di massimo relativo (né di minimo relativo se il segno della derivata è invertito)*!!!

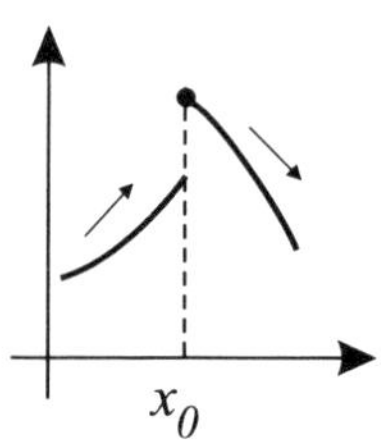

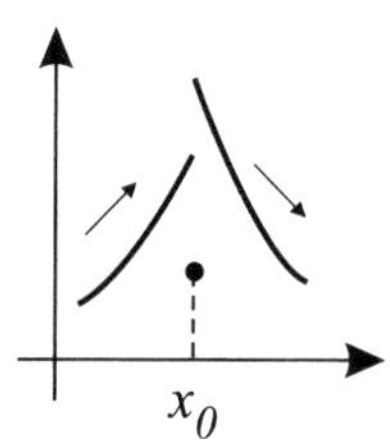

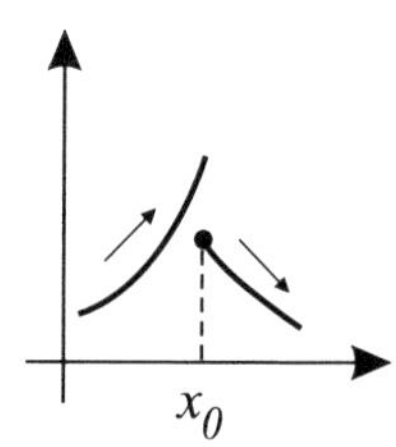

Vediamo due applicazioni di quanto appena detto.

Esempio. Data la funzione $f : \mathbb{R} \to \mathbb{R}$, definita da $f(x) = x^2 - |x - 1|$, si determinino gli eventuali estremanti.
La funzione è continua in $\mathbb{R}$ e derivabile in $\mathbb{R} \setminus \{1\}$. La derivata è

$$f'(x) = \begin{cases} 2x - 1 & x > 1 \\ 2x + 1 & x < 1. \end{cases}$$

In particolare, $f'(x) = 0$ se e solo se $x = -1/2$, $f'(x) > 0$ se e solo se $x \in (-1/2, 1) \cup (1, +\infty)$.

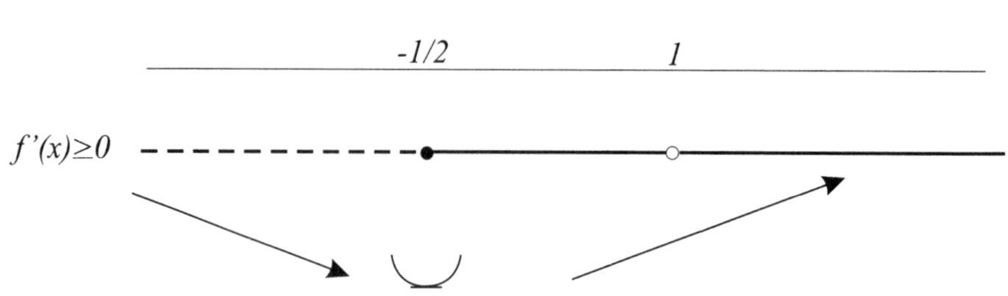

Dalle considerazioni fatte sopra si deduce che il punto $x = -1/2$ è di minimo relativo (forte) per f; il punto di non derivabilità $x = 1$ non è un estremante, in quanto la funzione è strettamente crescente in un intorno di $x = 1$.

Esempio. Data la funzione $f : (-2, -1) \cup [-1/2, 1] \to \mathbb{R}$ definita da $f(x) = x^3 + x^2$, si determinino gli eventuali punti di massimo e minimo relativo.
La funzione è derivabile, pertanto, se ha punti di estremo relativo interni al dominio, tali punti sono stazionari. Calcoliamo la derivata prima; si ha $f'(x) = 3x^2 + 2x$, e, in particolare, $f'(x) = 0$ se e solo se $x = 0$ o $x = -2/3$. Questo primo calcolo permette di concludere che nell'intervallo aperto $(-2, -1)$ non ci possono essere punti di estremo relativo. Inoltre, $f'(x) > 0$ se e solo se $x \in (-2, -1)$ oppure $x \in (0, 1]$. Si deduce facilmente che il punto stazionario $x = 0$ è di minimo relativo. Non è però l'*unico* punto di estremo relativo; non bisogna infatti dimenticare che, se un punto non è interno al dominio di f, la condizione $f'(x) = 0$ non è più necessaria per l'esistenza di estremanti. Esaminando i due punti di frontiera del dominio $x = -1/2$ e $x = 1$, lo studio della monotonia di f permette facilmente di concludere che entrambi sono punti di massimo relativo.

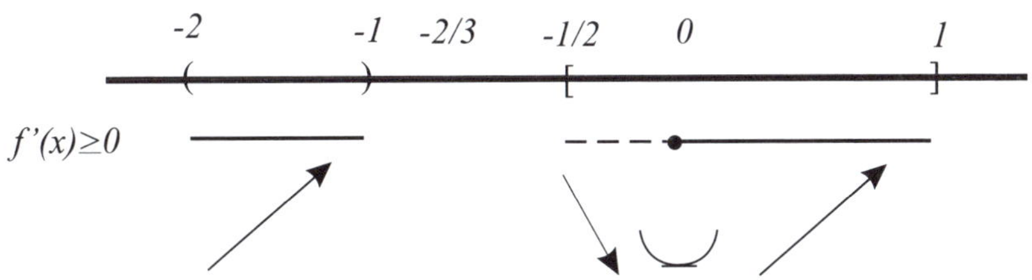

3.7 Approssimazione locale di una funzione: polinomio e formula di Taylor e Mc Laurin

Se f è una funzione definita in $\mathcal{D}$ e x_0 è interno a $\mathcal{D}$, la derivabilità di f in x_0 *equivale* all'uguaglianza

$$f(x) = f(x_0) + f'(x_0)(x - x_0) + o(x - x_0), \quad x \to x_0.$$

La retta di equazione $y = f(x_0) + f'(x_0)(x - x_0)$ può essere interpretata come un'approssimazione di primo grado (di grado zero se il punto x_0 è stazionario) della funzione f in un intorno del punto x_0, con *errore* d'approssimazione infinitesimo d'ordine superiore al primo per $x \to x_0$. In realtà, si può facilmente verificare che tale retta è l'*unica* approssimazione polinomiale di grado ≤ 1 per cui l'errore è $o(x - x_0)$ per $x \to x_0$; in particolare, la retta di equazione $y = f(x_0) + f'(x_0)(x - x_0)$ ha in comune con la funzione f il valore in x_0 e il valore della derivata prima in x_0.

Esempio. Sia $f(x) = e^x$, e sia $x_0 = 0$; si ha che $e^x = 1 + x + o(x)$, $x \to 0$.

Poniamoci il seguente problema: a patto di aumentare, eventualmente, il grado del polinomio al secondo membro, si riesce a fornire un'approssimazione polinomiale di f migliore, cioè con errore rappresentato da un infinitesimo del tipo $o((x - x_0)^2)$, $o((x - x_0)^3)$, ..., $o((x - x_0)^n)$ per $x \to x_0$?

Esempio. Torniamo alla funzione $f(x) = e^x$, $x_0 = 0$. Consideriamo il polinomio $1 + x + ax^2$ (ha grado ≤ 2), e vediamo se esiste un valore di a per cui si può scrivere

$$e^x = 1 + x + ax^2 + o(x^2), \quad x \to 0.$$

In base alla definizione di o piccolo, si verifica facilmente che a siffatto deve soddisfare la condizione

$$\lim_{x \to 0} \frac{e^x - 1 - x - ax^2}{x^2} = 0;$$

applicando due volte il teorema di de l'Hôpital, si perviene a $1 - 2a = 0$, cioè $a = 1/2$. Pertanto, si può scrivere che

$$e^x = 1 + x + \frac{x^2}{2} + o(x^2).$$

Osservazione. Il polinomio $1 + x + x^2/2$ è l'*unico* polinomio di secondo grado che ha in comune con e^x il valore in 0 e i valori in 0 della derivata prima e seconda.

Questo fatto è in realtà di carattere generale. Vale infatti il seguente

Teorema (*formula di Taylor con resto di Peano*). Sia $f : \mathcal{U}(x_0) \to \mathbb{R}$ una funzione derivabile (almeno) n volte nel punto x_0. Allora esiste un unico polinomio $P_n(x)$ di grado non superiore a n tale che

$$f(x) = P_n(x) + o((x - x_0)^n), \quad x \to x_0.$$

L'espressione suddetta si chiama *formula di Taylor* d'ordine n relativa alla funzione f e al punto x_0. Il polinomio P_n, detto *polinomio di Taylor* d'ordine n di f relativo al punto x_0, ha l'espressione seguente

$$P_n(x)=f(x_0)+f'(x_0)(x-x_0)+\frac{f''(x_0)}{2}(x-x_0)^2+\ldots+\frac{f^{(n)}(x_0)}{n!}(x-x_0)^n$$
$$=\sum_{k=0}^{n}\frac{f^{(j)}(x_0)}{j!}(x-x_0)^j$$

(si ricordi che $0!=1!=1$; inoltre, per convenzione, $f^{(0)}=f$). La differenza $R_n(x)=f(x)-P_n(x)$ si chiama *resto*. Nelle ipotesi del teorema suddetto, il resto è caratterizzato dalla proprietà

$$\lim_{x\to x_0}\frac{R_n(x)}{(x-x_0)^n}=0,$$

e si chiama *resto secondo Peano*.

Osservazione. Si può verificare che il polinomio di Taylor d'ordine n relativo a f e al punto x_0 è l'unico polinomio di grado non superiore a n che ha in comune con f il valore in x_0, e il valore in x_0 di tutte le derivate fino a quella di ordine n.

Se $x_0=0$, la formula e il polinomio vengono detti *di Mac Laurin*.

Esempi.

- $f(x)=e^x$

Poiché $f'(x)=f''(x)=\ldots=f^{(n)}(x)=e^x$, e quindi $f(0)=f'(0)=f''(0)=\ldots=f^{(n)}(0)=1$, la formula di Mac Laurin d'ordine n ha l'espressione seguente:

$$e^x=1+x+\frac{x^2}{2}+\frac{x^3}{6}+\ldots+\frac{x^n}{n!}+o(x^n),\quad x\to 0.$$

Osservazione. Se si vuole approssimare e^x in un intorno dell'origine con errore che sia, ad esempio, infinitesimo di ordine superiore al terzo, si possono scegliere i polinomi

$$1+x+\frac{x^2}{2}+\frac{x^3}{6},\quad 1+x+\frac{x^2}{2}+\frac{x^3}{6}+\frac{x^4}{24},\ldots$$

- $f(x) = \ln(1 + x)$

Essendo

$$f'(x) = (1+x)^{-1}, f''(x) = -(1+x)^{-2}, \ldots, f^{(n)}(x) = (-1)^{n+1}(n-1)!(1+x)^{-n},$$

si ricava:

$$f'(0) = 1, f''(x) = -1, f'''(0) = 2, \ldots, f^{(n)}(0) = (-1)^{n+1}(n-1)!$$

La formula di Mac Laurin d'ordine n ha quindi l'espressione seguente:

$$\ln(1 + x) = x - \frac{x^2}{2} + \frac{x^3}{3} + \ldots + (-1)^{n+1}\frac{x^n}{n} + o(x^n), \quad x \to 0.$$

- $f(x) = \sin x$

Si ha

$$f'(x) = \cos x, f''(x) = -\sin x, f'''(x) = -\cos x, f^{(4)}(x) = f(x) = \sin x, \ldots$$

da cui

$$f'(0) = 1, \quad f''(0) = 0, \quad f'''(0) = -1, \quad f^{(4)}(0) = 0, \ldots.$$

La formula di Mac Laurin d'ordine $2n + 1$ ha quindi l'espressione seguente, per $x \to 0$:

$$\sin x = x - \frac{x^3}{3!} + \frac{x^5}{5!} - \frac{x^7}{7!} + \ldots + (-1)^n \frac{x^{2n+1}}{(2n+1)!} + o(x^{2n+1}).$$

Osservazione. Il polinomio di Mac Laurin della funzione $\sin x$ non ha monomi di grado pari. Pertanto, poiché $P_1(x) = P_2(x) = x$, il polinomio di primo grado x approssima $\sin x$ con errore che non è solo $o(x)$, ma anche $o(x^2)$, per $x \to 0$. Analogamente, dal fatto che $P_3(x) = P_4(x) = x - x^3/6$, si vede che il polinomio di terzo grado P_3 fornisce un'approssimazione con errore che non è solo $o(x^3)$, ma è anche $o(x^4)$, per $x \to 0$, e così via.

- $f(x) = \cos x$

Si ha

$$f'(x) = -\sin x, f''(x) = -\cos x, f'''(x) = \sin x, f^{(4)}(x) = f(x) = \cos x, \ldots$$

da cui

$$f'(0) = 0, \quad f''(0) = -1, \quad f'''(0) = 0, \quad f^{(4)}(0) = 1, \ldots.$$

Pertanto, la formula di Mac Laurin d'ordine $2n$ ha l'espressione seguente, per $x \to 0$:

$$\cos x = 1 - \frac{x^2}{2} + \frac{x^4}{4!} + \ldots + (-1)^n \frac{x^{2n}}{(2n)!} + o(x^{2n}).$$

Osservazione. Poiché i polinomi di Mac Laurin della funzione $\cos x$ non hanno monomi di grado dispari, valgono considerazioni analoghe a quelle fatte per la funzione $\sin x$.

- $f(x) = (1+x)^\alpha$

Si ha

$$f'(x) = \alpha(1+x)^{\alpha-1}, f''(x) = \alpha(\alpha-1)(1+x)^{\alpha-2}, \ldots,$$
$$\ldots, f^{(n)}(x) = \alpha(\alpha-1)\cdots(\alpha-n+1)(1+x)^{\alpha-n},$$

da cui segue che

$$f'(0) = \alpha, f''(0) = \alpha(\alpha-1), \ldots, f^{(n)}(0) = \alpha(\alpha-1)\cdots(\alpha-n+1).$$

La formula di Mac Laurin d'ordine n ha l'espressione seguente, per $x \to 0$:

$$(1+x)^\alpha = 1 + \alpha x + \frac{\alpha(\alpha-1)}{2}x^2 + \ldots + \frac{\alpha(\alpha-1)\cdots(\alpha-n+1)}{n!}x^n + o(x^n).$$

Osservazioni. i. Se una funzione è derivabile n volte in un punto x_0, per

$x \to x_0$ valgono le seguenti uguaglianze

$$\begin{aligned}
f(x) &= f(x_0) + f'(x_0)(x - x_0) + o(x - x_0), \\
f(x) &= f(x_0) + f'(x_0)(x - x_0) + \frac{f''(x_0)}{2}(x - x_0)^2 + o((x - x_0)^2), \\
f(x) &= f(x_0) + f'(x_0)(x - x_0) + \frac{f''(x_0)}{2}(x - x_0)^2 + \\
&\qquad + \frac{f'''(x_0)}{6}(x - x_0)^3 + o((x - x_0)^3), \\
f(x) &= \dots \\
f(x) &= f(x_0) + f'(x_0)(x - x_0) + \frac{f''(x_0)}{2}(x - x_0)^2 + \dots, \\
&\qquad \dots + \frac{f^{(n)}(x_0)}{n!}(x - x_0)^n + o((x - x_0)^n).
\end{aligned}$$

Si vede che quanto più è alto l'ordine del polinomio di Taylor, tanto più migliora l'informazione sull'errore. Se si approssima f con la retta tangente nel punto d'ascissa x_0 non si può sperare d'avere, in generale, un errore migliore di $o(x - x_0)$, mentre se si prende in considerazione un'approssimazione con polinomio di Taylor, ad esempio, di grado massimo 3, l'errore è sicuramente infinitesimo d'ordine superiore al terzo.

ii. È conveniente osservare che se $Q(x)$ è un polinomio tale che $Q(0) = 0$, allora, a partire dalla formula di Mac Laurin di f di ordine n, si può scrivere l'uguaglianza

$$\begin{aligned}
f(Q(x)) &= f(0) + f'(0)Q(x) + \frac{f''(0)}{2}(Q(x))^2 + \dots \\
&\qquad \dots + \frac{f^{(n)}(0)}{n!}(Q(x))^n + o((Q(x))^n), \quad x \to 0.
\end{aligned}$$

Ad esempio, se $Q(x) = -2x$, tenendo conto della formula di Mac Laurin di e^x arrestata al terzo ordine, si ha, per $x \to 0$,

$$e^{-2x} = 1 - 2x + \frac{4x^2}{2!} - \frac{8x^3}{3!} + o\left(\frac{8x^3}{3!}\right) = 1 - 2x + 2x^2 - \frac{4x^3}{3} + o(x^3);$$

pertanto, per l'unicità del polinomio di Mac Laurin d'ordine 3 della funzione e^{-2x}, si deduce che $P_3(x) = 1 - 2x + 2x^2 + 4x^3/3$ è il polinomio di Mac Laurin d'ordine 3 di e^{-2x}. Se, ad esempio, $Q(x) = 2x + x^2$, arrestando la formula di Mac Laurin della funzione $\ln(1 + x)$ al secondo ordine e sostituendo ad x l'espressione $2x + x^2$, si ha che $\ln(1 + 2x + x^2)$ può essere espresso nella forma

$$\ln(1+2x+x^2) = 2x+x^2 - \frac{(2x+x^2)^2}{2} + o((2x+x^2)^2) = 2x+x^2-2x^2+o(x^2)$$

(tutti i monomi che sono potenze di x superiori alla seconda sono $o(x^2)$; inoltre, $o(4x^2+4x^3+x^4) = o(x^2)$); pertanto, si deduce che il polinomio di Mac Laurin del secondo ordine della funzione $\ln(1 + 2x + x^2)$ è $P_2(x) = 2x - x^2$.

Talvolta è comodo esprimere f attraverso la formula di Taylor; spesso, però, non è chiaro, a priori, qual è l'ordine a cui ci si debba arrestare. Vediamo come si ragiona attraverso due esempi.

Esempio. Stabilire qual è l'ordine di infinitesimo per $x \to 0$ di

$$f(x) = \sin x + \ln(1 + x) - \sqrt{1 - x} + 1 - \frac{5}{2}x.$$

La funzione è continua in $(-1, 1]$, e $f(0) = 0$, pertanto è infinitesima per $x \to 0$. Esprimiamo inizialmente le funzioni $\sin x$, $\ln(1 + x)$ e $\sqrt{1 - x}$ usando le rispettive formule di Mac Laurin arrestate al primo ordine (cioè con errore del tipo $o(x)$):

$$\sin x = x + o(x), \quad \ln(1 + x) = x + o(x), \quad \sqrt{1 - x} = 1 - \frac{x}{2} + o(x).$$

Si ha

$$f(x) = x + x - 1 + x/2 + 1 - 5x/2 + o(x) = o(x).$$

Della quantità $o(x)$ si può solo affermare che è infinitesima d'ordine superiore al primo, ma questo non basta per risolvere l'esercizio, cioè la formula arrestata al primo ordine non è sufficiente per ottenere le informazioni richieste. Si procede aumentando di un'unità l'ordine della formula:

$$\sin x = x + o(x^2),\ \ln(1 + x) = x - \frac{x^2}{2} + o(x^2),\ \sqrt{1 - x} = 1 - \frac{x}{2} - \frac{x^2}{8} + o(x^2).$$

Sostituendo, si ha

$$f(x) = x + x - \frac{x^2}{2} - 1 + \frac{x}{2} + \frac{x^2}{8} + 1 - \frac{5}{2}x + o(x^2) = -\frac{3}{8}x^2 + o(x^2),$$

che permette di concludere che la funzione assegnata ha ordine di infinitesimo 2 rispetto all'infinitesimo campione x per $x \to 0$.

Esempio. Si calcoli il

$$\lim_{x\to 0} \frac{e^x - 1 - \sin x - x^2/2}{x^2}.$$

Il limite presenta la forma di indecisione $0/0$; per risolverla, esprimiamo le funzioni e^x e $\sin x$ attraverso la formula di Mac Laurin arrestata, inizialmente, al primo ordine. Sostituendo, si ha

$$\frac{e^x - 1 - \sin x - x^2/2}{x^2} = \frac{1 + x + o(x) - 1 - x + o(x) - x^2/2}{x^2} = \frac{o(x)}{x^2},$$

(essendo $-x^2/2 = o(x)$), che non permette di trarre conclusioni calcolandone il limite. Consideriamo le formule arrestate, questa volta, al secondo ordine (l'approssimazione polinomiale è *più fine*)

$$\begin{aligned} &\frac{e^x - 1 - \sin x - x^2/2}{x^2} \\ &= \frac{1 + x + x^2/2 + o(x^2) - 1 - x + o(x^2) - x^2/2}{x^2} \\ &= \frac{o(x^2)}{x^2} \to 0, \quad x \to 0, \end{aligned}$$

per definizione di $o(x^2)$. Se il denominatore, invece che x^2, fosse stato x^3, non avremmo ancora potuto concludere nulla; infatti

$$\lim_{x\to 0} \frac{e^x - 1 - \sin x - x^2/2}{x^3} = \lim_{x\to 0} \frac{o(x^2)}{x^3},$$

e non si è in grado di confrontare l'infinitesimo a numeratore con quello a denominatore. Si è costretti a utilizzare la formula al terzo ordine; si ha

$$\begin{aligned} &\frac{e^x - 1 - \sin x - x^2/2}{x^3} = \\ &= \frac{1 + x + x^2/2 + x^3/6 + o(x^3) - 1 - x + x^3/6 + o(x^3) - x^2/2}{x^3} \\ &= \frac{x^3/3 + o(x^3)}{x^3} \to \frac{1}{3}, \quad x \to 0 \end{aligned}$$

La formula di Taylor con resto di Peano viene utilizzata per provare il seguente

Teorema. Sia $f : \mathcal{U}(x_0) \longrightarrow \mathbb{R}$ una funzione derivabile (almeno) n volte $(n \geq 2)$ in x_0, e sia x_0 un punto *stazionario* per f tale che

$$f''(x_0) = f'''(x_0) = \cdots = f^{(n-1)}(x_0) = 0, \quad f^{(n)}(x_0) \neq 0;$$

allora: se n è pari e $f^{(n)}(x_0) > 0$, x_0 è punto di minimo relativo forte per f; se n è pari e $f^{(n)}(x_0) < 0$, x_0 è punto di massimo relativo forte per f; se invece n è dispari, allora x_0 non è un estremante.

dim. Dalla formula di Taylor d'ordine n con resto di Peano per la funzione f nel punto x_0, nelle ipotesi del teorema si ha che

$$f(x)-f(x_0) = \frac{f^{(n)}(x_0)}{n!}(x-x_0)^n+o((x-x_0)^n) = (x-x_0)^n\left(\frac{f^{(n)}(x_0)}{n!} + o(1)\right),$$

per $x \to x_0$. Studiamo il segno dell'espressione $(f^{(n)}(x_0)/n!)+o(1)$ per $x \to x_0$: poiché $f^{(n)}(x_0) \neq 0$ e $o(1) \to 0$ se $x \to x_0$, per il teorema di permanenza del segno esiste un intorno $\tilde{\mathcal{U}}(x_0)$ tale che $(f^{(n)}(x_0)/n!) + o(1)$ ha il segno di $f^{(n)}(x_0)$ nei punti di $\tilde{\mathcal{U}}(x_0) \setminus \{x_0\}$. Se n è pari, poiché il fattore $(x - x_0)^n$ è positivo (per $x \neq x_0$), si deduce che l'espressione $f(x) - f(x_0)$ ha, in un intorno di x_0, il segno di $f^{(n)}(x_0)$, da cui segue facilmente la prima parte della tesi. Se n è dispari, il fattore $(x - x_0)^n$ ha segno che varia a seconda che sia $x < x_0$ oppure $x > x_0$; pertanto, $f(x) - f(x_0)$ non ha segno costante in nessun intorno di x_0, e quindi non è un estremante per f.

Sotto opportune ipotesi, lo scarto $R_n(x) = f(x) - P_n(x)$ può essere espresso anche in un altro modo. Vale il seguente

Teorema (*formula di Taylor con resto di Lagrange*). Sia $f : \mathcal{U}(x_0) \to \mathbb{R}$ una funzione derivabile (almeno) $n+1$ volte in $\mathcal{U}(x_0)$, e sia P_n il suo polinomio di Taylor d'ordine n nel punto x_0. Allora, per ogni $x \in \mathcal{U}(x_0)$, esiste un punto ξ nell'intervallo aperto di estremi x_0 e x tale che

$$f(x) = P_n(x) + R_n(x) = P_n(x) + \frac{f^{(n+1)}(\xi)}{(n+1)!}(x - x_0)^{n+1}.$$

Il resto, espresso nella forma $R_n(x) = \frac{f^{(n+1)}(\xi)}{(n+1)!}(x - x_0)^{n+1}$, viene detto *resto secondo Lagrange*.

Osservazioni. i. Le ipotesi in cui si può enunciare il teorema sono più generali: basta infatti che f sia derivabile n volte con continuità in $\mathcal{U}(x_0)$ e che sia derivabile $n + 1$ volte in $\mathcal{U}(x_0) \setminus \{x_0\}$ (se $n = 0$, si intende che f è continua in x_0 e derivabile almeno una volta in $\mathcal{U}(x_0) \setminus \{x_0\}$).

ii. Per $n = 0$, la formula di Taylor con resto di Lagrange coincide con il teorema di Lagrange; infatti, si ha

$$f(x) = f(x_0) + f'(\xi)(x - x_0), \quad \text{cioè} \quad \frac{f(x) - f(x_0)}{x - x_0} = f'(\xi),$$

con ξ nell'intervallo aperto di estremi x_0 e x. Questa è proprio la tesi del teorema di Lagrange applicato all'intervallo chiuso di estremi x_0 e x.

iii. Nelle ipotesi del teorema suddetto, la funzione f ammette le due scritture seguenti:

$$f(x) = P_n(x) + o(x - x_0)^n, \quad x \to x_0;$$
$$f(x) = P_n(x) + \frac{f^{(n+1)}(\xi)}{(n+1)!}(x - x_0)^{n+1}, \quad \text{con } \xi \text{ tra } x \text{ e } x_0;$$

si osservi che, mentre nella formula con resto di Peano si hanno informazioni sull'errore $R_n(x)$ solo per valori di x arbitrariamente vicini a x_0 (la proprietà che caratterizza questo resto è infatti definita mediante passaggio al limite), la formula con resto di Lagrange fornisce un'espressione dello scarto $f(x) - P_n(x)$, *fissato* $x \in \mathcal{U}(x_0)$. Per questo motivo, i contesti in cui le due formule sono utilizzate sono di tipo diverso. Vediamo, come esempio, una situazione in cui si rivela opportuno esprimere f utilizzando la formula con resto di Lagrange.

Esempio. Si fornisca un'approssimazione razionale del numero $\ln(11/10)$ con errore non superiore a 10^{-4}.

Osserviamo che il numero $\ln(11/10)$ altro non è che $f(1/10)$, dove $f(x) = \ln(1 + x)$. La formula di Mc Laurin con resto di Lagrange arrestata all'ordine n per la funzione $\ln(1 + x)$ si presenta nella forma seguente:

$$\ln(1 + x) = x - \frac{x^2}{2} + \frac{x^3}{3} + \ldots + (-1)^{n+1}\frac{x^n}{n} + (-1)^{n+2}\frac{(1 + \xi)^{-n-1}}{n + 1}x^{n+1},$$

dove ξ è un punto tra 0 e x; per $x = 1/10$, si ha, in particolare,

$$\ln(11/10) = 1/10 - \frac{(1/10)^2}{2} + \frac{(1/10)^3}{3} + \ldots + (-1)^{n+1}\frac{(1/10)^n}{n} + \\ + (-1)^{n+2}\frac{(1+\xi)^{-n-1}}{n+1}(1/10)^{n+1},$$

dove $\xi \in (0, 1/10)$. A questo punto come si procede? Si osservi che $P_n(1/10)$ è un numero razionale (somma di razionali); se si riesce a maggiorare il valore assoluto dell'errore $|R_n(1/10)|$ con la quantità 10^{-4}, allora $P_n(1/10)$ fornisce un'approssimazione di $\ln(11/10)$ come richiesto dall'esercizio. Consideriamo l'espressione

$$|R_n(1/10)| = \frac{(1+\xi)^{-n-1}}{n+1}(1/10)^{n+1};$$

il punto ξ *non è noto*, ma si sa che appartiene all'intervallo $(0, 1/10)$. Di conseguenza, poiché, se $\xi \in (0, 1/10)$, $1 < 1 + \xi < 11/10$, si ha che $(1 + \xi)^{-n-1} < 1$ per ogni $\xi \in (0, 1/10)$. L'errore può quindi essere maggiorato come segue:

$$|R_n(1/10)| = \frac{(1+\xi)^{-n-1}}{n+1}(1/10)^{n+1} < \frac{(1/10)^{n+1}}{(n+1)}.$$

Basta ora scegliere un intero n per cui la quantità $\frac{1}{(n+1)10^{n+1}}$ è inferiore a 10^{-4}. Facili conti mostrano che:

se $n = 1$: $10^{-2}/2$ non è inferiore a 10^{-4};
se $n = 2$: $10^{-3}/3$ non è inferiore a 10^{-4};
se $n = 3$: $10^{-4}/4$ è inferiore a 10^{-4} (e si vede facilmente che anche per $n = 5, 6, \ldots$, l'errore è inferiore a 10^{-4}).

Si conclude pertanto che un'approssimazione razionale di $\ln(11/10)$ con errore inferiore a 10^{-4} è quella fornita, per esempio, da

$$P_3(1/10) = 1/10 - \frac{(1/10)^2}{2} + \frac{(1/10)^3}{3} = \frac{572}{6000}.$$

3.8 Funzioni convesse e concave

Data una funzione $f : I \longrightarrow \mathbb{R}$, dove I è un qualsiasi intervallo di $\mathbb{R}$, si dice che f è *convessa* (*concava*) se il suo grafico ha la seguente proprietà: ogni segmento avente estremi su di esso (detto corda) non ha nessun punto che si collochi al di sotto (sopra) del grafico stesso, come riportato nelle seguenti figure.

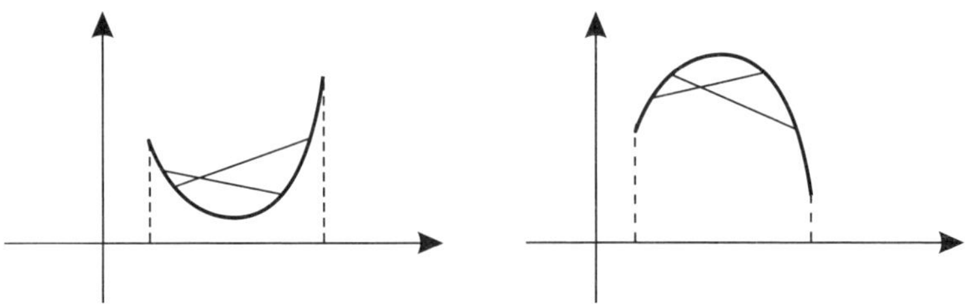

Le funzioni rappresentate hanno, in particolare, la proprietà che ogni corda, ad eccezione degli estremi, giace interamente al di sopra (al di sotto) del grafico; in tali casi si dice che la funzione è *strettamente convessa* (*concava*). I seguenti grafici rappresentano, rispettivamente, una funzione convessa e una funzione concava, ma non strettamente convessa e concava.

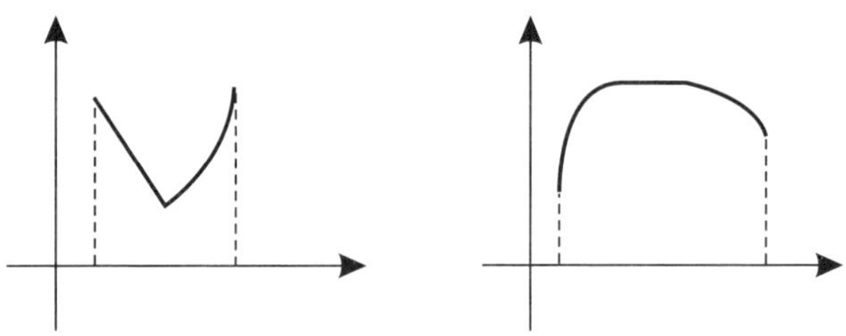

Si osservi che una funzione f è concava se e solo se la funzione $-f$ è convessa, cosicché nel seguito ci limiteremo a dare definizioni e proprietà delle sole funzioni convesse, mettendo fra parentesi la immediata versione per quelle concave.

Al fine di dare una definizione formale delle situazioni illustrate, scriviamo l'equazione della retta passante per due punti del grafico di una funzione f di coordinate $(x_1, f(x_1))$ e $(x_2, f(x_2))$ con $x_1, x_2 \in I$; tale equazione si può scrivere indifferentemente nei due modi:

$$y = f(x_1) + \frac{f(x_2) - f(x_1)}{x_2 - x_1}(x - x_1),$$

oppure

$$y = f(x_2) + \frac{f(x_2) - f(x_1)}{x_2 - x_1}(x - x_2).$$

Possiamo quindi dare la seguente

Definizione. Una funzione $f : I \longrightarrow \mathbb{R}$ si dice convessa se *per ogni intervallo* $[x_1, x_2]$ contenuto in I si ha:

$$f(x) \leq f(x_1) + \frac{f(x_2) - f(x_1)}{x_2 - x_1}(x - x_1), \text{ oppure}$$
$$f(x) \leq f(x_2) + \frac{f(x_2) - f(x_1)}{x_2 - x_1}(x - x_2),$$

qualsiasi sia $x \in [x_1, x_2]$. Inoltre, se nelle relazioni scritte vale la diseguaglianza stretta per ogni $x \in (x_1, x_2)$, allora la funzione è detta strettamente convessa.

Le relazioni che compaiono nella definizione possono essere utilizzate entrambe per ottenere le seguenti disuguaglianze fra i rapporti incrementali della f $(x_1 < x < x_2)$:

$$\frac{f(x) - f(x_1)}{x - x_1} \leq \frac{f(x_2) - f(x_1)}{x_2 - x_1} \leq \frac{f(x) - f(x_2)}{x - x_2};$$

tali relazioni, che si deducono nella figura confrontando i coefficienti angolari delle corde tratteggiate,

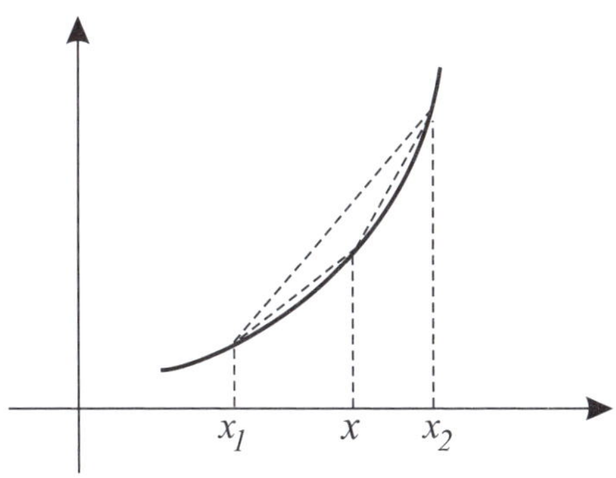

suggeriscono un legame fra la convessità della funzione e la monotonia crescente dei suoi rapporti incrementali calcolati a partire da un qualsiasi punto dell'intervallo I. In effetti, è possibile dimostrare l'equivalenza fra le due proprietà come afferma il seguente

Teorema. Una funzione $f : I \longrightarrow \mathbb{R}$ è convessa (concava) se e solo se, per *qualsiasi* $x_0 \in I$, la funzione

$$x \to \frac{f(x) - f(x_0)}{x - x_0}, \quad \text{definita per ogni } x \in I \setminus \{x_0\},$$

è crescente (decrescente). In particolare, f è strettamente convessa (concava) se e solo se tale funzione è strettamente crescente (decrescente).

Importanti conseguenze di questo teorema sono le seguente:

- ogni funzione convessa (concava) è *continua* in ogni *punto interno* di I (infatti, in tali punti esiste la derivata destra e sinistra, in quanto i rapporti incrementali destri (sinistri) sono monotoni e limitati e quindi, per il teorema di esistenza del limite per funzioni monotone, hanno limite finito);
- nei punti di *frontiera*, se la funzione è ivi definita, *è possibile* che una funzione convessa (concava) presenti delle *discontinuità*, come illustrato dalla seguente figura;

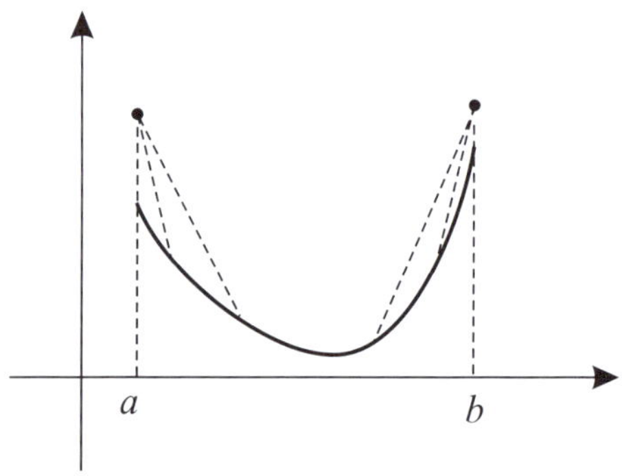

- una funzione convessa (concava) in un *intervallo chiuso e limitato* è certamente *limitata*, ma su un intervallo non chiuso (anche se limitato) può non essere limitata come rappresentato nella seguente figura.

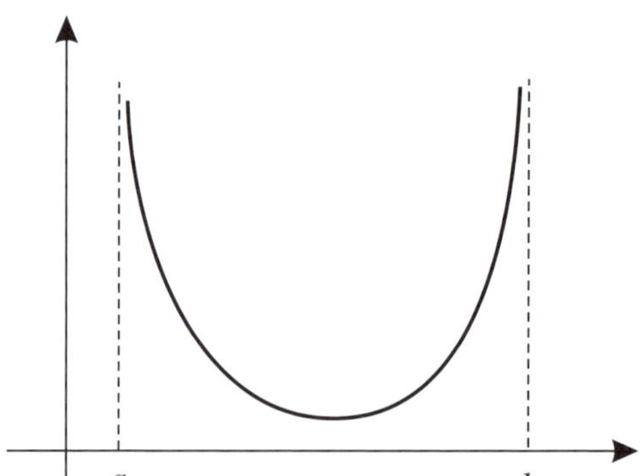

Una funzione convessa, pur avendo derivata destra e sinistra in ogni punto interno con $f'_-(x_0) \leq f'_+(x_0)$, può non essere derivabile in tale punti (si pensi, ed esempio, alla funzione $x \mapsto |x|$ in $x_0 = 0$); se però f è derivabile in un punto x_0, allora, utilizzando il teorema sopra enunciato, si ottengono le relazioni:

$$\frac{f(x) - f(x_0)}{x - x_0} \geq f'(x_0) \text{ per ogni } x > x_0$$
$$\frac{f(x) - f(x_0)}{x - x_0} \leq f'(x_0) \text{ per ogni } x < x_0,$$

cosicché per ogni $x \in I$ risulta:

$$f(x) \geq f(x_0) + f'(x_0)(x - x_0).$$

Geometricamente, come si vede nella figura sotto riportata, questa relazione significa che il grafico di una funzione convessa e derivabile è tutto *non al di sotto* della retta ad esso tangente in un qualsiasi suo punto (ovviamente per le concave la relazione si inverte).

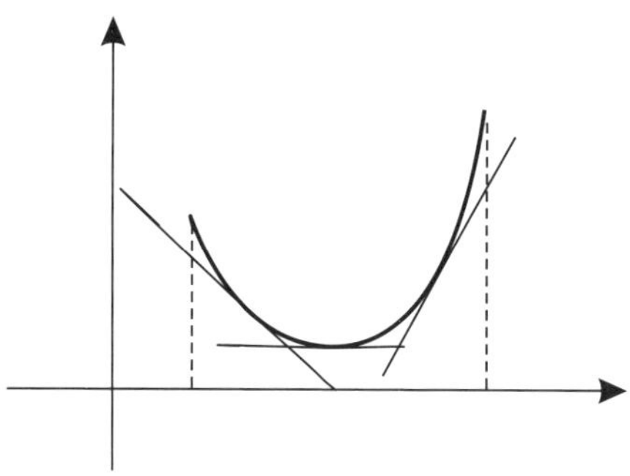

Ne consegue che

- se f è convessa (concava) e derivabile, e $f'(x_0) = 0$, allora x_0 è un punto di minimo (massimo) *globale* per f;

- se f è strettamente convessa (concava), l'eventuale punto di minimo (massimo) globale è unico, mentre possono esservi infiniti punti di minimo (massimo) se la funzione non è strettamente convessa (concava), come si vede nelle seguenti figure.

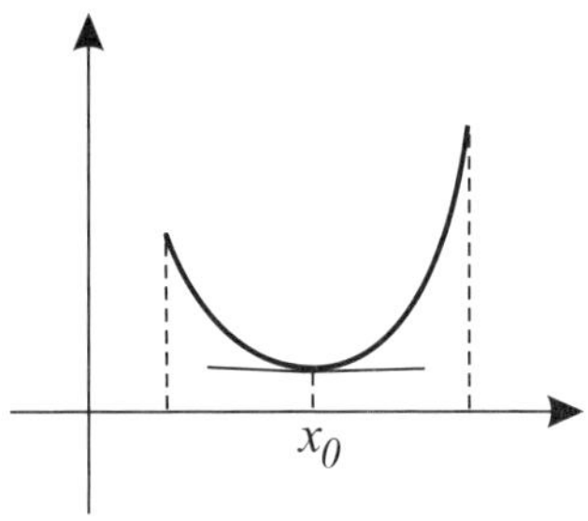

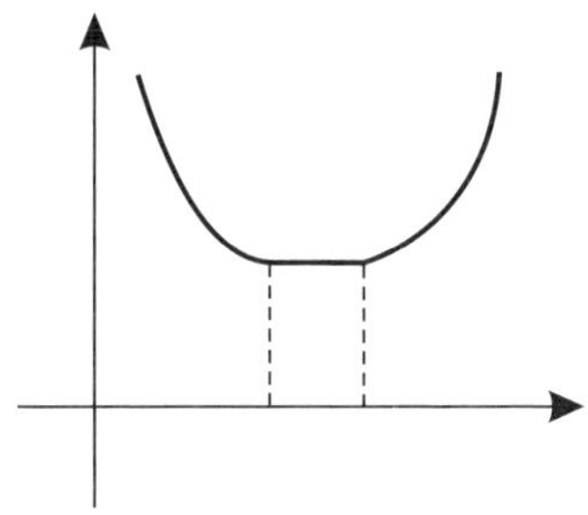

La posizione del grafico di una funzione derivabile rispetto alla retta tangente è una proprietà puntuale e può essere assunta per definire cosa si intenda per funzione convessa (concava) in un punto.

Definizione (convessità e concavità puntuale). Una funzione derivabile in un punto interno al suo dominio si dice ivi convessa (concava) se esiste un intorno di esso nel quale il grafico della funzione è non al di sotto (non al di sopra) della retta tangente al grafico nel punto.

Osservazione. Si può dimostrare che se in tutti i punti di un intervallo una funzione è puntualmente convessa (concava), allora la funzione è convessa (concava) sull'intervallo.

Un'ulteriore importante conseguenza del teorema sopra enunciato è il seguente:

Teorema (condizione del primo ordine). Una funzione derivabile in un intervallo è convessa (concava) se e solo se la sua funzione *derivata prima* è *crescente* (*decrescente*) nell'intervallo. Inoltre, la convessità (concavità) è stretta se e solo se la monotonia della derivata è stretta.

Ricordando che, se una funzione è derivabile in un intervallo, essa è ivi crescente (decrescente) se e solo se la sua derivata prima è non negativa (non positiva), si ha il seguente utile teorema valido per funzioni due volte derivabili in un intervallo:

Teorema (condizione del secondo ordine). Se f è due volte derivabile in un intervallo I, condizione necessaria e sufficiente affinché f sia convessa (concava) in I è che sia

$$f''(x) \geq 0 \qquad (f''(x) \leq 0)$$

per ogni $x \in I$; se

$$f''(x) > 0 \qquad (f''(x) < 0)$$

per ogni $x \in I$, allora f è strettamente convessa (concava).

Un punto P del grafico di una funzione derivabile che congiunge due sue parti l'una convessa e l'altra concava (o viceversa)

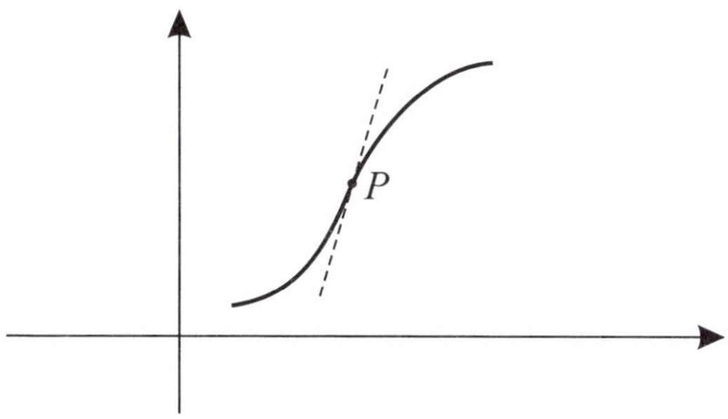

è detto *flesso* del grafico. Diamo quindi la seguente

Definizione. Sia $f : (a, b) \longrightarrow \mathbb{R}$ una funzione derivabile in un punto $x_0 \in (a, b)$; tale punto è detto *punto di flesso* della funzione se f è convessa (concava) in $(a, x_0]$ e concava (convessa) in $[x_0, b)$.

In altre parole, come si vede in figura, x_0 è un punto di flesso quando il grafico di f passa dal di sotto al di sopra, o viceversa, della retta tangente in x_0, al crescere della variabile x. Per abuso di linguaggio (si veda il paragrafo 3.2) si chiama flesso verticale un punto di non derivabilità di f.

Poiché, come precedentemente spiegato, una funzione derivabile è convessa (concava) in un intervallo se e solo se la sua derivata prima è crescente (decrescente) nell'intervallo, ne consegue che se f è derivabile *due volte* in (a, b) e x_0 è un punto di flesso, è necessario che tale punto sia di massimo (minimo) per f'; in tali ipotesi, quindi, per il teorema di Fermat applicato a f', è necessario che sia $f''(x_0) = 0$. Vale quindi il

Teorema. Se $f : (a, b) \longrightarrow \mathbb{R}$ è derivabile due volte in (a, b) e $x_0 \in (a, b)$ è un suo punto di flesso, allora $f''(x_0) = 0$.

Per dimostrare che tale condizione non è sufficiente, basta considerare il controesempio fornito dalla funzione $f(x) = x^4$, che ha $f''(0) = 0$, ma è convessa in tutto il suo dominio $\mathbb{R}$.

Per dare condizioni sufficienti affinché un punto x_0 sia un punto di flesso, basta adattare alla funzione f' le condizioni già illustrate affinché un punto sia un estremante per una funzione. Valgono infatti i seguenti:

Teorema. Sia $f : (a, b) \longrightarrow \mathbb{R}$ derivabile due volte. Se $f''(x) \geq 0$, per $x \in (a, x_0)$, e $f''(x) \leq 0$, per $x \in (x_0, b)$, allora x_0 è un punto di flesso per la funzione.

Teorema. Sia $f : (a, b) \longrightarrow \mathbb{R}$ derivabile n volte $(n \geq 2)$ in $x_0 \in (a, b)$; se

$$f''(x_0) = f'''(x_0) = \ldots = f^{(n-1)}(x_0) = 0, \qquad f^{(n)}(x_0) \neq 0,$$

allora, se n è dispari, x_0 è un punto di flesso per la funzione.

3.9 Studio di funzioni

Dopo aver presentato i concetti e le tecniche di calcolo principali, vediamo attraverso quali considerazioni si arriva alla rappresentazione grafica di una funzione assegnata mediante un'espressione analitica $y = f(x)$.

- Se non viene assegnato esplicitamente il dominio $\mathcal{D}$, si assume quale dominio (a volte detto *dominio naturale* di f) l'insieme di tutti e soli i numeri reali per i quali è possibile costruire in $\mathbb{R}$ $f(x)$.

Ad esempio, la funzione $f(x) = \sqrt{x^2 - 1}$, se non viene specificato diversamente $\mathcal{D}$, ha come dominio l'insieme $(-\infty, -1] \cup [1, +\infty)$.

- Vale la pena di verificare se la funzione presenta simmetrie (è pari, oppure dispari), o è periodica. Se la funzione è pari oppure dispari, si può limitarne lo studio all'insieme $\{x \in \mathcal{D} : \ x \geq 0\}$, in quanto il grafico risulta simmetrico rispetto all'asse delle y oppure rispetto all'origine. Si osservi che una funzione pari, oppure dispari, ha sempre dominio naturale simmetrico rispetto all'origine.

Ad esempio, la funzione $f(x) = x^3 - x$ è dispari (ed ha dominio $\mathbb{R}$), la funzione $f(x) = \ln(1 - x^4) - \cos x$, somma di funzioni pari, è pari (ed ha dominio $(-1, 1)$).

- Dopo aver individuato i punti di frontiera del dominio, si calcolano i limiti di $f(x)$ per x che tende a tali punti.

Ad esempio, la funzione $f(x) = e^x + \frac{1}{x}$ è definita in $(-\infty, 0) \cup (0, +\infty)$; i punti di frontiera sono $-\infty$, 0 e $+\infty$. Si ha:

$$\lim_{x \to -\infty} (e^x + \frac{1}{x}) = 0^-, \qquad \lim_{x \to 0^-} (e^x + \frac{1}{x}) = -\infty,$$
$$\lim_{x \to 0^+} (e^x + \frac{1}{x}) = +\infty, \qquad \lim_{x \to +\infty} (e^x + \frac{1}{x}) = +\infty.$$

- Il comportamento di f ai punti di frontiera permette di individuare gli eventuali asintoti orizzontali, verticali, obliqui.

Ad esempio, la funzione $f(x) = e^{1/(x-1)} + \ln x$, definita in $(0, 1) \cup (1, +\infty)$, ha limiti ai punti di frontiera dati da

$$\lim_{x \to 0^+} (e^{1/(x-1)} + \ln x) = -\infty, \qquad \lim_{x \to 1^-} (e^{1/(x-1)} + \ln x) = 0^-,$$
$$\lim_{x \to 1^+} (e^{1/(x-1)} + \ln x) = +\infty, \qquad \lim_{x \to +\infty} (e^{1/(x-1)} + \ln x) = +\infty.$$

Si deduce che f ha asintoti verticali di equazione $x = 0$ e $x = 1$; non ha asintoti orizzontali, né obliqui, poiché $f(x) \sim \ln x$ per $x \to +\infty$.

- Si calcola, dove è definita, la derivata prima:
  i. si studia il segno di f' per individuare gli intervalli di monotonia di f;
  ii. si studia la natura degli zeri di f', o attraverso lo studio del segno di f', o calcolando le derivate d'ordine successivo nel punto.

Ad esempio, la funzione $f(x) = x^3 - 3x$, definita in $\mathbb{R}$, ha derivata $f'(x) = 3x^2 - 3$. Si ha che

$$f'(x) = 0 \text{ se e solo se } x = \pm 1, \qquad f'(x) > 0 \text{ se e solo se } x < -1,\ x > 1.$$

Si deduce che: i. f è monotona strettamente crescente in $(-\infty, -1]$ e in $[1, +\infty)$, e strettamente decrescente in $[-1, 1]$;
ii. i suoi punti stazionari $x = -1$ e $x = 1$ sono, rispettivamente, punti di massimo e minimo relativo forte.

- A volte è utile calcolare il limite di f' ai punti di frontiera, al finito, del suo dominio; questo permette di individuare eventuali punti di flesso a tangente verticale, punti angolosi, cuspidi.

Ad esempio, la funzione $f(x) = \sqrt[3]{x} + \sqrt{|x-1|}$ ha derivata prima definita in $(-\infty, 0) \cup (0,1) \cup (1, +\infty)$ dall'espressione

$$f'(x) = \frac{1}{3x^{2/3}} + \frac{\operatorname{sgn}(x-1)}{2\sqrt{|x-1|}}.$$

Si ha:

$$\lim_{x \to 0} f'(x) = +\infty, \qquad \lim_{x \to 1^-} f'(x) = -\infty, \qquad \lim_{x \to 1^+} f'(x) = +\infty.$$

Si deduce che $x = 0$ è un punto di flesso a tangente verticale, e $x = 1$ è una cuspide.

- Si calcola, dove è definita, la derivata seconda:
  i. si studia il segno di f'', al fine di individuare gli intervalli di convessità e di concavità di f;
  ii. si determinano i punti di flesso di f (a tangente non verticale).

Ad esempio, la funzione $f(x) = x^4 - x^3$, definita in $\mathbb{R}$, ha derivata seconda $f'' : \mathbb{R} \longrightarrow \mathbb{R}$ definita da $f''(x) = 6x(2x-1)$; lo studio del segno mostra che f è convessa in $(-\infty, 0]$ e in $[1/2, +\infty)$, ed è concava in $[0, 1/2]$. I punti $x = 0$ e $x = 1/2$ risultano essere punti di flesso per f.

Come applicazione di quanto appena detto, proponiamoci di tracciare il grafico della funzione

$$f(x) = xe^{1/x}.$$

La funzione è definita in $(-\infty, 0) \cup (0, +\infty)$, ed è ivi di classe $\mathcal{C}^\infty$. Calcoliamo i limiti ai punti di frontiera del dominio:

$$\lim_{x \to -\infty} f(x) = -\infty, \qquad \lim_{x \to 0^-} f(x) = 0,$$
$$\lim_{x \to 0^+} f(x) = +\infty, \qquad \lim_{x \to +\infty} f(x) = +\infty.$$

In particolare, la retta $x = 0$ è asintoto verticale di f; inoltre, poché $f(x) \sim x$ per $x \to \pm\infty$, vale la pena di indagare se esiste un asintoto obliquo. Essendo

$$\lim_{x \to \pm\infty} \frac{f(x)}{x} = 1, \qquad \lim_{x \to \pm\infty} (f(x) - x) = 1,$$

si deduce che la retta di equazione $y = x + 1$ è asintoto obliquo di f per $x \to \pm\infty$. La derivata di f ha l'espressione

$$f'(x) = \frac{x-1}{x} e^{1/x};$$

in particolare, $f'(x) > 0$ se e solo se $x < 0$, $x > 1$, e $f'(x) = 0$ se e solo se $x = 1$. Si conclude che la funzione è strettamente crescente in $(-\infty, 0)$ e in $[1, +\infty)$, è strettamente decrescente in $(0, 1]$, ed ha un punto di minimo relativo forte in $x = 1$, a quota $f(1) = e$. Inoltre, $\lim\limits_{x \to 0^-} f'(x) = 0^+$. Calcoliamo la derivata seconda; si ha

$$f''(x) = \frac{1}{x^3} e^{1/x}.$$

Lo studio del segno mostra che $f''(x) > 0$ se e solo se $x > 0$, e f'' non ha punti di annullamento. Si deduce che la funzione è strettamente convessa in $(0, +\infty)$, e strettamente concava in $(-\infty, 0)$; non ha punti di flesso. Un grafico qualitativo della funzione è pertanto il seguente

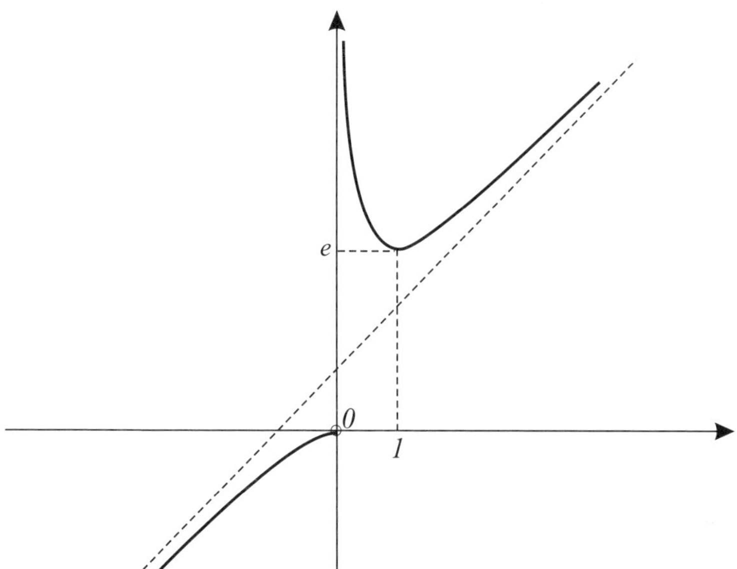

Esercizi

I. Definizione di derivata. Regole di derivazione

Si calcoli, utilizzando la definizione, la derivata delle seguenti funzioni, nel punto indicato:

- $\bullet$ **3.1.** $f(x) = 2x - 1$, $x = 1$
- $\bullet$ **3.2.** $f(x) = 3x^2 - 2x + 1$, $x = 2$
- $\bullet$ **3.3.** $f(x) = x \ln x$, $x = 1$
- $\circ$ **3.4.** $f(x) = x^2 e^x$, $x = 1$
- $\circ$ **3.5.** $f(x) = \sin(\pi - x)$, $x = 0$
- $\bullet$ **3.6.** $f(x) = \cos x$, $x = 0$
- $\bullet$ **3.7.** $f(x) = \sqrt{1 + x^2}$, $x = 0$
- $\bullet$ **3.8.** $f(x) = \sqrt[3]{(e^x - 1)^4}$, $x = 0$
- $\bullet$ **3.9.** $f_\alpha(x) = (1 + x)^\alpha$, $\alpha \in \mathbb{R}$, $x = 1$
- $\circ$ **3.10.** $f_n(x) = \sqrt[n]{1 + x^n}$, $n \geq 2$, $x = 0$.

Si calcoli, utilizzando la definizione, la funzione derivata delle seguenti funzioni (a, b, c, α, β sono parametri reali):

- $\bullet$ **3.11.** $f(x) = ax + b$
- $\bullet$ **3.12.** $f(x) = ax^2 + bx + c$
- $\bullet$ **3.13.** $f(x) = \ln x$
- $\circ$ **3.14.** $f(x) = \dfrac{x + 1}{x}$
- $\circ$ **3.15.** $f(x) = x^2 e^x$
- $\bullet$ **3.16.** $f_\alpha(x) = x(1 + x)^\alpha$
- $\circ$ **3.17.** $f(x) = e^x - 2x^2$
- $\circ$ **3.18.** $f(x) = \ln^2(1 + x)$
- $\circ$ **3.19.** $f_{\alpha,\beta}(x) = \dfrac{(1 + x)^\alpha}{(1 - x)^\beta}$
- $\bullet$ **3.20.** $f(x) = \dfrac{1}{\cos x}$
- $\bullet$ **3.21.** $f(x) = |x|$
- $\circ$ **3.22.** $f(x) = |x^2 - 1|$

$\bullet$ **3.23.** Si stabilisca se la funzione $f : \mathbb{R} \to \mathbb{R}$, definita da

$$f(x) = \begin{cases} \left(1 + e^{1/|x|}\right)^{-1} & x \neq 0 \\ 0 & x = 0, \end{cases}$$

è derivabile in 0.

Si stabilisca se esiste la derivata della funzione f nel punto indicato:

- $\bullet$ **3.24.** $f(x) = \sqrt[3]{(x^2 - 1)^2}, \quad x = 1$
- $\circ$ **3.25.** $f(x) = \sqrt{\dfrac{1 - x^2}{x}}, \quad x = 1.$

• **3.26.** Si determini il valore del parametro reale α tale che la funzione f_α : $\mathbb{R} \to \mathbb{R}$, definita da

$$f_\alpha(x) = \begin{cases} \alpha x - 1/4 & x \in (-\infty, 1/2) \\ x^2 & x \in [1/2, +\infty), \end{cases}$$

sia derivabile su tutto $\mathbb{R}$.

• **3.27.** Siano f, g due funzioni definite in $\mathbb{R}$ ed ivi derivabili. Si stabilisca sotto quali condizioni sono derivabili in $\mathbb{R}$ le funzioni
i. $|f|$, ii. $\max\{f, g\}$, iii. $\min\{f, g\}$.

∘ **3.28.** Si trovino gli eventuali punti di non derivabilità delle funzioni seguenti:
- **a.** $f(x) = \max\{\arctan x, x\}$
- **b.** $f(x) = \min\{e^x - 2, e^{-x}\}$
- **c.** $f(x) = \dfrac{|x^2 - 4x - 10|}{x} + \sin x$

• **3.29.** Data la funzione $f : \mathbb{R} \to \mathbb{R}$, definita da

$$f(x) = \begin{cases} \sqrt{(1 - \cos x)/|x|} & x \neq 0 \\ 0 & x = 0, \end{cases}$$

si dimostri che:
- i. f è continua in tutto $\mathbb{R}$;
- ii. f è derivabile in $(0, \pi/2)$;
- iii. f non è derivabile in 0.

∘ **3.30.** Si stabilisca se la funzione $f : \mathbb{R} \to \mathbb{R}$, definita da

$$f(x) = \begin{cases} e^x - 1 & x < 0 \\ x^2 & x \geq 0, \end{cases}$$

è derivabile in tutto $\mathbb{R}$.

∘ **3.31.** Sia $f : (a, b) \to \mathbb{R}$, derivabile in $x_0 \in (a, b)$. Si calcoli il

$$\lim_{h \to 0} \frac{f(x_0 + h) - f(x_0 - h)}{h}.$$

• **3.32.** Si dimostri che se una funzione definita e derivabile in $\mathbb{R}$ è pari, allora la sua derivata è dispari.

Si determinino i valori del parametro reale k per cui le seguenti funzioni sono derivabili nell'origine:

• **3.33.** $f_k(x) = \begin{cases} e^{kx} - k^2 x - 1 & x < 0 \\ \ln(1 + k^2 x) & 0 \leq x < 1 \end{cases}$

○ **3.34.** $f_k(x) = \begin{cases} x^2 + (k+1)x & x \le 0 \\ e^{k^2 x} - 1 & x > 0 \end{cases}$

○ **3.35.** $f_k(x) = \begin{cases} (kx-1)/(x+1) & -1 < x \le 0 \\ e^{-k^2 x} + 4kx - 2 & x > 0. \end{cases}$

• **3.36.** Sia $f : [a, b) \to \mathbb{R}$, derivabile in (a, b). Si mostri con esempi che se $\lim_{x \to a^+} f'(x) = L$ ($L \in \mathbb{R}$), non si può concludere, in generale, che $f'_+(a) = L$.

• **3.37.** Si fornisca un esempio di funzione, derivabile in un intorno di 0, per cui non esiste il $\lim_{x \to 0} f'(x)$.

Si stabilisca per quali valori dei parametri reali a e b le seguenti funzioni risultano derivabili nel loro dominio:

• **3.38.** $f_{a,b}(x) = \begin{cases} ax + b & x \le 1 \\ 1 - e^{-x} & x > 1 \end{cases}$

○ **3.39.** $f_{a,b}(x) = \begin{cases} ax - b & x \le 2 \\ 1 + \sqrt{x} & x > 2 \end{cases}$

○ **3.40.** $f_{a,b}(x) = \begin{cases} \ln(1+x) & -1 < x < 1 \\ 1 + ax + bx^2 & x \ge 1 \end{cases}$

• **3.41.** $f_{a,b}(x) = \begin{cases} e^{bx+a^2} & x \le 0 \\ x + b(\sin x + 1) & x > 0 \end{cases}$

○ **3.42.** $f_{a,b}(x) = \begin{cases} e^{ax+b} & x \le 0 \\ 2 \arctan x + a & x > 0 \end{cases}$

○ **3.43.** $f_{a,b}(x) = \begin{cases} e^{a^2 x - b} & x \le 0 \\ x/a + a & x > 0. \end{cases}$

• **3.44.** Si studi la derivabilità della funzione $f_{a,b,c} : \mathbb{R} \to \mathbb{R}$, definita da

$$f_{a,b,c}(x) = \begin{cases} ax^2 + bx + c & x < 4 \\ 16a + 4b + 1 & x = 4 \\ a \ln(x-2) & x > 4, \end{cases}$$

dove a, b e c sono parametri reali.

• **3.45.** Si determinino i valori dei parametri $a, b \in \mathbb{R}_+$ per cui esistono le derivate prima e seconda nell'origine della funzione $f_{a,b} : \mathbb{R} \to \mathbb{R}$, definita da

$$f_{a,b}(x) = \begin{cases} |x|^a \sin(1/|x|^b) & x \ne 0 \\ 0 & x = 0. \end{cases}$$

∘ **3.46.** Sia f una funzione definita nell'intervallo (a, b) ed ivi derivabile, e sia $x_0 \in (a, b)$. Si stabilisca se la seguente affermazione è vera o falsa: $f'(x_0) = 0$ se e solo se $f(x) - f(x_0) = o(x - x_0)$.

• **3.47.** Sia f una funzione definita nell'intervallo $(a, +\infty)$ ed ivi derivabile. Si stabilisca se le seguenti affermazioni sono vere o false:

a. se $\lim_{x \to +\infty} f'(x) = k \neq 0$, allora esiste $q \in \mathbb{R}$ tale che la retta di equazione $y = kx + q$ è asintoto obliquo di f per $x \to +\infty$;

b. se $\lim_{x \to +\infty} f'(x) = +\infty$ (oppure $-\infty$), allora f non ha asintoto obliquo per $x \to +\infty$.

Si scriva l'equazione della retta tangente ai grafici delle seguenti funzioni nel punto 1:

• **3.48.** $f(x) = x \ln(1 + x)$

∘ **3.49.** $f(x) = x \ln x$

∘ **3.50.** $f(x) = x \sin(\pi x)$

∘ **3.51.** $f(x) = x^2 \cos(\pi x)$.

• **3.52.** Si scriva l'equazione della retta tangente al grafico della funzione

$$f(x) = \frac{\sqrt{x^4 - 1}}{x\sqrt{x^2 - 1}}$$

nel punto di ascissa 2.

Si determinino le coordinate del punto comune alle tangenti al grafico di f nei punti di ascissa 0 e 1:

• **3.53.** $f(x) = e^{1+x}$

∘ **3.54.** $f(x) = \ln(1 + x)$.

Si determini il valore del parametro reale k in modo che il grafico di:

• **3.55.** $f_k(x) = \dfrac{k^2 x - k}{2k + x}$ sia tangente alla retta di equazione $y = -3x + 1$ in $x = 1$;

∘ **3.56.** $f_k(x) = \dfrac{k^2 x + 2k}{3k + 2x}$ sia tangente alla retta di equazione $y = x$ in $x = 1$;

∘ **3.57.** $f_k(x) = \dfrac{2kx + k^2}{3x + 2k}$ sia tangente alla retta di equazione $y = x + 2$ in $x = -1$.

Applicando le regole di derivazione, si calcoli la derivata delle seguenti funzioni:

○ **3.58.** $f(x) = \dfrac{\sin x}{x}$

○ **3.59.** $f(x) = \dfrac{x}{\cos x}$

○ **3.60.** $f(x) = \dfrac{x}{\ln x}$

○ **3.61.** $f(x) = \dfrac{x^2}{\sin x}$

○ **3.62.** $f(x) = \dfrac{x + \ln x}{x - \ln x}$

○ **3.63.** $f(x) = \dfrac{\sin x + \cos x}{\sin x - \cos x}$

○ **3.64.** $f(x) = \dfrac{1 - \sin x}{x - \cos x}$

○ **3.65.** $f(x) = \dfrac{1 + \cos x}{x - \sin x}$

○ **3.66.** $f(x) = \dfrac{\sin x}{x} + \dfrac{\cos x}{x}$

○ **3.67.** $f(x) = \dfrac{\ln x}{x} + \dfrac{x}{\ln x}$

○ **3.68.** $f(x) = \dfrac{1}{x \ln x}$

○ **3.69.** $f(x) = \dfrac{x \ln x}{1 + \ln x}$

○ **3.70.** $f(x) = \ln^2 x - \ln \ln x$

○ **3.71.** $f(x) = \sqrt{x + \sqrt{x}}$

○ **3.72.** $f(x) = \sqrt{\sin x} + \sin \sqrt{x}$

○ **3.73.** $f(x) = \sqrt{\tan x} + \tan \sqrt{x}$

○ **3.74.** $f(x) = \arcsin \dfrac{1}{x}$

○ **3.75.** $f(x) = \arctan \sqrt{x}$

○ **3.76.** $f(x) = \arcsin \dfrac{x^2 - 1}{x^2}$

○ **3.77.** $f(x) = \ln \dfrac{x}{\sqrt{1 + x^2}}$

○ **3.78.** $f(x) = \arctan \dfrac{x}{\sqrt{1 - x^2}}$

○ **3.79.** $f(x) = \arctan \left(\ln \dfrac{1}{x} \right)$

○ **3.80.** $f(x) = x^x$

○ **3.81.** $f(x) = (x^2 + 1)^{\ln x}$.

II. Teoremi di Rolle e di Lagrange

Si stabilisca se la funzione f soddisfa le ipotesi del teorema di Lagrange nell'intervallo indicato. In caso affermativo, si constati la validità del teorema stesso:

• **3.82.** $f(x) = |e^x - 1| + 1$, nell'intervallo $[-1, 0]$

• **3.83.** $f(x) = 1/\ln(x^2)$, nell'intervallo $[-1, 1]$

• **3.84.** $f(x) = |x - 1| - |2x + 1|$, nell'intervallo $[-1/2, 1]$

• **3.85.** $f(x) = \begin{cases} x^2 & -1 \le x \le 0 \\ x^3 & 0 < x \le 1 \end{cases}$, nell'intervallo $[-1, 1]$

○ **3.86.** $f(x) = \begin{cases} 2x - x^2 & 0 \le x \le 1 \\ 1 & 1 < x \le 2 \end{cases}$, nell'intervallo $[0, 2]$

∘ **3.87.** $f(x) = \begin{cases} x-1 & 0 \le x \le 1 \\ \ln x & 1 < x \le 2 \end{cases}$, nell'intervallo $[0,2]$.

• **3.88.** Data la funzione $f : [0, 9/4] \to \mathbb{R}$, definita da

$$f(x) = \begin{cases} x^2 - 2x + 1 & 0 \le x < 3/2 \\ x - 5/4 & 3/2 \le x \le 9/4, \end{cases}$$

si verifichi che:

i. f è continua in $[0, 9/4]$;
ii. f è derivabile in $(0, 9/4)$;
iii. f soddisfa le ipotesi del teorema di Rolle nell'intervallo $[0, 9/4]$.

• **3.89.** Data la funzione $f(x) = x^3 - 2x^2 + x$, si verifichi che essa soddisfa le ipotesi del teorema di Lagrange nell'intervallo $[2,3]$. Si constati successivamente la validità del teorema.

Si verifichi che f_a soddisfa le ipotesi del teorema di Lagrange per ogni valore del parametro reale a:

• **3.90.** $f_a(x) = \begin{cases} x^2 + x & -1 \le x \le 0 \\ x & 0 < x \le 1 \\ a(x-1)^2 + x & 1 < x \le 2 \end{cases}$

∘ **3.91.** $f_a(x) = \begin{cases} \sqrt{1-x^2} & -1 \le x \le 0 \\ ax^3 + 1 & 0 < x \le 1 \\ a(3x-2) + 1 & 1 < x \le 2 \end{cases}$

∘ **3.92.** $f_a(x) = \begin{cases} -x^2 & -1 \le x \le 0 \\ 0 & 0 < x \le 1 \\ a(e^{x-1} - 1)^2 & 1 < x \le 5. \end{cases}$

Si stabilisca per quali valori di $a, b \in \mathbb{R}$ la funzione $f_{a,b}$ soddisfa le ipotesi del teorema di Rolle, relativamente all'intervallo in cui la funzione è definita:

• **3.93.** $f_{a,b}(x) = \begin{cases} ax^2 + bx & -1 \le x \le 0 \\ 1 - 2^x & 0 < x \le 2 \end{cases}$

∘ **3.94.** $f_{a,b}(x) = \begin{cases} \arctan x & -1 \le x < 0 \\ ax^2 + bx & 0 \le x \le 1 \end{cases}$

∘ **3.95.** $f_{a,b}(x) = \begin{cases} (a+2)x^2 + (b+1)x & 0 \le x \le 1 \\ (2-a)x^3 + (1-b)x^2 & 1 < x \le 2. \end{cases}$

∘ **3.96.** Data la funzione $f(x) = e^{2x} + e^x + 1$, si determini $c \in (1,2)$ tale che $f'(c) = f(2) - f(1)$.

∘ **3.97.** Data la funzione $f : \mathbb{R} \to \mathbb{R}$, definita da $f(x) = 1 - |x-1|$, si indichi, se esiste, un intervallo in cui f soddisfa le ipotesi del teorema di Rolle.

• **3.98.** Si stabilisca se esiste una funzione $f : [0,1] \to \mathbb{R}$, continua in $[0,1]$, che soddisfi le seguenti condizioni:

i. $f(0) = 0$, $f(1) = 1/2$,

ii. $f'_+(0) = 1/2$,

iii. $f''(x) > 0$, per ogni $x \in (0,1)$.

• **3.99.** Si stabilisca per quali valori del parametro reale a ($a < 1$) la funzione

$$f_a(x) = ax^2 + (a^2+1)|x| + a + 1$$

soddisfa le ipotesi del teorema di Rolle nell'intervallo $[a,1]$. Per tali valori si verifichi la validità del teorema.

∘ **3.100.** Si verifichi che

$$\arctan x + \arctan(x^{-1}) = \pi/2, \qquad \forall x \in \mathbb{R}_+.$$

• **3.101.** Siano I un intervallo di $\mathbb{R}$ e $f : I \to \mathbb{R}$, derivabile. Dimostrare che, se

$$\left|f'(x)\right| \le k \qquad \forall x \in I,$$

allora

$$\forall x, y \in I \qquad \left|f(x) - f(y)\right| \le k|x-y|.$$

• **3.102.** Sia $f : \mathbb{R}_+ \to \mathbb{R}$, derivabile. Si provi che, se esiste una costante $M > 0$ tale che $f'(x) \ge M$ per ogni $x \in \mathbb{R}_+$, allora

$$\lim_{x \to +\infty} f(x) = +\infty.$$

• **3.103.** Si dimostri che, se f è derivabile su $\mathbb{R}$ e

$$\lim_{x \to \pm\infty} f(x) = L \quad (L \in \mathbb{R}),$$

allora esiste $c \in \mathbb{R}$ tale che $f'(c) = 0$.

∘ **3.104.** Si dimostri che, se f è continua in $[a, +\infty)$, derivabile in $(a, +\infty)$, $f(a) = 0$ e $\lim_{x \to +\infty} f(x) = 0$, allora esiste un punto $c \in (a, +\infty)$ tale che $f'(c) = 0$.

• **3.105.** Si stabilisca se la seguente affermazione è vera: se f è derivabile su $\mathbb{R}$ e

$$\lim_{x\to-\infty} f(x) = a, \qquad \lim_{x\to+\infty} f(x) = b,$$

allora esiste $c \in \mathbb{R}$ tale che $f'(c) = b - a$.

III. Monotonia e invertibilità. Convessità

Si studino la crescenza e la decrescenza delle seguenti funzioni:

• **3.106.** $f : \mathbb{R} \to \mathbb{R}, \quad f(x) = x^4 + 2x^3 - 2x^2$

• **3.107.** $f : \mathbb{R} \to \mathbb{R}, \quad f(x) = x - \sqrt{x^2+1}$

∘ **3.108.** $f : \mathbb{R} \setminus \{0\} \to \mathbb{R}, \quad f(x) = x^2 - \ln|x|$

• **3.109.** $f : \mathbb{R} \to \mathbb{R}, \quad f(x) = x^2 + \sin^2 x$

• **3.110.** $f : \mathbb{R} \setminus \{0\} \to \mathbb{R}, \quad f(x) = \arctan x - \arctan(1/x)$

∘ **3.111.** $f : (1, +\infty) \to \mathbb{R}, \quad f(x) = \ln^2 x - \ln\ln x$

• **3.112.** $f : \mathbb{R}_+ \to \mathbb{R}, \quad f(x) = \left(\dfrac{1}{x}\right)^{-\ln x}$

• **3.113.** $f : (-\infty, 1) \to \mathbb{R}, \quad f(x) = \left(\dfrac{1}{1-x}\right)^{1/(1-x)}.$

• **3.114.** Si studi la crescenza e la decrescenza di

$$f(x) = \frac{e^{\sin x}}{\sin x}$$

nell'intervallo $(0, \pi)$.

Si studino la convessità e la concavità delle seguenti funzioni:

∘ **3.115.** $f : \mathbb{R} \to \mathbb{R}, \quad f(x) = (x^2 - 1)e^x$

∘ **3.116.** $f : \mathbb{R}_+ \to \mathbb{R}, \quad f(x) = x^2 \ln x$

• **3.117.** $f : (-\pi, \pi) \to \mathbb{R}, \quad f(x) = x^2 + 2\sin^2 x$

∘ **3.118.** $f : \mathbb{R} \to \mathbb{R}, \quad f(x) = (x^2 - x)e^{-x}.$

• **3.119.** Facendo uso della definizione di convessità, si provi che

$$\frac{2}{\pi}x \le \sin x \le x, \qquad \forall x \in [0, \pi/2].$$

• **3.120.** Si dica per quali valori del parametro reale a l'equazione

$$x^3 - 3x + a = 0$$

ha tre soluzioni reali distinte.

∘ **3.121.** Si provi la validità della disuguaglianza

$$\ln x \le x - 1, \qquad \forall x \in \mathbb{R}_+.$$

∘ **3.122.** Si determinino i valori del parametro reale a per cui l'equazione

$$x^3 - 6x^2 + 9x + a = 0$$

ha una sola radice reale.

∘ **3.123.** Si tracci un grafico locale, in un intorno del punto indicato, delle funzioni $f : \mathbb{R} \to \mathbb{R}$ che soddisfano le seguenti caratteristiche:

a. $f(1) = 0$, $f'_-(1) = 2$, $f'_+(1) = -1$, $f''(x) < 0$ per ogni $x \neq 1$;

b. $f(0) = 1$, $\lim_{x\to 0^-} f(x) = 0$, $f'_+(0) = 0$, $\lim_{x\to 0^-} f'(x) = -2$, $f''(x) > 0$, per ogni $x \neq 0$;

c. $f(-1) = 2$, $\lim_{x\to -1^-} f(x) = 0$, $\lim_{x\to -1^+} f(x) = 1$, $\lim_{x\to -1^-} f'(x) = 1$, $\lim_{x\to -1^+} f'(x) = -1$, $f''(x) < 0$ se $x < -1$, $f''(x) > 0$ se $x > -1$.

∘ **3.124.** Si traccino i possibili grafici locali, un un intorno del punto 0, di funzioni f continue in 0, con $f(0) = 0$ e tali che:

a. $f'_-(0) = -1$, $f'_+(0) = 1$;

b. $f'_-(0) = +\infty$, $f'_+(0) = -\infty$;

c. $f'_-(0) = -\infty = f'_+(0)$;

d. $f'_-(0) = 0$, $f'_+(0) = +\infty$.

Si verifichi che le seguenti funzioni sono invertibili negli intervalli indicati e si determini l'espressione della funzione inversa; si calcoli poi la derivata della funzione inversa nel punto y_0:

• **3.125.** $f(x) = 1 - e^{x^2}$, $\quad x \in (-\infty, 0)$; $\quad y_0 = 1 - e$

∘ **3.126.** $f(x) = \ln(1 - x^2)$, $\quad x \in (-1, 0)$; $\quad y_0 = -\ln 4$

∘ **3.127.** $f(x) = 1 + \ln^2 x$, $\quad x \in (0, 1)$; $\quad y_0 = 2$

• **3.128.** $f(x) = e^{x+1} - e^{2x-1}$, $\quad x \in (3/2, 3)$; $\quad y_0 = 0$

∘ **3.129.** $f(x) = e^{1+2x} - e^{x-1}$, $\quad x \in (-5/2, 1)$; $\quad y_0 = 0$.

Si verifichi che le seguenti funzioni sono invertibili negli intervalli indicati; si calcoli poi la derivata della funzione inversa nel punto y_0 :

• **3.130.** $f(x) = \dfrac{e^{x^2}}{1+x}, \quad x \in (-1/2, 1/4); \quad y_0 = 1$

◦ **3.131.** $f(x) = x \ln^2 x, \quad x \in (2,5); \quad y_0 = e$

◦ **3.132.** $f(x) = xe^{-x^2}, \quad x \in (3/4, 4); \quad y_0 = 1/e.$

Si dimostri che le seguenti funzioni sono invertibili in un intorno del punto x_0 e si calcoli successivamente la derivata della funzione inversa in $f(x_0)$:

• **3.133.** $f(x) = \dfrac{\ln(1+x^2)}{\sqrt{x}}, \quad x_0 = 1$

• **3.134.** $f(x) = e^{(x-2)^3}, \quad x_0 = 2.$

• **3.135.** Si dimostri che la funzione $f : \mathbb{R} \to \mathbb{R}$, definita da

$$f(x) = \begin{cases} -\ln(-x) & x \leq -1 \\ \sqrt{1+x} & x > -1, \end{cases}$$

è invertibile su tutto $\mathbb{R}$ e si determini l'espressione della sua funzione inversa.

Si stabilisca per quali valori del parametro reale a le seguenti funzioni sono iniettive su $\mathbb{R}$:

• **3.136.** $f_a(x) = ax^3 - 2x^2 + 4x + a^2$

◦ **3.137.** $f_a(x) = a^2x^3 - 3x^2 + 9ax + a^2$

◦ **3.138.** $f_a(x) = ax^3 - 4x^2 + 4ax + 2.$

• **3.139.** Si stabilisca se è invertibile sul suo dominio la funzione

$$f(x) = 1 - \ln\left(\frac{2x^2+1}{x^2+1}\right).$$

IV. Estremi relativi e assoluti

Si stabilisca se il punto 0 è un estremo relativo per le seguenti funzioni:

• **3.140.** $f(x) = \begin{cases} 1 - x^2 & x < 0 \\ x - x^3 & x \geq 0 \end{cases}$

• **3.141.** $f(x) = \begin{cases} x - e^x & x \leq 0 \\ x^3 + x & x > 0 \end{cases}$

○ **3.142.** $f(x) = \begin{cases} x - x^2 & x \leq 0 \\ -\ln(1+x) & x > 0 \end{cases}$

○ **3.143.** $f(x) = \begin{cases} \sin(x^2) & x < 0 \\ \sqrt{x} - 1 & x \geq 0. \end{cases}$

Si determinino i massimi e i minimi relativi delle funzioni seguenti:

• **3.144.** $f : \mathbb{R} \to \mathbb{R}, \quad f(x) = |x^3 - x|$

○ **3.145.** $f : \mathbb{R} \to \mathbb{R}, \quad f(x) = \begin{cases} \dfrac{2x^3 - 2}{3x^2} & x < -1 \\ 2 & x = -1 \\ \sqrt[3]{|x-2|} & x > -1. \end{cases}$

• **3.146.** Si stabilisca per quali valori del parametro reale α la funzione $f_\alpha : \mathbb{R} \to \mathbb{R}$, definita da

$$f_\alpha(x) = \begin{cases} -\ln|x-2| & x < 3,\, x \neq 2 \\ 1 & x = 2 \\ e^x - \alpha & x \geq 3, \end{cases}$$

ha in 3 un punto di minimo relativo.

○ **3.147.** Data la funzione f definita dall'espressione

$$f(x) = \begin{cases} 0 & x = 0 \\ x^2 \sin(1/x) & x \neq 0, \end{cases}$$

si provi che 0 è un punto stazionario ma non è un estremo né un flesso.

• **3.148.** Sia $f : [a,b] \to \mathbb{R}$, derivabile per ogni $x \in [a,b]$. Se a è un punto di minimo locale (o massimo locale), cosa si può affermare circa $f'_+(a)$?

Si determinino gli eventuali massimi e minimi assoluti delle funzioni seguenti:

• **3.149.** $f : [0,3] \to \mathbb{R}, \quad f(x) = \sqrt{|x-1|} - x/2$

• **3.150.** $f : [1/2, +\infty), \quad f(x) = xe^{-x}$

○ **3.151.** $f : [-3,3] \to \mathbb{R}, \quad f(x) = \begin{cases} 1 - x - x^2 & -3 \leq x < 0 \\ |x-2| & 0 \leq x \leq 3 \end{cases}$

• **3.152.** $f : [-1,1] \to \mathbb{R}, \quad f(x) = \begin{cases} 1 - e^x & -1 \leq x < 0 \\ -|\ln(x + 1/2)| & 0 \leq x \leq 1. \end{cases}$

○ **3.153.** Sia $f : \mathbb{R}_+ \to \mathbb{R}$, $f(x) = x^{(x-1)}$. Si provi, usando la definizione, che 1 è un punto di minimo assoluto e se ne deduca la validità della disuguaglianza

$$x^x \geq x, \qquad \forall x > 0.$$

Si determinino, in dipendenza del parametro reale λ, gli eventuali punti di massimo e di minimo, relativo ed assoluto, delle funzioni:

○ **3.154.** $f_\lambda(x) = \begin{cases} x^4 + \lambda & x \le 0 \\ 0 & 0 < x < 1 \\ (\lambda - 1)(x - 1)^2 & x \ge 1 \end{cases}$

○ **3.155.** $f_\lambda(x) = \begin{cases} |x^2 - 4| & x \le 2 \\ \lambda e^{-1/(x-2)} & x > 2. \end{cases}$

• **3.156.** Data la funzione $f : \mathbb{R} \to \mathbb{R}$, definita da

$$f(x) = \begin{cases} 1 - 3x & x \ge 1/3 \\ 1 & x < 1/3, \end{cases}$$

si determinino gli eventuali punti di massimo e di minimo, relativo ed assoluto, della funzione $|f|$.

○ **3.157.** Si determinino gli eventuali punti di massimo e di minimo, relativo ed assoluto, della funzione $f : \mathbb{R} \to \mathbb{R}$,

$$f(x) = \frac{x}{x^2 + 1}.$$

• **3.158.** Data la funzione

$$f(x) = \ln(2e^{3x^2} + 1),$$

i. si stabilisca se f è derivabile in $(0, +\infty)$;
ii. si stabilisca se f è invertibile in $(0, +\infty)$;
iii. si determinino gli eventuali massimi e minimi assoluti di f in tale intervallo.

• **3.159.** Si stabilisca se la seguente affermazione è vera o falsa: se x_0 è un punto di minimo relativo per la funzione f, derivabile due volte in un intorno di x_0, allora esiste un intorno di x_0 in cui f è convessa.

• **3.160.** Sia f una funzione definita sull'intervallo $(-1, 1)$, ivi continua e invertibile. Si stabilisca quali delle seguenti affermazioni sono conseguenza delle ipotesi, motivando la risposta:

a. f è derivabile, con derivata di segno costante;
b. f è strettamente monotona;
c. f ha massimo e minimo assoluti;
d. f non ha flessi a tangente orizzontale.

• **3.161.** Sia f una funzione definita nell'intervallo (a, b), ivi derivabile, con $f'(x) \geq 0$, per ogni $x \in (a, b)$. Si stabilisca quali delle seguenti affermazioni sono conseguenza delle ipotesi, motivando la risposta:

a. f non ha minimo assoluto;
b. f non ha massimo assoluto;
c. f non è strettamente decrescente.

• **3.162.** Sia f una funzione definita sull'intervallo (a, b) ed ivi strettamente monotona. Si stabilisca quali delle seguenti affermazioni sono conseguenza delle ipotesi, motivando la risposta:

a. f è continua su (a, b);
b. f è derivabile su (a, b);
c. f è invertibile su (a, b).

V. Formula di Taylor e teorema di de l'Hôpital

Si scriva la formula di Taylor di ordine 2, con resto di Peano, delle seguenti funzioni, nei punti indicati:

• **3.163.** $f(x) = \dfrac{x^2 + 1}{x - 1}$, in $x_0 = 0$

○ **3.164.** $f(x) = \dfrac{x - 3}{x^2 + 1}$, in $x_0 = 1$

○ **3.165.** $f(x) = \dfrac{x + x^2}{x - 2}$, in $x_0 = -1$

• **3.166.** $f(x) = \ln(x^2 - 1)$, in $x_0 = 2$

○ **3.167.** $f(x) = x \ln(x^2 + 2)$, in $x_0 = 0$

○ **3.168.** $f(x) = x \sin x$, in $x_0 = 0$

○ **3.169.** $f(x) = (1 + 2x)^{\sqrt{2}}$, in $x_0 = 0$.

• **3.170.** Si scriva la formula di Taylor, arrestata al primo ordine, con resto di Peano, della funzione $f(x) = \dfrac{x \ln x}{x + 1}$ in $x_0 = 1$.

• **3.171.** Si scriva la formula di Mc Laurin del primo ordine, con resto di Lagrange, di $f(x) = 1 - x + x^2 - x^3$. Successivamente, per $x = 1$, si determini il punto c in cui occorre calcolare la derivata seconda.

• **3.172.** Sia $f : (0, 2) \to \mathbb{R}$, $f(x) = o(x - 1)$ se $x \to 1$. È vero che $f(1) = f'(1) = 0$? Quali ipotesi bisogna aggiungere affinché sia vero?

• **3.173.** Sia f definita in un intorno di 1, derivabile due volte nel punto 1 e tale che

$$f(1) = 1, \qquad f'(1) = 1, \qquad f''(1) = 1.$$

Si scriva la formula di Mc Laurin del secondo ordine della funzione $g(x) = f(x^2 + x + 1)$.

• **3.174.** Sia f definita in un intorno di e, derivabile due volte nel punto e e tale che

$$f(e) = 1, \qquad f'(e) = -1, \qquad f''(e) = 2.$$

Si scriva la formula di Taylor del secondo ordine in $x_0 = 1$ della funzione $g(x) = f(xe^x)$.

Si scriva la formula di Taylor del secondo ordine di f, con resto di Peano, in un intorno di $x_0 = 1$:

• **3.175.** $f(x) = x^{\sqrt{x}}$ ○ **3.176.** $f(x) = x^{x^2-1}$

Si calcolino le derivate prime e seconde della funzione inversa in $f(x_0)$; si scriva quindi il polinomio di Taylor di secondo grado di f^{-1} a partire dal punto $f(x_0)$:

• **3.177.** $f(x) = x + \ln(1 + x), \quad x_0 = 0$

○ **3.178.** $f(x) = \arctan x + \sqrt{x}, \quad x_0 = 1$

○ **3.179.** $f(x) = \dfrac{e^x}{x + 2}, \quad x_0 = 0.$

Si studi la natura del punto stazionario indicato per le funzioni:

• **3.180.** $f : \mathbb{R} \to \mathbb{R}$, $f(x) = x^2 + \cos^2 x, \quad x = 0$

○ **3.181.** $f : \mathbb{R} \to \mathbb{R}$, $f(x) = \sin x - \ln(1 + x + x^2), \quad x = 0$

○ **3.182.** $f : \mathbb{R} \to \mathbb{R}$, $f(x) = \cos(x^2) + \sqrt{e^{x^4}}, \quad x = 0$

○ **3.183.** $f : \mathbb{R} \to \mathbb{R}$, $f(x) = \sin x - x(\cos x + 1) + \arctan x, \quad x = 0.$

Si determini un numero razionale che approssimi i seguenti numeri reali a meno dell'errore ϵ indicato:

• **3.184.** $\sqrt[5]{e}-1, \quad \epsilon=10^{-3}$

○ **3.185.** $\sqrt{e}+2, \quad \epsilon=10^{-2}$

○ **3.186.** $\sqrt[3]{e}+1, \quad \epsilon=10^{-2}$

• **3.187.** $\ln 2, \quad \epsilon=10^{-1}$

○ **3.188.** $\ln(11/10), \quad \epsilon=10^{-3}$

• **3.189.** $\sin(1/5), \quad \epsilon=10^{-4}$

• **3.190.** $(8/7)^{1/2}, \quad \epsilon=10^{-3}$

• **3.191.** $(99/100)^{1/3}, \quad \epsilon=10^{-4}$.

Che errore si commette approssimando

• **3.192.** $\sin\left(\frac{\pi}{20}\right)$ con $\frac{\pi}{20}$?

• **3.193.** $\tan\left(\frac{101}{11}\pi\right)$ con $\frac{2}{11}\pi$?

• **3.194.** $\ln\big(e^2(e^2-1)\big)$ con $4-\frac{1}{e^2}-\frac{1}{2e^4}$?

Si determini l'ordine di infinitesimo, rispetto a g, delle funzioni:

• **3.195.** $f(x)=e^{\sin x}-\ln(1+x)-1, \quad g(x)=x, \quad x\to 0$

○ **3.196.** $f(x)=(\tan x)^2-2^x+1+x\ln 2, \quad g(x)=x, \quad x\to 0$

○ **3.197.** $f(x)=\left(1+\frac{1}{x}\right)^{x^2}-\sin x-1, \quad g(x)=x, \quad x\to 0^+$

• **3.198.** $f(x)=x^{1/4}-(x+1)^{1/4}, \quad g(x)=1/x, \quad x\to+\infty$.

○ **3.199.** Utilizzando il teorema di de l'Hôpital, si calcolino:

$$\lim_{x\to+\infty}\frac{\ln x}{x}, \qquad \lim_{x\to+\infty}\frac{x}{e^x}, \qquad \lim_{x\to 0^+} x\ln x.$$

Si verifichi, più in generale, che per ogni α, $\beta\in\mathbb{R}^+$ ($\beta\neq 1$), e per ogni $\gamma\in(1,+\infty)$ si ha che

$$\log_\beta x=o(x^\alpha),\ x^\alpha=o(\gamma^x), \quad \text{per } x\to+\infty,$$

e per ogni α, β, $\gamma\in\mathbb{R}^+$, con $\beta\neq 1$, si ha

$$x^\alpha=o\left(\frac{1}{|\log_\beta x|^\gamma}\right), \quad \text{per } x\to 0^+.$$

Si risolvano le seguenti forme di indecisione:

• **3.200.** $\lim_{x\to+\infty}(e^x-x^4-\ln(x^2+1))$

○ **3.201.** $\lim_{x\to-\infty}(x^4+3)\,e^{x^3}$

○ **3.202.** $\lim_{x\to+\infty}\frac{x^2 2^x-x^5-x\ln x}{3^x+2x^2-\ln(\ln x)}$

• **3.203.** $\lim_{x\to 0^+} \dfrac{x/(\ln x)+\sqrt{x}}{2\sqrt{x}+x\ln x}$.

Si individui il termine principale nelle espressioni seguenti, al tendere di x a $+\infty$:

• **3.204.** $\ln(x^2+x+1)+\ln(x-4)+4\ln(x^6+x)-\ln(x^4+1)$

○ **3.205.** $3^{x^2}-4^x+6^{\sqrt{x}}-5^{x+2}$

○ **3.206.** $x^4+(1/2)^x-\ln(x^9+5)-2^{\sqrt{x}}$

○ **3.207.** $\cos x+\ln(x^6-4)-\ln(x+1)-\sqrt[5]{\ln(x^8+5)}$

○ **3.208.** $x^7+\sqrt[6]{x^9-x^2+1}-\ln(x^4+2)+\arctan x$.

Si individui il termine principale nelle espressioni seguenti, al tendere di x a 0^+:

• **3.209.** $\ln(1+x^2)+\sqrt{1-x^3}+2^x-2+e^{-1/x^2}$

○ **3.210.** $\cos(\sqrt{x})+3^{x\sqrt{x}}-\tan x-e^{-1/x}-2$

○ **3.211.** $\ln(2-4^{x^2})-\sin(x\sqrt[3]{x})-\arctan(\sqrt[5]{x})$.

• **3.212.** Si calcoli il $\lim_{x\to 0} \dfrac{\tan x-\sin x}{\ln(1+x^3)}$.

• **3.213.** Si confrontino gli infiniti delle funzioni $f(x)=x^3-2x^2$ e $g(x)=x^2+x\sin x$ per $x\to+\infty$.

Si calcolino i seguenti limiti:

• **3.214.** $\lim_{x\to 0^+} xe^{1/x}$

• **3.215.** $\lim_{x\to 0^-} x^3 2^{1/x^2}$

• **3.216.** $\lim_{x\to 0^+} e^{-1/x^5}(\ln x)^7$

• **3.217.** $\lim_{x\to 0^-} e^{1/(x-x^2)}/(x+\sqrt{|x|})$

• **3.218.** $\lim_{x\to 0^+} x^{-2}4^{-1/x}$

• **3.219.** $\lim_{x\to 0^+} \sqrt{x}e^{1/(x+x^2)}$.

○ **3.220.** Si verifichi che, per $x\to+\infty$, si ha

$$2^x+4^x-\ln(x^4+x^2+3)+x^{13}-\sin x=4^x+o(4^x).$$

Si calcolino i limiti seguenti:

• **3.221.** $\lim_{x\to 2^-} (x^3-8)e^{x/(4-x^2)}$

○ **3.222.** $\lim_{x\to+\infty} \sqrt{2+x}\ln\left(\dfrac{x}{x+1}\right)$

○ **3.223.** $\lim_{x\to 0^+} e^{-1/x^2}\ln(1+1/x)$

• **3.224.** $\lim_{x\to-\infty} e^x(x^3+\arctan(x^2))$

$\circ$ **3.225.** $\lim_{x\to -3^+} \sin(x+3)e^{1/(9-x^2)}$

$\circ$ **3.226.** $\lim_{x\to +\infty} 2^{-\sqrt{x}} \ln(x^3+1)$

$\circ$ **3.227.** $\lim_{x\to 1^+} \left(e^{1/(x-1)} - \tan \frac{\pi x}{2}\right)$

$\bullet$ **3.228.** $\lim_{x\to 0^+} (\tan x - x)e^{1/x}$.

Si stabilisca per quali valori dei parametri reali a, b e c sono soddisfatte le relazioni seguenti:

$\bullet$ **3.229.** $\sin x + \ln(1+x) - \sqrt{1-x} + a + bx + cx^2 = o(x), \quad x \to 0$

$\circ$ **3.230.** $\tan(x^2) - ae^x + b + \sqrt[3]{cx+1} = o(x), \quad x \to 0$

$\bullet$ **3.231.** $a(\cos x - 1)/x - \ln(\sqrt{1+x}) - bx - 5^{-x} + c = o(x), \quad x \to 0.$

Utilizzando la formula di Mc Laurin, si determini l'ordine di infinitesimo delle funzioni seguenti, per $x \to 0^+$:

$\bullet$ **3.232.** $f(x) = \tan(x^2) - 2\ln(1-x) + 5^x - 1$

$\bullet$ **3.233.** $f(x) = \cos x - 2 + (1+x^2)^{\sqrt{2}} + \sin(x^2)$

$\circ$ **3.234.** $f(x) = \log_2(2 - e^x) + \arctan(x^3) - 2x$

$\circ$ **3.235.** $f(x) = \ln(1 + \sin^2 x) - \tan(x^2) + (7/6)x^4$

$\circ$ **3.236.** $f(x) = \tan(\cos x - 1) + 1/2 \arctan(x^2) - (1/24)x^4$.

$\circ$ **3.237.** Si determinino gli eventuali valori del parametro reale k in modo tale che la funzione

$$f_k(x) = (x-1)\sin x + \ln(1+\sqrt{x}) - \sqrt{x} + e^{kx} - 1$$

sia infinitesima d'ordine superiore a 1, per $x \to 0^+$, rispetto all'infinitesimo campione x.

$\circ$ **3.238.** Si determini, al variare dei parametri reali a, b, l'ordine di infinitesimo della funzione

$$f_{a,b}(x) = \sin(ax) - \ln(1+bx) + (1+x)^{1/3} - 1$$

per $x \to 0$.

VI. Studio di funzioni

Date le seguenti leggi di corrispondenza, si determinini, per ciascuna di esse, il massimo insieme $\mathcal{D} \subset \mathbb{R}$ tale che, se $x \in \mathcal{D}$, $f(x)$ è un numero reale. Si studi la funzione $f : \mathcal{D} \longrightarrow \mathbb{R}$ (segno di f, comportamento alla frontiera di $\mathcal{D}$, asintoti, f' e suo segno, intervalli di monotonia, eventuali estremanti, punti angolosi, f'' e suo segno, concavità e convessità, eventuali flessi). Si tracci, infine, un grafico qualitativo di f.

• **3.239.** $f(x) = x^5 + x^4 - 3x^3$

• **3.240.** $f(x) = \dfrac{x}{x^3 + 1}$

• **3.241.** $f(x) = \dfrac{1 + x^2 - 2x^3}{x^2}$

∘ **3.242.** $f(x) = \dfrac{5x^2 - 2x + 1}{(x+1)^2}$

• **3.243.** $f(x) = x + e^{-1/x}$

• **3.244.** $f(x) = x^3\sqrt{x+2}$

∘ **3.245.** $f(x) = x^2 - \ln x$

∘ **3.246.** $f(x) = \dfrac{\ln x}{\ln x - 2}$

• **3.247.** $f(x) = \dfrac{e^x}{e^x + x + 1}$

• **3.248.** $f(x) = x \exp\left(\dfrac{x-1}{x-2}\right)$

∘ **3.249.** $f(x) = 1 - |x - 1| + \ln x$

• **3.250.** $f(x) = x + \dfrac{\ln^2 x}{x}$

• **3.251.** Determinare, in dipendenza del parametro $k \in \mathbb{R} \setminus \{0\}$, il numero delle soluzioni dell'equazione: $e^x = kx$.

SOLUZIONI

3.1. Per definizione

$$f'(1) = \lim_{x\to 1} \frac{f(x) - f(1)}{x - 1} = \lim_{x\to 1} \frac{2x - 2}{x - 1} = 2.$$

3.2. Per definizione

$$f'(2) = \lim_{x\to 2} \frac{f(x) - f(2)}{x - 2} = \lim_{x\to 2} \frac{3x^2 - 2x - 8}{x - 2}$$
$$= \lim_{x\to 2} \frac{3(x - 2)(x + 4/3)}{x - 2} = 10.$$

3.3. Occorre calcolare il

$$\lim_{x\to 1} \frac{f(x) - f(1)}{x - 1} = \lim_{x\to 1} \frac{x \ln x}{x - 1}.$$

Operando la sostituzione $x - 1 = y$, e ricordando che $\lim_{y\to 0} \frac{\ln(1 + y)}{y}$ vale 1, si ha che

$$\lim_{y\to 0} \frac{(1 + y)\ln(1 + y)}{y} = 1.$$

3.4. $3e$. **3.5.** 1.

3.6. Per definizione

$$f'(0) = \lim_{x\to 0} \frac{\cos x - 1}{x} = \lim_{x\to 0} \frac{\cos^2 x - 1}{x(\cos x + 1)}$$
$$= \lim_{x\to 0} \frac{-\sin^2 x}{x(\cos x + 1)} = -\lim_{x\to 0} \frac{\sin x}{x} \cdot \frac{\sin x}{\cos x + 1} = 0.$$

3.7. Per definizione

$$f'(0) = \lim_{x\to 0} \frac{\sqrt{1 + x^2} - 1}{x} = \lim_{x\to 0} \frac{1 + x^2 - 1}{x(\sqrt{1 + x^2} + 1)}$$
$$= \lim_{x\to 0} \frac{x}{\sqrt{1 + x^2} + 1} = 0.$$

3.8. Ricordando che $\lim_{x\to 0} \frac{e^x - 1}{x} = 1$, si ha

$$\lim_{x\to 0}\frac{\sqrt[3]{(e^x-1)^4}}{x}=\lim_{x\to 0}\sqrt[3]{\frac{(e^x-1)^4}{x^3}}$$
$$=\lim_{x\to 0}\sqrt[3]{\left(\frac{e^x-1}{x}\right)^3(e^x-1)}=0.$$

3.9. Per definizione

$$f'_\alpha(1)=\lim_{x\to 1}\frac{(1+x)^\alpha-2^\alpha}{x-1}=\lim_{x\to 1}2^\alpha\cdot\frac{[(1+x)/2]^\alpha-1}{x-1}.$$

Ponendo $(x+1)/2=1+y$, e ricordando che il $\lim_{y\to 0}\frac{(1+y)^\alpha-1}{y}=\alpha$, si ha che

$$\lim_{y\to 0}2^\alpha\cdot\frac{(1+y)^\alpha-1}{2y}=\lim_{y\to 0}2^{\alpha-1}\frac{(1+y)^\alpha-1}{y}=\alpha 2^{\alpha-1}.$$

3.10. 0.

3.11. Per definizione

$$f'_{a,b}(x)=\lim_{h\to 0}\frac{f_{a,b}(x+h)-f_{a,b}(x)}{h}$$
$$=\lim_{h\to 0}\frac{a(x+h)+b-ax-b}{h}=\lim_{h\to 0}\frac{ah}{h}=a.$$

3.12. Per definizione

$$f'_{a,b,c}(x)=\lim_{h\to 0}\frac{a(x+h)^2+b(x+h)+c-ax^2-bx-c}{h}$$
$$=\lim_{h\to 0}\frac{ah^2+2axh+bh}{h}=2ax+b.$$

3.13. Per definizione

$$f'(x)=\lim_{h\to 0}\frac{\ln(x+h)-\ln x}{h}=\lim_{h\to 0}\frac{\ln\big[(x+h)/x\big]}{h}$$
$$=\lim_{h\to 0}\frac{\ln(1+h/x)}{h/x}\cdot\frac{1}{x}=\frac{1}{x}.$$

3.16. Per definizione

$$
\begin{aligned}
f'_\alpha(x) &= \lim_{h\to 0} \frac{(x+h)(1+x+h)^\alpha - x(1+x)^\alpha}{h} \\
&= \lim_{h\to 0} x(1+x)^\alpha \cdot \frac{(1+h/x)\big(1+h/(1+x)\big)^\alpha - 1}{h} \\
&= \lim_{h\to 0} x(1+x)^\alpha \cdot \frac{\big(1+h/(1+x)\big)^\alpha - 1}{h/(1+x)} \cdot \frac{1}{1+x} + \\
&\quad + \lim_{h\to 0} x(1+x)^\alpha \cdot \frac{\big(1+h/(1+x)\big)^\alpha}{x} \\
&= \alpha x(1+x)^{\alpha-1} + (1+x)^\alpha .
\end{aligned}
$$

3.20. Per definizione

$$
\begin{aligned}
f'(x) &= \lim_{h\to 0} \frac{1}{h}\left(\frac{1}{\cos(x+h)} - \frac{1}{\cos x}\right) \\
&= \lim_{h\to 0} \frac{\cos x - \cos(x+h)}{h\cos x \cos(x+h)} \\
&= \lim_{h\to 0} -\frac{\cos(x+h) - \cos x}{h} \cdot \frac{1}{\cos x\cos(x+h)} \\
&= \lim_{h\to 0} 2\frac{\sin(x+h/2)\sin(h/2)}{h} \cdot \frac{1}{\cos x \cos(x+h)} \\
&= \sin x \cdot \frac{1}{\cos^2 x}.
\end{aligned}
$$

(Si è applicata la formula di prostaferesi

$$\cos(x+h) - \cos x = -2\sin(x+h/2)\sin(h/2).)$$

3.21. Sia $x_0 > 0$; esiste un intorno di x_0 in cui la funzione $|x|$ coincide con x; si ha quindi

$$\lim_{h\to 0} \frac{f(x_0+h) - f(x_0)}{h} = \lim_{h\to 0} \frac{x_0 + h - x_0}{h} = 1.$$

Se $x_0 < 0$, poiché $|x| = -x$ in un intorno di x_0, si ha

$$\lim_{h\to 0} \frac{f(x_0+h) - f(x_0)}{h} = \lim_{h\to 0} \frac{-x_0 - h + x_0}{h} = -1.$$

Infine, se $x_0 = 0$, esistono la derivata destra e sinistra nel punto ma sono diverse tra loro:

$$\lim_{h\to 0^-} \frac{|h|}{h} = -1, \qquad \lim_{h\to 0^+} \frac{|h|}{h} = 1.$$

La funzione derivata è quindi $f' : \mathbb{R} \setminus \{0\} \to \mathbb{R}$, $f'(x) = \operatorname{sgn} x$.

3.22. $f' : \mathbb{R} \setminus \{-1, 1\} \to \mathbb{R}, \qquad f'(x) = \begin{cases} 2x - 1 & |x| > 1 \\ 1 - 2x & |x| < 1. \end{cases}$

3.23. La funzione è pari; calcoliamo la derivata destra:

$$f'_+(0) = \lim_{x\to 0^+} \frac{1/(1+e^{1/|x|})}{x} = \lim_{x\to 0^+} \frac{1/x}{1+e^{1/x}} = \lim_{y\to +\infty} \frac{y}{1+e^y} = 0.$$

Ricordando la simmetria, si ha $f'_-(0) = 0$, e dunque $f'(0) = 0$.

3.24. Calcoliamo il

$$\lim_{x\to 1^\pm} \frac{\sqrt[3]{(x^2-1)^2}}{x-1} = \lim_{x\to 1^\pm} \sqrt[3]{\frac{(x^2-1)^2}{(x-1)^3}}$$
$$= \lim_{x\to 1^\pm} \sqrt[3]{\frac{(x-1)^2(x+1)^2}{(x-1)^3}} = \pm\infty.$$

Si conclude che la derivata non esiste.

3.25. In questo caso si può parlare solo di derivata sinistra. Non esiste comunque $f'_-(1)$.

3.26. Condizione necessaria affinché f_α sia derivabile su tutto $\mathbb{R}$ è che sia ivi continua. La funzione è continua nei punti dell'insieme $\mathbb{R} \setminus \{1/2\}$; dato che è continua da destra in $1/2$,

$$f_\alpha\left(\frac{1}{2}\right) = \frac{1}{4} \quad \text{e} \quad \lim_{x\to (1/2)^-} f_\alpha(x) = \frac{1}{2}\alpha - \frac{1}{4},$$

f_α è continua in $1/2$ se e solo se $\alpha = 1$. Inoltre

$$f'_\alpha(x) = \begin{cases} \alpha & x < 1/2 \\ 2x & x > 1/2. \end{cases}$$

Poiché

$$\lim_{x\to (1/2)^-} f'_1(x) = \lim_{x\to (1/2)^+} f'_1(x) = 1,$$

la funzione risulta derivabile su tutto $\mathbb{R}$ se $\alpha = 1$.

3.27. Osservazione. Sia $f : (a,b) \to \mathbb{R}$, $x_0 \in (a,b)$. Il calcolo della derivata di f in x_0 coinvolge solo i valori che f assume in un intorno di x_0. Pertanto, se $f|_{\mathcal{U}(x_0)} = g|_{\mathcal{U}(x_0)}$, f è derivabile in x_0 se e solo se lo è g, e $f'(x_0) = g'(x_0)$.

i. Studiamo la derivabilità di $|f|$ in x_0. Se $f(x_0) > 0$, poiché f è continua, $f(x) > 0$ per ogni $x \in \mathcal{U}(x_0)$; di conseguenza (in virtù dell'osservazione) $|f(x)| = f(x)$ in $\mathcal{U}(x_0)$ e $|f|'(x_0) = f'(x_0)$. In maniera analoga, se $f'(x_0) < 0$, si conclude che $|f|'(x_0) = -f'(x_0)$. Sia ora $f'(x_0) = 0$. In tal caso nulla si può dire in generale sul segno di f in un intorno del punto. Si ha:

$$\begin{aligned}\lim_{h\to 0^\pm}\frac{|f(x_0+h)|-|f(x_0)|}{h} &= \lim_{h\to 0^\pm}\frac{|f(x_0+h)|}{h}\\ &= \lim_{h\to 0^\pm}\operatorname{sgn} h\left|\frac{f(x_0+h)}{h}\right|\\ &= \pm|f'(x_0)|.\end{aligned}$$

Quindi $|f|$ è derivabile in x_0 se e solo se $f'(x_0)=0$.

ii. Sia ora x_0 tale che $f(x_0)>g(x_0)$. Per la continuità delle funzioni, $f(x)>g(x)$ per ogni $x\in\mathcal{U}(x_0)$, dunque, posto $h=\max\{f,g\}$, $h(x)=f(x)$ per $x\in\mathcal{U}(x_0)$, e quindi $h'(x_0)=f'(x_0)$. In maniera analoga, se $f(x_0)<g(x_0)$, $h'(x_0)=g'(x_0)$. Sia x_0 tale che $f(x_0)=g(x_0)$. Se $f'(x_0)\neq g'(x_0)$ (per esempio, $f'(x_0)>g'(x_0)$), si ha che

$$h(x)=\begin{cases} g(x) & x\in\mathcal{U}^-(x_0)\\ f(x) & x\in\mathcal{U}^+(x_0)\end{cases}$$

(si lascia al lettore la dimostrazione); ne segue che $h'_-(x_0)=g'(x_0)$ e $h'_+(x_0)=f'(x_0)$, e h non è derivabile. Si deduce pertanto che, se $f(x_0)=g(x_0)$, h è derivabile in x_0 se e solo se $f'(x_0)=g'(x_0)$.

iii. Si studia in maniera analoga la derivabilità di $\min\{f,g\}$.

3.28. **a.** Nessuno. **b.** $\ln(1+\sqrt{2})$. **c.** $2\pm\sqrt{14}$.

3.29. La funzione data è continua in $x\neq 0$ in quanto composta di funzioni continue.

È inoltre continua in 0; infatti

$$\lim_{x\to 0} f(x)=\lim_{x\to 0}\sqrt{\frac{1-1+x^2/2+o(x^3)}{|x|}}=0=f(0).$$

Nell'intervallo $(0,\pi/2)$ è derivabile perché composta di funzioni derivabili. Calcoliamo il limite del rapporto incrementale destro di f in 0; si ha

$$\begin{aligned}\lim_{x\to 0^+}\frac{f(x)}{x} &= \lim_{x\to 0^+}\sqrt{\frac{1-\cos x}{x^3}}=\lim_{x\to 0^+}\sqrt{\frac{1-1+x^2/2+o(x^3)}{x^3}}\\ &= \lim_{x\to 0^+}\sqrt{\frac{1}{2x}+o(1)}=+\infty,\end{aligned}$$

e quindi f non è derivabile in 0.

3.30. Non è derivabile in 0. **3.31.** $2f'(x_0)$.

3.32. Calcoliamo

$$f'(-x) = \lim_{h\to 0} \frac{f(-x+h) - f(-x)}{h} = \lim_{h\to 0} \frac{f(x-h) - f(x)}{h}$$
$$= -\lim_{h\to 0} \frac{f(x-h) - f(x)}{-h} = -f'(x).$$

3.33. Per ogni $k \in \mathbb{R}$, f_k è continua. Osserviamo che per $k = 0$ la funzione data è identicamente nulla, pertanto derivabile ovunque.
Sia $k \neq 0$; si ha

$$\lim_{x\to 0^-} \frac{f_k(x) - f_k(0)}{x} = \lim_{x\to 0^-} \frac{e^{kx} - k^2x - 1}{x}$$
$$= \lim_{x\to 0^-} k\frac{e^{kx} - 1}{kx} - k^2 = k - k^2,$$
$$\lim_{x\to 0^+} \frac{f_k(x) - f_k(0)}{x} = \lim_{x\to 0^+} k^2 \frac{\ln(1 + k^2x)}{k^2x} = k^2;$$

risolvendo l'equazione $k - k^2 = k^2$, si ricava $k = 1/2$.

3.34. $k = \dfrac{1 \pm \sqrt{5}}{2}$. **3.35.** $k = \dfrac{3 \pm \sqrt{5}}{2}$.

3.36. Basta considerare la funzione
$$f(x) = \begin{cases} x & 0 < x < 1 \\ 1 & x = 0; \end{cases}$$
tale funzione è discontinua in 0, e quindi non è ivi derivabile; esiste però $f'(x) = 1$, per ogni $x \in (0, 1)$, quindi $\lim_{x\to 0^+} f'(x) = 1$.

3.37. Un esempio è dato dalla funzione $f : \mathbb{R} \to \mathbb{R}$ cosìdefinita
$$f(x) = \begin{cases} x^2 \sin(1/x) & x \neq 0 \\ 0 & x = 0. \end{cases}$$
Tale funzione è derivabile in 0 con derivata nulla, in quanto
$$\lim_{x\to 0} \frac{f(x) - f(0)}{x} = \lim_{x\to 0} \frac{x^2 \sin(1/x)}{x} = \lim_{x\to 0} x \sin(1/x) = 0.$$
In $\mathbb{R} \setminus \{0\}$ la funzione è derivabile poiché prodotto e composizione di funzioni derivabili, e si ha
$$f'(x) = 2x \sin(1/x) - \cos(1/x).$$
In particolare,
$$\lim_{x\to 0} f'(x) = \lim_{x\to 0}(2x \sin(1/x) - \cos(1/x)) = -\lim_{x\to 0} \cos(1/x)$$
non esiste.

3.38. La funzione è derivabile per ogni $x \neq 1$, perché somma o differenza di funzioni derivabili. Facili calcoli mostrano che la funzione è continua in 1 se $b = 1 - e^{-1} - a$. Ponendo $f_a = f_{a,1-e^{-1}-a}$, si ha

$$f'_a(x) = \begin{cases} a & x < 1 \\ e^{-x} & x > 1, \end{cases}$$

e quindi f_a è derivabile in 1 se $a = e^{-1}$.
Pertanto, risulta derivabile la sola funzione $f_{a,b}$, con $a = e^{-1}$ e $b = 1 - 2e^{-1}$.

3.39. $a = \dfrac{1}{2\sqrt{2}}, \quad b = -\dfrac{2+\sqrt{2}}{2}.$

3.40. $a = 2\ln 2 - \dfrac{5}{2}, \quad b = \dfrac{3}{2} - \ln 2.$

3.41. La funzione è derivabile negli intervalli $(-\infty, 0)$ e $(0, +\infty)$, perché somma o composta di funzioni derivabili. Facili conti mostrano che la funzione è continua in 0 se $b = e^{a^2}$. Inoltre

$$f'_{a,b}(x) = \begin{cases} be^{bx+a^2} & x < 0 \\ 1 + b\cos x & x > 0; \end{cases}$$

si conclude che $f_{a,b}$ è derivabile in 0 se e solo se è soddisfatto il sistema

$$\begin{cases} b = e^{a^2} \\ be^{a^2} = 1 + b, \end{cases}$$

cioè se e solo se $b = \dfrac{1+\sqrt{5}}{2}$ e $a = \pm\sqrt{\ln\left(\frac{1+\sqrt{5}}{2}\right)}$.

3.42. $a = \sqrt{2}, \quad b = \dfrac{1}{2}\ln 2.$ **3.43.** $a = 1, \quad b = 0.$

3.44. La funzione $f_{a,b,c}$ è continua e derivabile in $\mathbb{R} \setminus \{4\}$, per ogni valore di a, b e c. Poiché

$$\lim_{x\to 4^-} f_{a,b,c}(x) = \lim_{x\to 4^-} (ax^2 + bx + c) = 16a + 4b + c,$$
$$\lim_{x\to 4^+} f_{a,b,c}(x) = a\ln 2,$$

la funzione è continua nel punto 4 se e solo se

$$\begin{cases} 16a + 4b + c = 16a + 4b + 1 \\ a\ln 2 = 16a + 4b + 1, \end{cases}$$

da cui si ricava

$$c = 1, \; b = (a(\ln 2 - 16) - 1)/4.$$

Si ha poi

$$f'_{a,b,c}(x) = \begin{cases} 2ax + b & x < 4 \\ a/(x-2) & x > 4. \end{cases}$$

Calcoliamo

$$\lim_{x \to 4^-} f'_{a,b,c}(x) = 8a + b; \qquad \lim_{x \to 4^+} f'_{a,b,c}(x) = a/2.$$

La funzione $f_{a,b,c}$ è pertanto derivabile in 4 se e solo se i parametri a, b, c soddisfano il sistema

$$\begin{cases} c = 1 \\ b = \frac{1}{4}(a(\ln 2 - 16) - 1) \\ 8a + b = a/2. \end{cases}$$

La soluzione è data da

$$\begin{cases} a = 1/(14 + \ln 2) \\ b = -15/(28 + 2\ln 2) \\ c = 1. \end{cases}$$

3.45. $f'_{a,b}(0)$ esiste se e solo se $a > 1$, indipendentemente da b, e in questi casi $f'_{a,b}(0) = 0$.
$f''_{a,b}(0)$ esiste e vale 0 se e solo se $a > 2 + b$.

3.46. L'affermazione è vera. Infatti, ricordando che, per definizione, $h = o(g)$ per $x \to x_0$ significa che $\lim_{x \to x_0} \dfrac{h(x)}{g(x)} = 0$, si ha

$$\lim_{x \to x_0} \frac{f(x) - f(x_0)}{x - x_0} = 0 \quad \Longleftrightarrow \quad f(x) - f(x_0) = o(x - x_0).$$

3.47. a. L'affermazione è falsa. Un controesempio è il seguente. Sia $f : A \to \mathbb{R}$, con $A = (0, +\infty)$ e $f(x) = x + \ln x$. La funzione f è derivabile in A in quanto somma di funzioni derivabili. Inoltre

$$\lim_{x \to +\infty} f'(x) = \lim_{x \to +\infty} (1 + 1/x) = 1.$$

Supponiamo che esista $q \in \mathbb{R}$ tale che $y = x + q$ sia asintoto obliquo di f a $+\infty$. Per definizione dovrebbe allora essere

$$\lim_{x \to +\infty} (f(x) - x - q) = \lim_{x \to +\infty} (\ln x - q) = 0.$$

Risulta invece che $\lim_{x \to +\infty} (\ln x - q) = +\infty$, qualunque sia $q \in \mathbb{R}$. Pertanto la funzione f non ha asintoto obliquo a $+\infty$.

b. L'affermazione è vera. Supponendo, per assurdo, che $y = mx + q$, con $m \neq 0$, sia asintoto obliquo di f a $+\infty$, si ha

$$\lim_{x\to+\infty}(f(x)-mx-q)=0,$$

e quindi

$$\lim_{x\to+\infty} f(x)=\pm\infty \quad \text{a seconda del segno di } m.$$

Se consideriamo il

$$\lim_{x\to+\infty}\frac{f(x)}{x},$$

notiamo che sono soddisfatte le ipotesi per poter applicare il teorema di de l'Hôpital. Calcolando dunque il $\lim\limits_{x\to+\infty} f'(x)$, si trova che tale limite esiste e vale, per ipotesi, $+\infty$ $(-\infty)$. Questo contrasta con il fatto che tale limite dovrebbe invece essere m. Non può quindi esistere l'asintoto obliquo per $x\to+\infty$.

3.48. Si ha $f'(x)=\ln(1+x)+\dfrac{x}{1+x}$. Pertanto l'equazione è

$$y-f(1)=f'(1)(x-1) \quad \text{cioè} \quad y=\ln 2+\left(\ln 2+\frac{1}{2}\right)(x-1).$$

3.49. $y=x-1$. **3.50.** $y=\pi-\pi x$. **3.51.** $y=-2x+1$.

3.52. Poiché in un conveniente intorno di 2 le quantità x^4-1 e x^2-1 sono positive, in tale intorno possiamo scrivere

$$f(x)=\frac{1}{x}\sqrt{\frac{(x^2-1)(x^2+1)}{x^2-1}}=\frac{\sqrt{x^2+1}}{x},$$

e

$$f'(x)=\frac{x^2/\sqrt{x^2+1}-\sqrt{x^2+1}}{x^2}=-\frac{1}{x^2\sqrt{x^2+1}}.$$

Abbiamo quindi

$$f(2)=\frac{\sqrt{5}}{2} \qquad \text{e} \qquad f'(2)=-\frac{1}{4\sqrt{5}},$$

per cui l'equazione della retta tangente è $x+4\sqrt{5}y-12=0$.

3.53. Le rette tangenti richieste hanno equazioni:

$$y=ex+e \qquad \text{e} \qquad y=e^2(x-1)+e^2.$$

Le coordinate del punto di intersezione sono date dalla soluzione del sistema lineare

$$\begin{cases} y=ex+e \\ y=e^2(x-1)+e^2. \end{cases}$$

Si trova

$$x = \frac{1}{e-1} \qquad \text{e} \qquad y = \frac{e^2}{e-1}.$$

3.54. $x = 2\ln 2 - 1$, $y = 2\ln 2 - 1$.

3.55. Osserviamo che la funzione deve soddisfare le due condizioni

$$f_k(1) = -2 \qquad \text{e} \qquad f_k'(1) = -3;$$

$f_k(1) = \dfrac{k^2-k}{2k+1}$ e, risolvendo l'equazione $\dfrac{k^2-k}{2k+1} = -2$, si ottengono due possibili valori di k, cioè $k = -2$ oppure $k = -1$. Calcoliamo la derivata di f_k:

$$f_k'(x) = \frac{k^2(2k+x) - (k^2x - k)}{(2k+x)^2} \qquad \text{e} \qquad f_k'(1) = \frac{2k^3+k}{(2k+1)^2}.$$

Si trova che la derivata vale -3 se e solo se $k = -1$.

3.56. $k = -1$. **3.57.** $k = 1, k = 3$.

3.58. $f'(x) = \dfrac{x\cos x - \sin x}{x^2}$. **3.59.** $f'(x) = \dfrac{\cos x + x\sin x}{\cos^2 x}$.

3.60. $f'(x) = \dfrac{\ln x - 1}{\ln^2 x}$. **3.61.** $f'(x) = \dfrac{2x\sin x - x^2\cos x}{\sin^2 x}$.

3.62. $f'(x) = \dfrac{2(1-\ln x)}{(x-\ln x)^2}$. **3.63.** $f'(x) = -\dfrac{2}{(\sin x - \cos x)^2}$.

3.64. $f'(x) = -\dfrac{x\cos x}{(x-\cos x)^2}$. **3.65.** $f'(x) = -\dfrac{x\sin x}{(x-\sin x)^2}$.

3.66. $f'(x) = \dfrac{x(\cos x - \sin x) - (\sin x + \cos x)}{x^2}$.

3.67. $f'(x) = \dfrac{(1-\ln x)(\ln x - x)(\ln x + x)}{x^2\ln^2 x}$.

3.68. $f'(x) = -\dfrac{\ln x + 1}{x^2(\ln x)^2}$. **3.69.** $f'(x) = \dfrac{1+\ln x + \ln^2 x}{(1+\ln x)^2}$.

3.70. $f'(x) = \dfrac{2\ln^2 x - 1}{x\ln x}$. **3.71.** $f'(x) = \dfrac{2\sqrt{x}+1}{4\sqrt{x^2 + x\sqrt{x}}}$.

3.72. $f'(x) = \dfrac{\cos x}{2\sqrt{\sin x}} + \dfrac{\cos\sqrt{x}}{2\sqrt{x}}$.

3.73. $f'(x) = \dfrac{1+\tan^2 x}{2\sqrt{\tan x}} + \dfrac{1+\tan^2\sqrt{x}}{2\sqrt{x}}.$

3.74. $f'(x) = -\dfrac{1}{\sqrt{x^4 - x^2}}.$ **3.75.** $f'(x) = \dfrac{1}{2\sqrt{x}(1+x)}.$

3.76. $f'(x) = \dfrac{2}{x\sqrt{2x^2-1}}.$ **3.77.** $f'(x) = \dfrac{1}{x(1+x^2)}.$

3.78. $f'(x) = \dfrac{1}{\sqrt{1-x^2}}.$ **3.79.** $f'(x) = -\dfrac{1}{x(1+\ln^2 x)}.$

3.80. $f'(x) = (\ln x + 1)x^x$ (conviene scrivere la funzione nella forma $f(x) = e^{x\ln x}$ e derivare quest'ultima con le usuali regole di derivazione della funzione esponenziale).

3.81. $f'(x) = \left(\dfrac{\ln(x^2+1)}{x} + \dfrac{2x}{x^2+1}\ln x\right)(x^2+1)^{\ln x}.$

3.82. Osserviamo che nell'intervallo $[-1, 0]$ la quantità $e^x - 1$ è negativa, e pertanto in tale intervallo

$$f(x) = 1 - e^x + 1 = 2 - e^x.$$

La funzione f è continua in $[-1, 0]$, in quanto differenza di funzioni continue, e derivabile in $(-1, 0)$, in quanto differenza di funzioni derivabili. La funzione soddisfa quindi le ipotesi del teorema di Lagrange sull'intervallo assegnato. Il teorema afferma che esiste almeno un punto $c \in (-1, 0)$ tale che

$$f'(c) = \frac{f(0) - f(-1)}{0 - (-1)}.$$

Dato che $f(0) - f(-1) = e^{-1} - 1$ e $f'(x) = -e^x$, per determinare c basta risolvere l'equazione

$$-e^c = e^{-1} - 1.$$

Si trova come unica soluzione $c = \ln(1 - e^{-1})$, e tale valore è interno all'intervallo $(-1, 0)$, come il teorema afferma.

3.83. La funzione non è definita in 0, punto dell'intervallo $[-1, 1]$; f non soddisfa pertanto le ipotesi del teorema di Lagrange.

3.84. Osserviamo che nell'intervallo $[-1/2, 1]$ la quantità $x - 1$ è minore o uguale a zero, mentre la quantità $2x + 1$ è maggiore o uguale a zero. Pertanto nell'intervallo $[-1/2, 1]$ possiamo scrivere

$$f(x) = (1-x) - (2x+1) = 1 - x - 2x - 1 = -3x.$$

La funzione f è quindi continua nell'intervallo $[-1/2, 1]$ e derivabile nell'intervallo $(-1/2, 1)$, e soddisfa le ipotesi del teorema di Lagrange nell'intervallo assegnato.
Si ha poi

$$f'(x) = -3 \quad \text{e} \quad \frac{f(1) - f(-1/2)}{1 + 1/2} = \frac{-3 - 3/2}{3/2} = -3.$$

Risulta quindi che tutti i punti $c \in (-1/2, 1)$ soddisfano l'equazione

$$f'(c) = \frac{f(1) - f(-1/2)}{1 + 1/2}.$$

3.85. La funzione f è continua e derivabile negli intervalli $[-1, 0)$ e $(0, 1]$, in quanto le restrizioni $f|_{[-1,0)}$ e $f|_{(0,1]}$ sono restrizioni di due polinomi. È inoltre continua in 0; infatti

$$\lim_{x \to 0^-} f(x) = f(0) = \lim_{x \to 0^+} f(x).$$

Calcoliamo f':

$$f'(x) = \begin{cases} 2x & -1 < x < 0 \\ 3x^2 & 0 < x < 1. \end{cases}$$

Dato che

$$\lim_{x \to 0^-} f'(x) = \lim_{x \to 0^+} f'(x) = 0,$$

la funzione risulta derivabile anche nell'origine, e $f'(0) = 0$. Le ipotesi del teorema sono pertanto soddisfatte, per cui esiste almeno un punto $c \in (-1, 1)$ tale che $f'(c) = \dfrac{f(1) - f(-1)}{2}$. Poiché il rapporto incrementale è nullo, deve essere $f'(c) = 0$, da cui $c = 0$.

3.86. $c = 3/4$. **3.87.** $c = 2/(\ln 2 + 1)$.

3.88. La funzione è continua per $x \neq 3/2$, in quanto la sua restrizione agli intervalli $(0, 3/2]$ e $(3/2, 9/4]$ è data da funzioni continue. I limiti destro e sinistro in $x = 3/2$ coincidono col valore della funzione nel punto e quindi la funzione è continua nell'intervallo chiuso $[0, 9/4]$. Inoltre

$$f'(x) = \begin{cases} 2x - 2 & 0 < x < 3/2 \\ 1 & 3/2 < x < 9/4. \end{cases}$$

I limiti destro e sinistro in $x = 3/2$ valgono entrambi 1, pertanto la funzione è derivabile nell'intervallo aperto.

Essendo che $f(0) = f(9/4) = 1$, sono soddisfatte le ipotesi del teorema di Rolle.

3.89. La funzione data è un polinomio. Pertanto la sua restrizione all'intervallo chiuso $[2,3]$ è continua, così come è derivabile la restrizione all'intervallo aperto $(2,3)$. La derivata è $f'(x) = 3x^2 - 4x + 1$. I valori della funzione agli estremi sono

$$f(2) = 2 \qquad \text{e} \qquad f(3) = 12.$$

Determiniamo i punti $c \in (2,3)$ in cui $f'(c) = f(3) - f(2)$, risolvendo l'equazione $3x^2 - 4x + 1 = 10$. Le soluzioni sono $x = \dfrac{2 \pm \sqrt{31}}{3}$. Soltanto la soluzione positiva è interna all'intervallo $(2,3)$.

3.90. La funzione è continua e derivabile per ogni $x \neq 0, x \neq 1$, e per ogni valore di a. Si verifica inoltre che, per $x_0 = 0$ e $x_0 = 1$, risulta $\lim\limits_{x \to x_0} f_a(x) = f_a(x_0)$, qualunque sia a.
Possiamo scrivere

$$f_a'(x) = \begin{cases} 2x + 1 & -1 < x < 0 \\ 1 & 0 < x < 1 \\ 2a(x-1) + 1 & 1 < x < 2. \end{cases}$$

Facili calcoli mostrano che i limiti destri e sinistri di f' in $x_0 = 0$ e $x_0 = 1$ coincidono, qualunque sia a.

3.91. La funzione f_a soddisfa le ipotesi per ogni valore di a.

3.92. La funzione f_a soddisfa le ipotesi per ogni valore di a.

3.93. La funzione è continua nell'intervallo $[-1,2]$ per ogni scelta di a e b. Infatti è continua in $[-1,0) \cup (0,2]$, e

$$\lim_{x \to 0^-} (ax^2 + bx) = 0 = \lim_{x \to 0^+} (1 - 2^x).$$

La funzione è inoltre derivabile per ogni $x \in (-1,2)$, se $x \neq 0$. Si ha

$$f_{a,b}'(x) = \begin{cases} 2ax + b & -1 < x < 0 \\ -2^x \ln 2 & 0 < x < 2. \end{cases}$$

In particolare:

$$\lim_{x \to 0^-} f'(x) = \lim_{x \to 0^+} f'(x)$$

se e solo se $b = -\ln 2$. Infine, affinché siano soddisfatte le ipotesi del teorema di Rolle, deve essere $f_{a,-\ln 2}(-1) = f_{a,-\ln 2}(2)$. Ciò è vero se e solo se $a = -\ln 2 - 3$.

3.94. $a = -\pi/4 - 1$, $b = 1$.

3.95. Per nessun valore di a e b.

3.96. $c = \ln\left(\dfrac{-1 + \sqrt{1 + 8(e^4 - e)}}{4}\right)$. **3.97.** Non esiste.

3.98. Dall'ipotesi di esistenza della derivata seconda segue necessariamente che l'eventuale funzione deve essere derivabile; da $f''(x) > 0$ segue che $f'(x)$ deve essere strettamente crescente in $(0, 1)$. Dall'applicazione del teorema di Lagrange segue poi che deve esistere almeno un punto $c \in (0, 1)$ in cui $f'(c) = f(1) - f(0) = 1/2$. Quest'ultimo risultato contrasta con la crescenza di f' e con $f'_+(0) = 1/2$. Una funzione con le caratteristiche cercate quindi non esiste.

3.99. Osserviamo che, se $a < 0$, la funzione f_a non è derivabile in 0. Infatti risulta

$$f'_a(x) = \begin{cases} 2ax - a^2 - 1 & x < 0 \\ 2ax + a^2 + 1 & x > 0, \end{cases}$$

e i limiti destro e sinistro esistono e sono diversi; f_a non soddisfa quindi le ipotesi del teorema di Rolle nell'intervallo $[a, 1]$ se $a < 0$.
Per $0 \leq a < 1$, la funzione f_a è continua nell'intervallo $[a, 1]$ e derivabile nell'intervallo $(a, 1)$, in quanto somma di funzioni continue e derivabili, e la sua espressione è

$$f_a(x) = ax^2 + (a^2 + 1)x + a + 1.$$

Calcoliamo ora

$$f_a(a) = a^3 + a(a^2 + 1) + a + 1 = 2a^3 + 2a + 1,$$
$$f_a(1) = a + (a^2 + 1) + a + 1 = a^2 + 2a + 2.$$

Affinché f_a soddisfi le ipotesi del teorema di Rolle è necessario e sufficiente che a soddisfi l'equazione

$$2a^3 + 2a + 1 = a^2 + 2a + 2 \quad \text{cioè} \quad 2a^3 - a^2 - 1 = 0.$$

L'equazione ha l'unica soluzione $a = 1$.

Pertanto non esistono valori di $a < 1$ tali che f_a soddisfi le ipotesi del teorema di Rolle nell'intervallo assegnato.

3.100. Suggerimento: si calcoli la derivata di $f(x) = \arctan x + \arctan(x^{-1})$ e si ricordi una delle conseguenze del teorema di Lagrange.

3.101. Siano $x,\ y \in I$. Per il teorema di Lagrange, applicato ad f nell'intervallo $[x, y]$, si ottiene che esiste un punto $c \in (x, y)$ tale che

$$\frac{f(x) - f(y)}{x - y} = f'(c).$$

Dalle ipotesi segue che

$$\left|\frac{f(x) - f(y)}{x - y}\right| = |f'(c)| \leq \sup_{t \in I} |f'(t)| \leq k$$

da cui la tesi.

3.102. Il teorema di Lagrange, applicato all'intervallo $[x_0, x]$ $(x > x_0 > 0)$, fornisce

$$\frac{f(x) - f(x_0)}{x - x_0} = f'(\xi_x), \qquad \xi_x \in (x_0, x).$$

In particolare, $f(x) \geq f(x_0) + M(x - x_0)$, da cui $\lim_{x \to +\infty} f(x) = +\infty$.

3.103. Sia $g : (0, 1) \to \mathbb{R}$ una funzione derivabile con derivata positiva tale che

$$\lim_{x \to 0^+} g(x) = -\infty \quad \text{e} \quad \lim_{x \to 1^-} g(x) = +\infty$$

(si consideri, ad esempio, $g(x) = \tan(\pi(2x - 1)/2)$). Sia poi

$$h(x) = \begin{cases} L & x = 0 \\ f(g(x)) & 0 < x < 1 \\ L & x = 1. \end{cases}$$

La funzione $h(x)$ soddisfa le ipotesi del teorema di Rolle nell'intervallo $[0, 1]$. Quindi esiste un punto $\xi \in (0, 1)$ tale che $h'(\xi) = 0$, cioè $f'(g(\xi))g'(\xi) = 0$. Dato che, per l'ipotesi su g', si ha $g'(\xi) \neq 0$, deve essere $f'(g(\xi)) = 0$. Pertanto $c = g(\xi)$ è il punto cercato.

3.104. Si proceda in maniera analoga all'esercizio precedente.

3.105. L'affermazione è vera se $a = b$ (vedi [**3.103**]).
Se $a \neq b$ l'affermazione in generale è falsa: la funzione $f(x) = \arctan x$ fornisce un controesempio. Infatti si ha

$$\lim_{x\to-\infty} \arctan x = -\pi/2 \quad \text{e} \quad \lim_{x\to+\infty} \arctan x = \pi/2.$$

Inoltre $f'(x) = 1/(1+x^2)$. Non esiste nessun valore c tale che $f'(c) = \pi$ in quanto $1/(1+c^2) \le 1$ per ogni valore di $c \in \mathbb{R}$.
Si può dimostrare che, se $a \ne b$, l'affermazione è sempre falsa, qualunque siano a e b. Un controesempio è fornito dalla funzione

$$f_{a,b} = \frac{b-a}{\pi} \arctan x + \frac{a+b}{2}.$$

3.106. La funzione f è definita e derivabile su tutto $\mathbb{R}$. Si ha

$$f'(x) = 4x^3 + 6x^2 - 4x = x(4x^2 + 6x - 4).$$

Dallo studio del segno di f' risulta che la funzione f è strettamente decrescente per $x \le -2$ e per $0 \le x \le 1/2$, mentre è strettamente crescente per $-2 \le x \le 0$ e per $x \ge 1/2$.

3.107. La funzione f è definita e derivabile su tutto $\mathbb{R}$. Si ha

$$f'(x) = 1 - \frac{x}{\sqrt{x^2+1}} = \frac{\sqrt{x^2+1} - x}{\sqrt{x^2+1}}.$$

La derivata risulta positiva se $\sqrt{x^2+1} > x$, cioè per ogni valore di x. La funzione f è pertanto strettamente crescente su tutto $\mathbb{R}$.

3.108. f è strettamente decrescente per $x \le -1/\sqrt{2}$ e per $0 < x \le 1/\sqrt{2}$, è strettamente crescente per $-1/\sqrt{2} \le x < 0$ e per $x \ge 1/\sqrt{2}$.

3.109. La funzione f è definita su tutto $\mathbb{R}$ ed è una funzione pari. Possiamo studiarla per $x \ge 0$. Si ha

$$f'(x) = 2(x + \sin x \cos x).$$

Ricordando che $|\sin x \cos x| \le 1$ per ogni x, avremo che, per $x > 1$, $f'(x) > 0$. Per $0 < x \le 1$ la derivata è positiva in quanto somma di due funzioni positive, e si annulla in 0.
Ricordando che f è pari, si conclude che f è strettamente decrescente per $x \le 0$ e strettamente crescente per $x \ge 0$.

3.110. La funzione f è definita per $x \ne 0$ ed è dispari. Si ha

$$f'(x) = \frac{1}{1+x^2} - \frac{1}{1+x^2} \cdot \left(-\frac{1}{x^2}\right) = \frac{2}{1+x^2}.$$

La funzione è pertanto strettamente crescente in $(-\infty, 0)$ e in $(0, +\infty)$. Si può affermare che è strettamente crescente in $\mathbb{R} \setminus \{0\}$?

Osservazione. Sia $f : A \subset \mathbb{R} \to \mathbb{R}$ una funzione tale che $f'(x) \geq (>)0$ per ogni $x \in A$. Non si può in generale concludere che f è monotona (strettamente) crescente nell'insieme A. Se però A è un intervallo, allora $f'(x) \geq 0 \iff f$ è monotona crescente in A e $f'(x) > 0 \implies f$ è monotona strettamente crescente in A.

3.111. f è strettamente decrescente per $1 < x \leq e^{1/\sqrt{2}}$ e strettamente crescente per $x \geq e^{1/\sqrt{2}}$.

3.112. Osserviamo anzitutto che il dominio della funzione è $\mathbb{R}_+$. Si noti che $f(x) = x^{\ln x} = e^{\ln^2 x}$ e $f'(x) = 2x^{\ln x} \cdot \ln x/x$. La derivata è positiva se e solo se $x > 1$, e nulla se e solo se $x = 1$, pertanto la funzione f è decrescente per $0 < x \leq 1$ e crescente per $x \geq 1$.

3.113. Il dominio di f è l'insieme $\{x \in \mathbb{R} : \ x < 1\}$, e la funzione è ivi derivabile. Si ha:

$$f'(x) = \left(\frac{1}{1-x}\right)^{1/(1-x)} \cdot \frac{1}{(1-x)^2}\left(\ln\left(\frac{1}{1-x}\right) + 1\right).$$

Tale derivata è positiva se $\ln\left(\frac{1}{1-x}\right) + 1 > 0$, cioè se $1 - e < x < 1$. Pertanto la funzione è decrescente per $x \leq 1 - e$ e crescente per $1 - e \leq x < 1$.

3.114. La funzione è continua e derivabile nell'intervallo $(0, \pi)$, in quanto quoziente di funzioni continue e derivabili con denominatore diverso da zero in tale intervallo. Inoltre

$$f'(x) = \cos x \cdot e^{\sin x} \cdot \frac{\sin x - 1}{\sin^2 x}.$$

Da uno studio del segno di f' risulta che nell'intervallo considerato la funzione è decrescente per $0 < x \leq \pi/2$ e crescente per $\pi/2 \leq x < \pi$.

3.115. f è convessa per $x \leq -2 - \sqrt{3}$ e per $x \geq -2 + \sqrt{3}$, concava per $-2 - \sqrt{3} \leq x \leq -2 + \sqrt{3}$.

3.116. f è convessa per $x \geq e^{-3/2}$ e concava per $0 < x \leq e^{-3/2}$.

3.117. La funzione è derivabile nell'intervallo considerato e risulta

$$f'(x) = 2x + 4 \sin x \cos x$$

e

$$f''(x) = 2 + 4\cos^2 x - 4\sin^2 x = 6 - 8\sin^2 x.$$

La derivata seconda è positiva se $\sin^2 x < 3/4$, cioè se $-\sqrt{3}/2 < \sin x < \sqrt{3}/2$. Risulta quindi che f è convessa per $-\pi < x \leq -2\pi/3$, per $-\pi/3 \leq x \leq \pi/3$ e per $2\pi/3 \leq x < \pi$, mentre è concava per $-2\pi/3 \leq x \leq -\pi/3$ e per $\pi/3 < x < 2\pi/3$.

3.118. La funzione f è convessa per $x \leq 1$ e per $x \geq 4$; è concava per $1 \leq x \leq 4$.

3.119. Osservazione. Sia $f : [a, b] \to \mathbb{R}$ una funzione derivabile due volte nel suo dominio. Allora sono equivalenti le condizioni:

$$f((1-\lambda)x + \lambda y) \geq (1-\lambda)f(x) + \lambda f(y) \quad \forall x, y \in [a, b],\ \lambda \in [0, 1]$$
$$f(x) - f(y) \leq f'(y)(x - y) \quad \forall x, y \in [a, b],$$
$$f''(x) \leq 0 \quad \forall x \in [a, b].$$

La funzione $f(x) = \sin x$ è continua e concava nell'intervallo $[0, \pi/2]$; infatti $f''(x) = -\sin x \leq 0$ per ogni $x \in [0, \pi/2]$. Di conseguenza, sono soddisfatte le disuguaglianze:

$$f((1-\lambda)\cdot 0 + \lambda \cdot (\pi/2)) \geq (1-\lambda)f(0) + \lambda f(\pi/2) \quad \lambda \in [0, 1],$$
$$f(x) \leq f(0) + f'(0)x \quad x \in [0, \pi/2],$$

cioé

$$\sin(\lambda(\pi/2)) \geq \lambda, \qquad \sin x \leq x.$$

In particolare, posto $x = \lambda(\pi/2)$ nella prima disuguaglianza, si perviene a

$$(2/\pi)x \leq \sin x \leq x.$$

3.120. Sia $f_a(x) = x^3 - 3x + a$. Allora $f_a'(x) = 3x^2 - 3$. La derivata è positiva per $x < -1$ oppure per $x > 1$, e $f_a'(x) = 0$ se $x = -1$ oppure $x = 1$. Si trova che $x = -1$ è un punto di massimo relativo e che $x = 1$ è un punto di minimo relativo. Si ha inoltre

$$f(-1) = 2 + a, \qquad f(1) = -2 + a$$

Affinché l'equazione abbia tre soluzioni reali distinte occorre che

$$\begin{cases} 2 + a > 0 \\ -2 + a < 0, \end{cases} \quad \text{e quindi} \quad -2 < a < 2.$$

3.122. $a < -4$ oppure $a > 0$.

3.123.

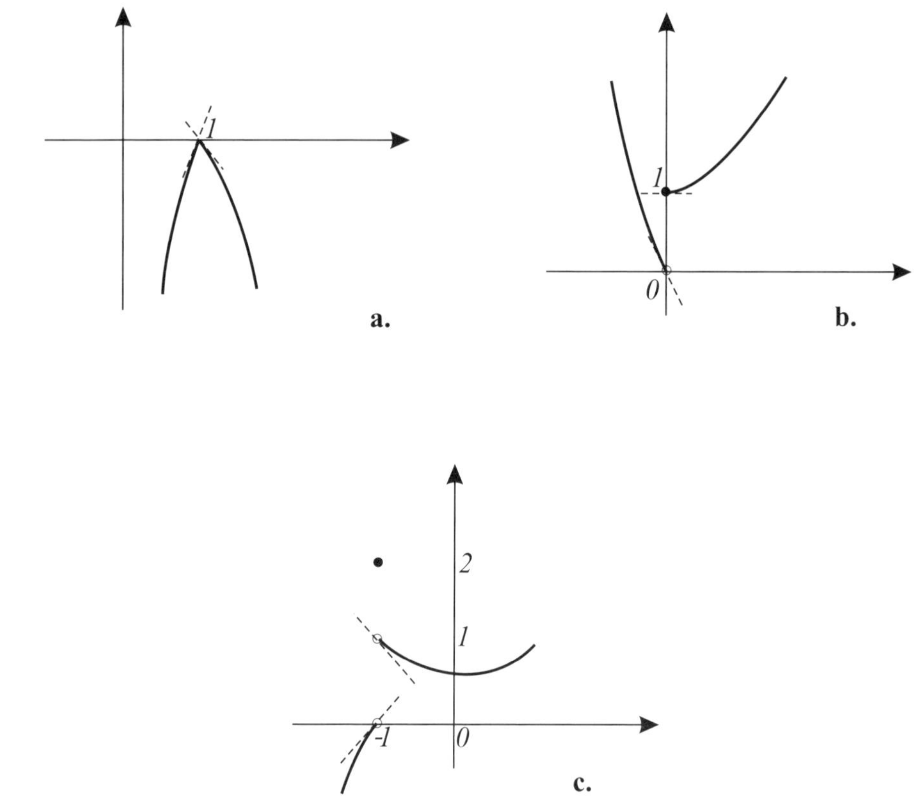

3.124.

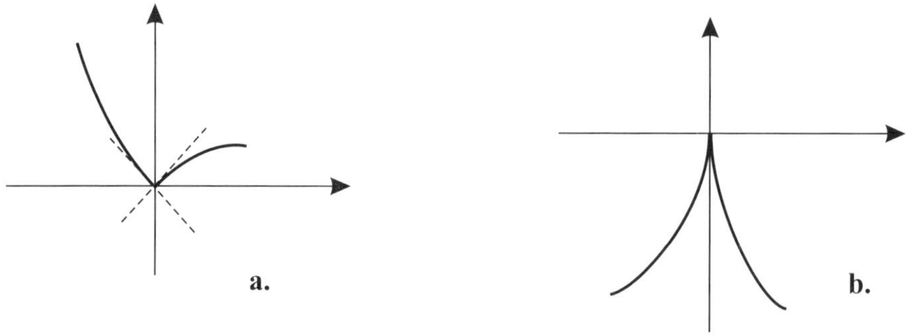

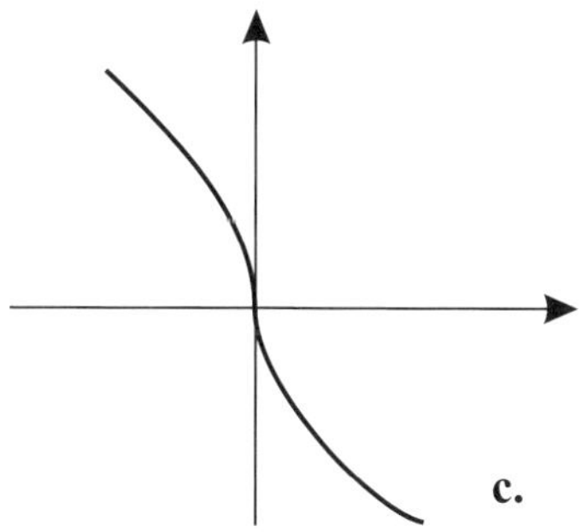

c.

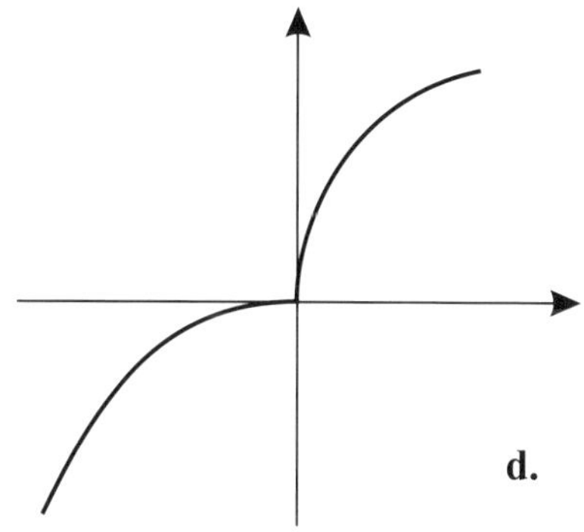

d.

3.125. La derivata di f è $f'(x) = -2xe^{x^2}$, che risulta positiva nel dominio. Pertanto f è strettamente crescente e dunque invertibile. L'immagine di f è $(-\infty, 0)$, quindi f^{-1} è definita su tale insieme. Per determinare l'espressione della funzione inversa esplicitiamo x in funzione di y:

$$y = 1 - e^{x^2}; \quad e^{x^2} = 1 - y; \quad x^2 = \ln(1-y); \quad x = \pm\sqrt{\ln(1-y)}.$$

La scelta corretta è $x = -\sqrt{\ln(1-y)}$, in quanto x assume solo valori negativi. Infine, osserviamo che $f(-1) = 1 - e$; per il teorema di derivazione della funzione inversa, si ha

$$(f^{-1})'(1-e) = \frac{1}{f'(-1)} = \frac{1}{2e}.$$

3.126. $x = -\sqrt{1-e^y}$; $\dfrac{1}{4\sqrt{3}}$. **3.127.** $x = e^{-\sqrt{y-1}}$; $-\dfrac{1}{2e}$.

3.128. Si ha che $f'(x) = e^{x+1} - 2e^{2x-1}$. Nell'intervallo considerato la derivata è negativa e quindi la funzione f è strettamente decrescente, pertanto invertibile. Si può ricavare esplicitamente l'espressione della funzione inversa. Infatti

$$f(x) = y \Longleftrightarrow e^{2x} - e^2 \cdot e^x + ey = 0,$$

che è un'equazione di secondo grado in e^x. Posto $e^x = t$, si perviene alle soluzioni

$$t = \frac{e^2 \pm \sqrt{e^4 - 4ey}}{2}, \qquad \text{cioè} \quad e^x = \frac{e^2 \pm \sqrt{e^4 - 4ey}}{2}.$$

Poiché il punto $y_0 = 0$ è interno al dominio della funzione inversa e $f^{-1}(0) = 2$, la scelta corretta tra le due determinazioni della radice è $e^x = (1/2)(e^2 + \sqrt{e^4 - 4ey})$, da cui si perviene a

$$x = \ln((1/2)(e^2 + \sqrt{e^4 - 4ey})).$$

Dal teorema di derivazione della funzione inversa si ha che

$$(f^{-1})'(0) = \frac{1}{f'(x_0)},$$

dove $x_0 = f^{-1}(0) = 2$. Si ha quindi $(f^{-1})'(0) = -e^{-3}$.

3.129. $x = \ln\left(\dfrac{1 + \sqrt{1 + 4e^3 y}}{2e^2}\right)$, $(f^{-1})'(0) = e^3$.

3.130. La funzione f è derivabile nell'intervallo $(-1/2, 1/4)$ e

$$f'(x) = \frac{2xe^{x^2}(1+x) - e^{x^2}}{(1+x)^2} = \frac{e^{x^2}}{(1+x)^2}(2x^2 + 2x - 1).$$

Si verifica che, nell'intervallo considerato, f' è negativa e, pertanto, f è strettamente decrescente e quindi invertibile.
Osserviamo che $f^{-1}(1) = 0$. Per il teorema di derivazione della funzione inversa si ha

$$(f^{-1})'(1) = \frac{1}{f'(0)} = -1.$$

3.131. $(f^{-1})'(e) = 1/3$. **3.132.** $(f^{-1})'(1/e) = -e$.

3.133. La funzione data è definita in un intorno del punto 1 e ivi derivabile, in quanto quoziente di funzioni derivabili. La derivata di f è

$$f'(x) = \left(\frac{2x\sqrt{x}}{1+x^2} - \frac{\ln(1+x^2)}{2\sqrt{x}}\right) \cdot \frac{1}{x},$$

e $f'(1) = 1 - \ln\sqrt{2}$. Tale quantità è positiva, quindi, essendo la derivata continua in 1, esiste un intorno di 1 in cui la funzione è strettamente crescente e dunque invertibile.
La derivata della funzione inversa nel punto $y_0 = f(1)$ è

$$(f^{-1})'(y_0) = \frac{1}{f'(1)} = 1/(1 - \ln\sqrt{2}).$$

3.134. La funzione data è derivabile in tutto $\mathbb{R}$ e si ha

$$f'(x) = 3(x-2)^2 e^{(x-2)^3}.$$

In particolare: $f'(x) > 0$ se $x \neq 2$, $f'(2) = 0$. La funzione f ha in 2 un punto di flesso a tangente orizzontale ascendente. Essa è pertanto localmente invertibile in un intorno di 2, ma la funzione inversa non è derivabile nel punto $y_0 = f(2) = 1$.

3.135. La funzione f è continua su tutto $\mathbb{R}$. Inoltre f è derivabile per ogni $x \neq -1$ in quanto composta di funzioni derivabili. Si ha:

$$f'(x) = \begin{cases} -1/x & x < -1 \\ 1/(2\sqrt{x+1}) & x > -1. \end{cases}$$

Dal segno della derivata si deduce che la funzione è strettamente crescente su tutto $\mathbb{R}$ e quindi ivi invertibile.
Il grafico di f è il seguente

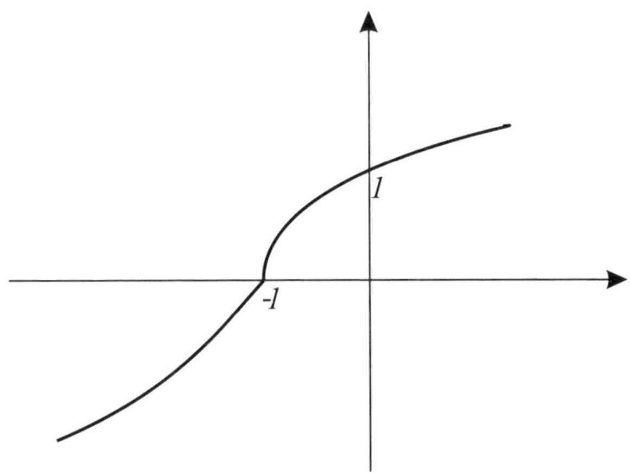

Si trova che $f((-\infty, -1]) = (-\infty, 0]$, e da $y = -\ln(-x)$ si ricava $x = -e^{-y}$. Inoltre $f(-1, +\infty) = (0, +\infty)$, e da $y = \sqrt{x+1}$ si ricava $x = y^2 - 1$. Pertanto

$$f^{-1}(y) = \begin{cases} -e^{-y} & y \leq 0 \\ y^2 - 1 & y > 0. \end{cases}$$

3.136. Osserviamo anzitutto che la funzione è continua, e quindi la iniettività è equivalente alla stretta monotonia. La funzione è inoltre derivabile, e $f_a'(x) = 3ax^2 - 4x + 4$. Ricordando che, nelle ipotesi suddette, l'iniettività è equivalente alla stretta monotonia, i valori di a per cui il discriminante dell'equazione $f_a'(x) = 0$ risulta non positivo coincidono con le soluzioni. Si ottiene $a \geq 1/3$.

3.137. $a \geq 1/\sqrt[3]{3}$. **3.138.** $|a| \geq 2/\sqrt{3}$.

3.139. Il dominio di f è $\mathbb{R}$. La funzione è continua e derivabile in $\mathbb{R}$ in quanto composta di funzioni continue e derivabili. Si ha

$$
\begin{aligned}
f'(x) &= -\frac{x^2+1}{2x^2+1}\cdot\frac{4x(x^2+1)-2x(2x^2+1)}{(x^2+1)^2}\\
&= -\frac{1}{2x^2+1}\cdot\frac{4x^3+4x-4x^3-2x}{x^2+1}\\
&= -\frac{2x}{(2x^2+1)(x^2+1)}.
\end{aligned}
$$

La funzione f è quindi crescente per $x \leq 0$ e decrescente per $x \geq 0$. Essendo continua, non è pertanto iniettiva e quindi non è invertibile su tutto $\mathbb{R}$. Lo è, ad esempio, in ogni intervallo che non contenga al suo interno l'origine.

3.140. La funzione presenta in 0 una discontinuità di prima specie; infatti

$$\lim_{x\to 0^-} f(x) = 1, \qquad \lim_{x\to 0^+} f(x) = 0 = f(0).$$

Per un noto teorema, esiste un intorno sinistro di 0 in cui la funzione assume valori strettamente positivi. Inoltre, f è derivabile da destra in 0 e $f'_+(0) = 1$. Questo permette di concludere che $f(x) \geq 0$ per ogni x in un intorno destro di 0. Pertanto, in base alla definizione di minimo relativo, il punto 0 è un minimo relativo per f.

Osservazione. Si ricorda che un punto di minimo relativo può essere un punto di discontinuità per la funzione, come nel caso precedente.

3.141. La funzione è continua da sinistra in 0; infatti $\lim_{x\to 0^-} f(x) = -1 = f(0)$. Inoltre $\lim_{x\to 0^+} f(x) = 0$, per cui nell'origine f presenta una discontinuità di prima specie. La derivata è definita per ogni $x \neq 0$, e vale

$$f'(x) = \begin{cases} 1 - e^x & x < 0 \\ 3x^2 + 1 & x > 0; \end{cases}$$

in particolare $f'(x) \geq 0$ per ogni $x \neq 0$. Si deduce che f è crescente in un intorno sinistro di 0 e in un intorno destro di 0; essendo $f(0) < \lim_{x\to 0^+} f(x)$, si conclude che 0 non è un estremo relativo.

3.142. 0 è un massimo relativo (e assoluto) per f.

3.143. 0 è un minimo relativo (e assoluto) per f.

3.144. La funzione è non negativa, quindi i suoi eventuali zeri sono minimi assoluti (e quindi relativi). Essendo $f(x) = 0$ se e solo se $x = 0, -1, 1$, si conclude, senza effettuare ulteriori indagini, che tali punti sono minimi assoluti di f.

Indaghiamo ora sull'esistenza di ulteriori estremi relativi, osservando che f è derivabile in $\mathbb{R} \setminus \{-1, 0, 1\}$ (si veda [**3.27**]) e che

$$f'(x) = \begin{cases} 3x^2 - 1 & \text{se } -1 < x < 0,\ x > 1 \\ 1 - 3x^2 & \text{se } x < -1,\ 0 < x < 1. \end{cases}$$

In particolare: $f'(x) > 0$ se $x \in (-1, -1/\sqrt{3}) \cup (0, 1/\sqrt{3}) \cup (1, +\infty)$, e si annulla se e solo se $x = \pm 1/\sqrt{3}$. Si conclude che, oltre ai punti già determinati, i punti $-1/\sqrt{3}$ e $1/\sqrt{3}$ sono massimi relativi.

3.145. $-\sqrt[3]{2}$ massimo relativo; -1 massimo relativo; 2 minimo relativo.

3.146. La funzione f_α è decrescente in un intorno sinistro di $x = 3$ (privato del punto $x = 3$) e $\lim_{x \to 3^-} f_\alpha(x) = 0$. La funzione è crescente in un intorno destro di $x = 3$ ed $f_\alpha(3) = e^3 - \alpha$.

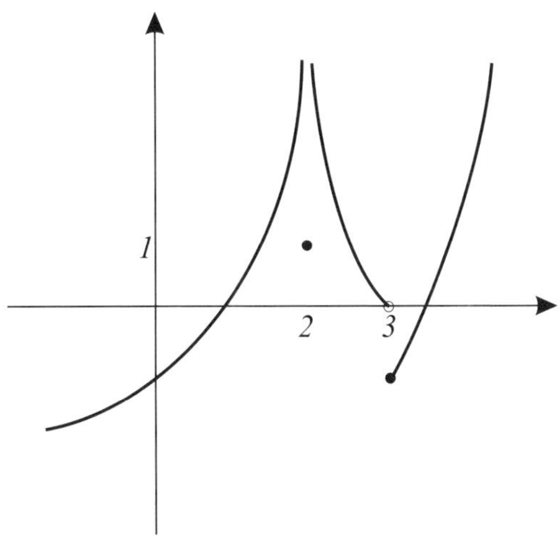

Affinché $x = 3$ sia un punto di minimo relativo occorre che $e^3 - \alpha \leq 0$, da cui si ricava $\alpha \geq e^3$.

3.148. Sia a un punto di minimo locale di f. Si possono verificare i seguenti casi: $f'_+(a) < 0$, $f'_+(a) > 0$, $f'_+(a) = 0$. Supponiamo $f'_+(a) < 0$; da

$$f'_+(a) = \lim_{x \to a^+} \frac{f(x) - f(a)}{x - a} < 0,$$

e dal teorema di permanenza del segno, segue che esiste un intorno destro di a in cui il rapporto incrementale $\dfrac{f(x) - f(a)}{x - a}$ ha segno negativo; in particolare

$f(x) < f(a)$ per ogni x dell'intorno in questione. Questo contraddice l'ipotesi che a sia un minimo locale. Le possibilità $f'_+(a) > 0$, $f'_+(a) = 0$ sone invece entrambe possibili. Si considerino, ad esempio, le funzioni $f_1, f_2 : [0,1] \to \mathbb{R}$, $f_1(x) = x$, $f_2(x) = x^2$. Il punto 0 è un minimo locale per entrambe, e $(f_1)'_+(0) = 1$, $(f_2)'_+(0) = 0$. In maniera analoga si conclude che se a è un punto di massimo locale, allora $f'_+(a) \leq 0$.

3.149. La funzione è continua in $[0,3]$ in quanto differenza e composizione di funzioni continue; il teorema di Weierstrass garantisce in queste ipotesi l'esistenza di massimo e minimo assoluti in $[0,3]$. Studiamo la monotonia di f calcolando la derivata prima nei punti in cui è definita:

$$f'(x) = \begin{cases} -\dfrac{1+\sqrt{1-x}}{2\sqrt{1-x}} & 0 \leq x < 1 \\ \dfrac{1-\sqrt{x-1}}{2\sqrt{x-1}} & 1 < x \leq 3. \end{cases}$$

Si ha: $f'(x) > 0$ se e solo se $x \in (1,2)$, e $f'(x) = 0$ se e solo se $x = 2$. Si conclude che i punti 0, 2 sono massimi relativi, e i punti 1, 3 sono minimi relativi. Per stabilire quali tra questi sono estremi assoluti, basta confrontare $f(0)$ con $f(2)$, e $f(1)$ con $f(3)$; si ha $f(0) = 1$, $f(2) = 0$, $f(1) = -1/2$, $f(3) = \sqrt{2} - 3/2$. Pertanto 0 è punto di massimo assoluto, e 1 è punto di minimo assoluto.

3.150. La funzione è derivabile sul dominio, e $f'(x) = (1-x)e^{-x}$. In particolare, $f'(x) > 0$ se e solo se $x \in [1/2, 1)$, e $f'(x) = 0$ se e solo se $x = 1$. Poiché $f(1/2) = 1/(2\sqrt{e})$, e $\lim_{x\to+\infty} f(x) = 0$, si conclude che il punto 1 è un massimo assoluto, e non esistono minimi assoluti.

3.151. Minimo assoluto in -3, massimo assoluto in 0.

3.152. La funzione è continua in $[-1,1]\setminus\{0\}$, e derivabile nell'insieme $[-1,1]\setminus\{0,1/2\}$. Calcoliamo f' :

$$f'(x) = \begin{cases} -e^x & -1 \leq x < 0 \\ \dfrac{1}{x+1/2} & 0 < x < 1/2 \\ -\dfrac{1}{x+1/2} & 1/2 < x \leq 1. \end{cases}$$

Quindi f' è positiva nell'intervallo $(0,1/2)$, e negativa altrove. Osserviamo che f presenta in 0 una discontinuità di prima specie, in quanto $\lim_{x\to0^-} f(x) = 0$,

$\lim_{x\to 0^+} f(x) = -\ln 2 = f(0)$; in particolare, $\lim_{x\to 0^-} f(x) > f(0)$. Esaminando il segno di segno di f' e confrontando tra loro i valori $f(-1)$, $f(1/2)$ e $f(0)$, $f(1)$, si deduce che il punto -1 è di massimo assoluto, e il punto 0 è di minimo assoluto. I punti $1/2$ e 1 sono, rispettivamente, di massimo e di minimo relativo.

3.154. 0 è minimo relativo se $\lambda \leq 0$; i punti dell'intervallo $(0,1)$ sono sia massimi che minimi relativi, per ogni λ; 1 è minimo relativo se $\lambda \geq 1$, è massimo relativo se $\lambda \leq 1$. La funzione ha estremi assoluti solo nel caso $\lambda \geq 1$; in tal caso, sono punti di minimo assoluto tutti i punti dell'intervallo $(0,1]$, se $\lambda > 1$, di $(0,+\infty)$, se $\lambda = 1$.

3.155. Se $\lambda = 0$, allora $x = -2$ e tutti i punti $x \geq 2$ sono di minimo assoluto; f_λ è illimitata superiormente, $x = 0$ e $x > 2$ sono punti di massimo relativo.
Se $\lambda > 0$, allora $x = -2$ e $x = 2$ sono punti di minimo assoluto; f_λ è illimitata superiormente e $x = 0$ è punto di massimo relativo.
Se $\lambda < 0$, allora $x = -2$ è punto di minimo relativo; f_λ è illimitata superiormente e $x = 0$ è punto di massimo relativo.

3.156. Dal grafico di $|f|$

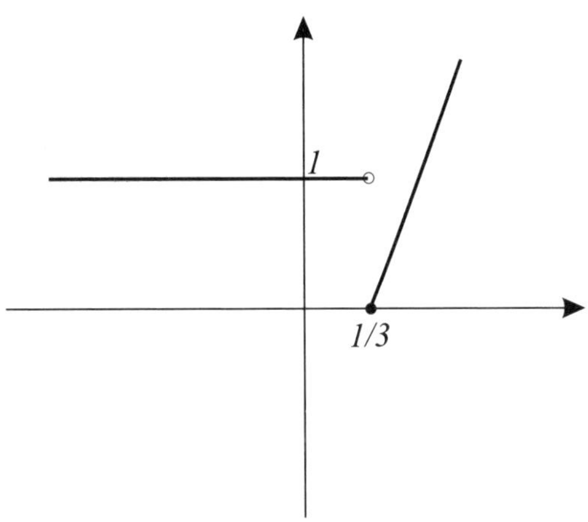

si vede che $1/3$ è punto di minimo assoluto ed è anche di minimo relativo forte; la funzione non è limitata superiormente; tutti i punti $x < 1/3$ sono di massimo e di minimo relativo.

3.157. Minimo assoluto per $x = -1$, massimo assoluto per $x = 1$.

3.158. La funzione è derivabile in $(0, +\infty)$ perché composta di funzioni derivabili. Si ha che $f'(x) = \dfrac{12xe^{3x^2}}{2e^{3x^2}+1}$, per cui f è strettamente monotona crescente e quindi invertibile nell'intervallo considerato. La funzione f non ha massimo e minimo assoluti, in quanto $\sup f = \lim_{x\to+\infty} f(x) = +\infty$, $\inf f = \lim_{x\to 0^+} f(x) = \ln 3$ e non esiste nessun $x \in (0, +\infty)$ tale che $f(x) = \ln 3$.

3.159. L'affermazione è falsa. Un possibile controesempio è il seguente. Sia $f : \mathbb{R} \to \mathbb{R}$ definita da

$$f(x) = \begin{cases} x^4 \sin^2(1/x) & x \neq 0 \\ 0 & x = 0. \end{cases}$$

Osservando che $f(x) \geq 0$ per ogni $x \in \mathbb{R}$, si ha che $x_0 = 0$ è punto di minimo relativo (e assoluto). Per dimostrare che non esiste un intorno di 0 in cui f è convessa osserviamo che la funzione si annulla, oltre che in $x_0 = 0$, in tutti e soli i punti $1/(k\pi)$, con $k \in \mathbb{Z}, k \neq 0$. Dato che $x_0 = 0$ è punto di accumulazione per tali punti, ogni intorno di $x_0 = 0$ contiene intervalli in cui f non è convessa.

3.160. **a.** L'affermazione è falsa. La funzione f non è necessariamente derivabile. Si consideri ad esempio la funzione

$$f : \mathbb{R} \to \mathbb{R} \quad \text{con} \quad f(x) = \begin{cases} x & -1 < x \leq 0 \\ 2x & 0 < x < 1. \end{cases}$$

Se alle ipotesi aggiungiamo la derivabilità, si può dimostrare che allora la derivata deve avere segno costante.

b. L'affermazione è vera. Infatti, se, per assurdo, la funzione non fosse monotona ed esistessero tre punti $x_1 < x_2 < x_3$ nell'intervallo $(-1, 1)$, tali che $f(x_1) < f(x_2)$ e $f(x_2) > f(x_3)$, per il lemma di Darboux esisterebbero due punti distinti x_4 e x_5 tali che $f(x_4) = f(x_5)$, e quindi la funzione non sarebbe iniettiva, contro l'ipotesi che essa è invertibile.

c. L'affermazione è falsa. A titolo di controesempio si consideri la funzione

$$f : (-1, 1) \to \mathbb{R}, \quad \text{con} \quad f(x) = \tan(\pi x/2).$$

d. L'affermazione è falsa. Si consideri come controesempio

$$f : (-1, 1) \to \mathbb{R}, \quad \text{con} \quad f(x) = x^3.$$

3.161. **a.** L'affermazione è falsa. Una funzione costante su (a,b) fornisce un controesempio.
b. L'affermazione è falsa. Si veda il controesempio del punto **a.**
c. L'affermazione è vera. Se per assurdo la funzione f fosse strettamente decrescente si dovrebbe avere $f'(x) < 0$ per almeno un $x \in (a,b)$, contro l'ipotesi.

3.162. **a.** L'affermazione è falsa. Come controesempio si consideri la funzione

$$f:(0,1) \to \mathbb{R} \quad \text{con} \quad f(x) = \begin{cases} x & 0 < x \le 1/2 \\ x+1 & 1/2 < x < 1. \end{cases}$$

b. L'affermazione è falsa. L'esempio precedente lo dimostra.
c. L'affermazione è vera. La stretta monotonia implica l'iniettività della funzione. Pertanto f è invertibile.

3.163. Le derivate prima e seconda di f sono

$$f'(x) = \frac{x^2-2x-1}{(x-1)^2},$$
$$f''(x) = \frac{(2x-2)(x-1)^2 - 2(x-1)(x^2-2x-1)}{(x-1)^4};$$

pertanto, $f(0) = -1, f'(0) = -1, f''(0) = -4$ e la formula è

$$f(x) = -1 - x - 2x^2 + o(x^2).$$

3.164. $f(x) = -1 + (3/2)(x-1) - (x-1)^2 + o\big((x-1)^2\big)$.

3.165. $f(x) = (1/3)(x+1) - (2/9)(x+1)^2 + o\big((x+1)^2\big)$.

3.166. Le derivate prima e seconda di f sono

$$f'(x) = \frac{2x}{x^2-1} \quad \text{e} \quad f''(x) = \frac{-2x^2-2}{(x^2-1)^2};$$

pertanto $f(2) = \ln 3, f'(2) = 4/3, f''(2) = -10/9$, e la formula è

$$f(x) = \ln 3 + \frac{4}{3}(x-2) - \frac{5}{9}(x-2)^2 + o((x-2)^2).$$

3.167. $f(x) = x \ln 2 + o(x^2)$. **3.168.** $f(x) = x^2 + o(x^2)$.

3.169. $f(x) = 1 + 2\sqrt{2}x + 2\sqrt{2}(\sqrt{2}-1)x^2 + o(x^2)$.

3.170. La derivata prima di f è

$$f'(x) = \frac{(\ln x + 1)(x+1) - x \ln x}{(x+1)^2};$$

pertanto $f(1) = 0$, $f'(1) = 1/2$, e la formula con resto di Peano si scrive

$$f(x) = \frac{1}{2}(x-1) + o(x-1) = \left(\frac{1}{2} + o(1)\right)(x-1),$$

dove $o(1)$ è una funzione infinitesima per $x \to 1$.

3.171. Si ha

$$f'(x) = -1 + 2x - 3x^2 \quad \text{e} \quad f''(x) = 2 - 6x;$$

pertanto la formula con resto di Lagrange si scrive

$$1 - x + x^2 - x^3 = 1 - x + \frac{1}{2}(2 - 6c)x^2,$$

con c interno all'intervallo di estremi 0 e x. In $x = 1$ si ottiene $(1/2)(2-6c) = 0$, da cui si ricava $c = 1/3$.

3.172. No; si prenda, ad esempio, la funzione

$$f(x) = \begin{cases} (x-1)^2 & x \neq 1 \\ 1 & x = 1; \end{cases}$$

tale funzione non è neppure continua in 1. Bisogna richiedere esplicitamente che la funzione sia derivabile in 1; in tal caso la formula di Taylor permette di scrivere

$$f(x) = f(1) + f'(1)(x-1) + o(x-1), \qquad x \to 1,$$

da cui si deduce che l'uguaglianza dei due membri sussiste se e solo se $f(1) = f'(1) = 0$.

3.173. Applicando la regola di derivazione della funzione composta si ottiene

$$g'(x) = f'(x^2 + x + 1)(2x + 1) \quad \text{e}$$
$$g''(x) = f''(x^2 + x + 1)(2x + 1)^2 + 2f'(x^2 + x + 1),$$

da cui, per $x = 0$,

$$g(0) = f(1) = 1\ ,\ g'(0) = f'(1) = 1\ ,\ g''(0) = f''(1) + 2f'(1) = 3.$$

La formula richiesta è

$$g(x) = 1 + x + \frac{3}{2}x^2 + o(x^2).$$

3.174. Applicando la regola di derivazione della funzione composta si ottiene

$$g'(x) = f'(xe^x)(e^x + xe^x) \quad \text{e}$$
$$g''(x) = f''(xe^x)(e^x + xe^x)^2 + f'(xe^x)(e^x + e^x + xe^x),$$

da cui, in $x_0 = 1$,

$$g(1) = f(e) = 1,$$
$$g'(1) = 2ef'(e) = -2e,$$
$$g''(1) = (2e)^2 f''(e) + 3ef'(e) = 8e^2 - 3e.$$

Pertanto la formula richiesta è

$$g(x) = 1 - 2e(x-1) + \frac{8e^2 - 3e}{2}(x-1)^2 + o((x-1)^2).$$

3.175. Le derivate prima e seconda di f sono

$$f'(x) = x^{\sqrt{x}}\left(\frac{\ln x}{2\sqrt{x}} + \frac{1}{\sqrt{x}}\right),$$
$$f''(x) = x^{\sqrt{x}}\left(\frac{\ln x}{2\sqrt{x}} + \frac{1}{\sqrt{x}}\right)^2 - x^{\sqrt{x}}\frac{\ln x}{4x\sqrt{x}};$$

pertanto $f(1) = 1, f'(1) = 1, f''(1) = 1$ e la formula è

$$f(x) = 1 + (x-1) + \frac{1}{2}(x-1)^2 + o((x-1)^2).$$

3.176. $f(x) = 1 + 2(x-1)^2 + o\left((x-1)^2\right)$.

3.177. La funzione f è definita e derivabile con continuità per $x > -1$. Verifichiamo che f è invertibile in un intorno del punto 0; da $f'(x) = 1 + \dfrac{1}{1+x}$, si ha $f'(0) = 2$, quindi è ben definita in un intorno di $f(0) = 0$ la funzione f^{-1}. Dall'espressione che fornisce la derivata prima della funzione inversa, si ricava facilmente la derivata seconda di f^{-1}; infatti, per le ben note regole di derivazione del quoziente, dall'uguaglianza

$$(f^{-1})'(y) = \frac{1}{f'(x(y))}$$

si ricava

$$(f^{-1})''(y) = -\frac{f''(x(y))(f^{-1})'(y)}{(f'(x(y)))^2} = -\frac{f''(x(y))}{(f'(x(y)))^3}.$$

Nel caso particolare, $f'(0) = 2$, $f''(x) = -(1+x)^{-2}$, e $f''(0) = -1$, quindi $(f^{-1})''(0) = -\dfrac{-1}{2^3} = 1/8$. Il polinomio di Taylor di secondo grado, centrato in 0, è $P_2(y) = (1/2)y + (1/16)y^2$.

3.178. $(f^{-1})'(\pi/4 + 1) = 1$; $(f^{-1})''(\pi/4 + 1) = 3/4$.
$P_2(y) = 1 + (y - \pi/4 - 1) + (3/8)(y - \pi/4 - 1)^2$.

3.179. $(f^{-1})'(1/2) = 4$; $(f^{-1})''(1/2) = -16$.
$P_2(y) = 4(y - 1/2) - 8(y - 1/2)^2$.

3.180. La funzione assegnata è derivabile infinite volte nel suo dominio (e, in particolare, in 0). Per studiare la natura del punto 0, calcoliamo le derivate successive di f in 0, fino alla prima derivata non nulla. Si ha:

$$f'(x) = 2x - 2\cos x \sin x, \qquad f'(0) = 0$$

$$f''(x) = 2 + 2\sin^2 x - 2\cos^2 x, \qquad f''(0) = 0$$

$$f'''(x) = 8\sin x \cos x, \qquad f'''(0) = 0$$

$$f^{IV}(x) = 8\cos^2 x - 8\sin^2 x, \qquad f^{IV}(0) = 8.$$

La prima derivata che non si annulla nell'origine è la derivata quarta, ed è ivi positiva; ne consegue che il punto 0 è un punto di minimo relativo.

3.181. Il punto 0 è un massimo relativo.

3.182. Il punto 0 è un minimo relativo.

3.183. Il punto 0 è un flesso ascendente.

3.184. Siano $f(x) = e^x - 1$, $x_0 = 0$, $x = 1/5$. La formula di Mc Laurin di f, di ordine n, con resto di Lagrange è

$$f(x) = x + \frac{x^2}{2!} + \frac{x^3}{3!} + \ldots + \frac{x^n}{n!} + R_n(x),$$

dove

$$R_n(x) = \frac{e^c}{(n+1)!} x^{n+1},$$

con c interno all'intervallo di estremi 0 e x. Per $x = 1/5$ si ha dunque

$$R_n\left(\frac{1}{5}\right) = \frac{e^c}{(n+1)!} \cdot \frac{1}{5^{n+1}}, \quad \text{con} \quad 0 < c < \frac{1}{5}.$$

Dato che

$$\frac{e^c}{(n+1)!} \cdot \frac{1}{5^{n+1}} \le \frac{3}{(n+1)!} \cdot \frac{1}{5^{n+1}},$$

e dato che il primo valore di n per cui questa quantità è minore di 10^{-3} è $n = 3$, si ottiene che il numero razionale cercato è

$$r = \frac{1}{5} + \frac{1}{2}\left(\frac{1}{5}\right)^2 + \frac{1}{6}\left(\frac{1}{5}\right)^3 = \frac{166}{750}.$$

3.185. 175/48. **3.186.** 194/81.

3.187. Siano $f(x) = \ln(1 + x)$, $x_0 = 0$, $x = 1$. La formula di Mc Laurin della funzione f, di ordine n, con resto di Lagrange è

$$f(x) = x - \frac{x^2}{2} + \frac{x^3}{3} - \frac{x^4}{4} + \ldots + (-1)^{n-1}\frac{x^n}{n} + R_n(x)$$

dove

$$\left|R_n(x)\right| = \frac{|x|^{n+1}}{(n+1)(1+c)^{n+1}},$$

con c interno all'intervallo di estremi 0 e x.

Per $x = 1$ si ha dunque

$$\left|R_n(1)\right| = \frac{1}{(n+1)(1+c)^{n+1}} \quad \text{con} \quad 0 < c < 1.$$

Dato che

$$\frac{1}{(n+1)(1+c)^{n+1}} < \frac{1}{n+1},$$

e che il primo valore di n per cui questa quantità è minore di 10^{-1} è $n = 9$, un numero razionale che approssima $\ln 2$ a meno di un decimo è

$$r = 1 - \frac{1}{2} + \frac{1}{3} - \frac{1}{4} + \frac{1}{5} - \frac{1}{6} + \frac{1}{7} - \frac{1}{8} + \frac{1}{9}.$$

3.188. 19/200.

3.189. Siano $f(x) = \sin x$, $x_0 = 0$, $x = 1/5$. La formula di Mc Laurin di f, di ordine $2n+1$, con resto di Lagrange è

$$f(x) = \sum_{k=0}^{n} (-1)^k \frac{x^{2k+1}}{(2k+1)!} + R_{2n+1}(x),$$

dove

$$R_{2n+1}(x) = \frac{f^{(2n+2)}(c)}{(2n+2)!} x^{2n+2},$$

con c interno all'intervallo di estremi 0 e x. Si ha

$$|R_{2n+1}(x)| \leq \frac{1}{(2n+2)!}|x|^{2n+2},$$

e quindi

$$|R_{2n+1}(1/5)| \leq \frac{1}{(2n+2)!}(1/5)^{2n+2}.$$

Poiché il primo valore di n per cui quest'ultima quantità è minore di 10^{-4} è $n = 1$, si ottiene che un numero razionale che approssima $\sin(1/5)$ a meno di 10^{-4} è

$$r = \frac{1}{5} - \frac{1}{6} \cdot \frac{1}{5^3} = \frac{149}{750}.$$

3.190. Siano $f(x) = (1+x)^a$, $a = 1/2$, $x_0 = 0$, $x = 1/7$. La formula di Mc Laurin di f, di ordine n, con resto di Lagrange è

$$\begin{aligned} f(x) &= 1 + ax + \frac{a(a-1)}{2!}x^2 + \dots \\ &+ \dots + \frac{a(a-1)\cdot\ldots\cdot(a-n+1)}{n!}x^n + R_n(x), \end{aligned}$$

dove

$$R_n(x) = \frac{a(a-1)\cdot\ldots\cdot(a-n)(1+c)^{a-n-1}}{(n+1)!}x^{n+1},$$

con c interno all'intervallo di estremi 0 e x. Si ha

$$\begin{aligned} R_2(1/7) &= \frac{a(a-1)(a-2)(1+c)^{a-3}}{3!}(1/7)^3 \\ &< \frac{3}{8}\cdot\frac{1}{6}\cdot\frac{1}{7^3} = \frac{1}{5488} < 10^{-3}. \end{aligned}$$

Un numero razionale che approssima $(8/7)^{1/2}$ a meno di 10^{-3} è

$$r = 1 + \frac{1}{14} - \frac{1}{8}\cdot\frac{1}{7^2} = \frac{419}{392}.$$

3.191. Procedendo come in [**3.190**], siano $f(x) = (1+x)^a$, $a = 1/3$, $x_0 = 0$, $x = -1/100$. Utilizzando la formula di Mc Laurin di f con resto di Lagrange, si ha in particolare

$$R_1(x) = \frac{a(a-1)(1+c)^{a-2}}{2!}x^2,$$

con c interno all'intervallo di estremi 0 e x, e quindi

$$\left|R_1\left(-\frac{1}{100}\right)\right| = \left|\frac{a(a-1)(1+c)^{a-2}}{2!}\left(-\frac{1}{100}\right)^2\right|$$

$$\text{con } -1/100 < c < 0.$$

Poiché quindi $c + 1 > 99/100$, avremo

$$|R_1(-1/100)| \le \frac{1}{9\cdot 10^4}\left(\frac{100}{99}\right)^{5/3}.$$

Dato che

$$\frac{100}{99} < 2 \Longrightarrow \left(\frac{100}{99}\right)^{5/3} < 2^{5/3} < 2^2 < 4,$$

si ha $|R_1(-1/100)| \le 4/(9\cdot 10^4) < 10^{-4}$.

Un numero razionale che approssima $(99/100)^{1/3}$ è quindi

$$r = 1 + \frac{1}{3}\left(-\frac{1}{100}\right) = \frac{299}{300}.$$

3.192. Per la funzione $\sin x$ vale lo sviluppo

$$\sin x = x - \frac{x^3}{3!} + o(x^3).$$

L'esercizio chiede di stimare l'errore commesso utilizzando la formula del primo ordine. Osservando però che il monomio di secondo grado è nullo, possiamo avere una stima più accurata dell'errore usando la formula del secondo ordine. Si verifica, esprimendo il resto nella forma di Lagrange, che

$$\left|R_2(x)\right| = \left|-\frac{\cos c}{6} \cdot x^3\right| \le \frac{|x|^3}{6},$$

con c interno all'intervallo di estremi 0 e x, e quindi

$$\left|R_2\left(\frac{\pi}{20}\right)\right| \le \frac{1}{6}\left(\frac{\pi}{20}\right)^3 < \frac{1}{1000}.$$

3.193. Per la funzione $\tan x$ vale lo sviluppo

$$\tan x = x + \frac{1}{3}x^3 + o(x^3).$$

Dato che $\tan\left(\frac{101}{11}\pi\right) = \tan\left(\frac{2}{11}\pi\right)$, come nell'esercizio precedente, occorre la formula di Mc Laurin arrestata al primo ordine. Osservando però che il monomio di secondo grado si annulla, conviene, per maggiore precisione, utilizzare la formula del secondo ordine. Si verifica che il resto nella forma di Lagrange è, in valore assoluto,

$$\left|R_2(x)\right| = \left|\frac{\cos^2 c + 3\sin^2 c}{3\cos^4 c} \cdot x^3\right| = \left|\frac{1 + 2\sin^2 c}{3\cos^4 c} \cdot x^3\right|,$$

con c interno all'intervallo di estremi 0 e x, e quindi

$$\left|R_2\left(\frac{2}{11}\pi\right)\right| = \left|\frac{1 + 2\sin^2 c}{3\cos^4 c}\left(\frac{2}{11}\pi\right)^3\right| \quad \text{con} \quad 0 < c < 2\pi/11.$$

Ricordando che $2\pi/11 < \pi/4$ e che $\pi < 32/10$, si ottiene che

$$\left|R_2\left(\frac{2}{11}\pi\right)\right| < \frac{8}{3}\left(\frac{2}{11}\right)^3\left(\frac{32}{10}\right)^3 < \frac{6}{10}.$$

3.194. Osserviamo che si può scrivere

$$\ln\big(e^2(e^2 - 1)\big) = \ln\big(e^4(1 - 1/e^2)\big) = 4 + \ln\big(1 - 1/e^2\big).$$

Per la funzione $\ln(1 + x)$ vale lo sviluppo

$$\ln(1+x) = x - \frac{x^2}{2} + o(x^2).$$

L'errore richiesto è quello che si commette utilizzando la formula al secondo ordine. Esprimendo il resto nella forma di Lagrange, si ha

$$\left|R_2(x)\right| \leq \left|\frac{1}{3} \cdot \frac{1}{(1+c)^3} \cdot x^3\right|,$$

con c interno all'intervallo di estremi 0 e x, e quindi

$$\begin{aligned}\left|R_2\left(-\frac{1}{e^2}\right)\right| &\leq \left|\frac{1}{3} \cdot \frac{1}{(1+c)^3} \cdot \left(-\frac{1}{e^2}\right)^3\right| \\ &= \frac{1}{3} \cdot \frac{1}{|1+c|^3} \cdot \frac{1}{e^6}\end{aligned}$$

con $-\dfrac{1}{e^2} < c < 0$.

Dato che $|1+c| \geq 1 - 1/e^2$, si ottiene

$$\left|R_2\left(-\frac{1}{e^2}\right)\right| < \frac{1}{500}.$$

3.195. La funzione è infinitesima, in quanto

$$\lim_{x \to 0} \left(e^{\sin x} - \ln(1+x) - 1\right) = 0.$$

Dal fatto che $e^x = 1 + x + x^2/2 + o(x^2)$, e $\sin x = x + o(x^2)$, per $x \to 0$, si ha

$$\begin{aligned}e^{\sin x} - \ln(1+x) - 1 &= e^{x+o(x^2)} - x + \frac{x^2}{2} + o(x^2) - 1 \\ &= 1 + x + o(x^2) + \frac{(x+o(x^2))^2}{2} + o(x^2) + \\ &\qquad - x + \frac{x^2}{2} + o(x^2) - 1 \\ &= \frac{x^2}{2} + o(x^2) + \frac{x^2}{2} + o(x^2) = x^2 + o(x^2)\end{aligned}$$

(si osservi che $o((x+o(x^2))^2) = o(x^2)$ per $x \to 0$). Si conclude che, per $x \to 0$, la funzione assegnata ha ordine di infinitesimo 2 rispetto all'infinitesimo campione x.

3.196. 2. **3.197.** 1.

3.198. Conviene riscrivere la funzione nella forma seguente

$$\sqrt[4]{x}\left(1 - \sqrt[4]{1 + 1/x}\right);$$

dallo sviluppo di Mc Laurin $(1+t)^\alpha = 1 + \alpha t + o(t)$, per $t \to 0$, si ha

$$\begin{aligned}\sqrt[4]{x}(1-\sqrt[4]{1+1/x}) &= \sqrt[4]{x}\,(1-1-1/(4x)+o(1/x))\\ &= -\frac{\sqrt[4]{x}}{4x}(1+o(1)) = -\frac{1}{4x^{3/4}}(1+o(1)),\end{aligned}$$

da cui si deduce che la funzione è infinitesima di ordine $3/4$ rispetto all'infinitesimo campione $1/x$, per $x \to +\infty$.

3.199. 0, 0, 0.

3.200. Il limite presenta la forma di indecisione $\infty - \infty$; per risolvere forme di indecisione di questo tipo, è utile riconoscere a prima vista l'infinito che "comanda", detto *infinito principale.* L'esercizio [**3.199**] permette, in questo caso, di individuarlo facilmente; infatti, per $x \to +\infty$,

$$x^4 = o(e^x), \qquad \ln(x^2+1) = 2\ln|x| + o(1) = o(e^x).$$

Si può scrivere $e^x - x^4 + \ln(x^2+1) = e^x + o(e^x)$, da cui si deduce che e^x rappresenta il termine "più importante" della somma, al tendere di x a $+\infty$, e che $\lim_{x\to+\infty}(e^x - x^4 - \ln(x^2+1)) = +\infty$. Qual è il termine principale per $x \to -\infty$?

3.201. 0. **3.202.** 0.

3.203. Il limite presenta la forma di indecisione $\frac{0}{0}$; bisogna stabilire, sia a numeratore che a denominatore, qual è il termine che "comanda", cioè che tende a zero "meno rapidamente" per $x \to 0^+$ (detto *infinitesimo principale*). A numeratore, il termine principale è $\sqrt{x}$; basti osservare che $x/\ln x = o(x)$, e $x = o(\sqrt{x})$. Il denominatore può essere riscritto nella forma $2\sqrt{x} + \sqrt{x}(\sqrt{x}\ln x)$; per l'esercizio [**3.199**], $\lim_{x\to0^+}\sqrt{x}\ln x = 0$, quindi l'infinitesimo più importante a denominatore è $2\sqrt{x}$. Di conseguenza

$$\lim_{x\to0^+}\frac{x/(\ln x)+\sqrt{x}}{2\sqrt{x}+x\ln x} = \lim_{x\to0^+}\frac{\sqrt{x}}{2\sqrt{x}} = \frac{1}{2}.$$

3.204. Per $x \to +\infty$ si ha

$$\begin{aligned}\ln(x^2+x+1) &+ \ln(x-4) + 4\ln(x^6+x) - \ln(x^4+1)\\ &= \ln(x^2(1+o(1))) + \ln(x(1+o(1)))+\\ &\qquad + 4\ln(x^6(1+o(1))) - \ln(x^4(1+o(1)))\\ &= 2\ln x + \ln x + 24\ln x - 4\ln x + \ln(1+o(1))\\ &= 23\ln x + o(1),\end{aligned}$$

da cui si deduce che il termine principale è $23 \ln x$.

3.205. 3^{x^2}. **3.206.** $-2^{\sqrt{x}}$. **3.207.** $5 \ln x$. **3.208.** x^7.

3.209. Scriviamo lo sviluppo della funzione assegnata utilizzando gli sviluppi di Mc Laurin, arrestati al primo ordine, delle funzioni

$$\ln(1+x), \qquad \sqrt{1+x}, \qquad 2^x,$$

e teniamo conto del fatto che, per ogni $n \in \mathbb{N}$, vale la relazione $e^{-1/x^2} = o(x^n)$, per $x \to 0$. Si ha, per $x \to 0^+$,

$$\begin{aligned}
&\ln(1+x^2) + \sqrt{1-x^3} + 2^x - 2 + e^{-1/x^2} \\
&\quad = x^2 + o(x^2) + 1 - \frac{x^3}{2} + o(x^3) + 1 + x \ln 2 + o(x) - 2 + o(x^n)
\end{aligned}$$

(per ogni $n \in \mathbb{N}$). Semplificando opportunamente, e tenendo conto delle proprietà del simbolo di o−piccolo, il secondo membro può anche essere scritto nella forma $x \ln 2 + o(x)$, da cui si deduce che il termine principale, per $x \to 0^+$, è $x \ln 2$.

3.210. $-(3/2)x$. **3.211.** $-\sqrt[5]{x}$.

3.212. Il limite presenta la forma di indecisione $\frac{0}{0}$, e le funzioni $f(x) = \tan x - \sin x$ e $g(x) = \ln(1+x^3)$ soddisfano le ipotesi del teorema di de l'Hôpital. Calcoliamo quindi

$$\lim_{x\to 0} \frac{f'(x)}{g'(x)} = \lim_{x\to 0} \frac{1+\tan^2 x - \cos x}{3x^2/(1+x^3)} = \frac{0}{0}.$$

Anche al quoziente delle derivate è applicabile de l'Hôpital:

$$\lim_{x\to 0} \frac{f''(x)}{g''(x)} = \lim_{x\to 0} \frac{2\tan x(1+\tan^2 x) + \sin x}{(6x - 3x^4)/(1+x^3)^2} = \frac{0}{0}.$$

Si vede che, in questo caso, l'applicazione del teorema di de l'Hôpital non semplifica la risoluzione della forma di indecisione. Conviene procedere in altro modo. Ricordiamo che, per $x \to 0$,

$$\tan x = x + \frac{x^3}{3} + o(x^3), \qquad \sin x = x - \frac{x^3}{6} + o(x^3),$$
$$\ln(1+x^3) = x^3 + o(x^3).$$

Si ha

$$\lim_{x\to 0} \frac{\tan x - \sin x}{\ln(1+x^3)} = \lim_{x\to 0} \frac{x^3/3 + x^3/6 + o(x^3)}{x^3 + o(x^3)} = \lim_{x\to 0} \frac{1/2 + o(1)}{1+o(1)} = \frac{1}{2}.$$

3.213. Per confrontare gli infiniti di f e g, calcoliamo il $\lim_{x \to +\infty} \frac{f(x)}{g(x)}$. Sono soddisfatte le ipotesi del teorema di de l'Hôpital, quindi:

$$\lim_{x \to +\infty} \frac{f'(x)}{g'(x)} = \lim_{x \to +\infty} \frac{3x^2 - 4x}{2x + \sin x + x \cos x} = \frac{+\infty}{+\infty}.$$

Applichiamo un'altra volta de l'Hôpital al quoziente delle derivate prime, e otteniamo

$$\lim_{x \to +\infty} \frac{f''(x)}{g''(x)} = \lim_{x \to +\infty} \frac{6x - 4}{2 + 2\cos x - x \sin x}.$$

Il denominatore non ammette limite per $x \to +\infty$, quindi il procedimento si arresta, e il teorema di de l'Hôpital si è rivelato fallimentare in questo caso. Risolviamo in altro modo la forma di indecisione iniziale:

$$\lim_{x \to +\infty} \frac{f(x)}{g(x)} = \lim_{x \to +\infty} \frac{x^3(1 - 2/x)}{x^2(1 + (\sin x)/x)} = \lim_{x \to +\infty} \frac{x^3}{x^2} = +\infty.$$

Si deduce che f è infinito d'ordine superiore a g per $x \to +\infty$.

3.214. Il limite $\lim_{x \to 0^+} xe^{1/x}$ presenta la forma di indecisione $0 \cdot \infty$; tale forma di indecisione può essere ricondotta a una forma di indecisione del tipo $\frac{\infty}{\infty}$ mediante un opportuno cambiamento di variabili: basta porre $x = 1/t$ e considerare il limite riscritto nella forma

$$\lim_{x \to 0^+} xe^{1/x} = \lim_{t \to +\infty} e^t/t = +\infty$$

(si veda l'esercizio [**3.199**]).

3.215. Poiché $\lim_{x \to 0^-} x^3 2^{1/x^2} = \lim_{t \to -\infty} 2^{t^2}/t^3$, applicando due volte de l'Hôpital al limite di destra, si ha

$$\lim_{t \to -\infty} \frac{2^{t^2}}{t^3} = \lim_{t \to -\infty} \frac{2(\ln 2)2^{t^2}}{3t} = \lim_{t \to -\infty} \frac{4(\ln 2)^2 t 2^{t^2}}{3} = -\infty.$$

3.216. Il limite presenta la forma di indecisione $0 \cdot \infty$. Effettuando la sostituzione $1/x^5 = t$, ed applicando de l'Hôpital alla funzione $\frac{\ln t}{e^{t/7}}$, si ha

$$\lim_{x \to 0^+} e^{-1/x^5} (\ln x)^7 = -\frac{1}{5^7} \lim_{t \to +\infty} \left(\frac{\ln t}{e^{t/7}}\right)^7 = -\frac{1}{5^7} \left(\lim_{t \to +\infty} \frac{\ln t}{e^{t/7}}\right)^7$$
$$= -\frac{1}{5^7} \left(\lim_{t \to +\infty} \frac{1/t}{(1/7)e^{t/7}}\right)^7 = 0.$$

3.217. Dalla validità delle relazioni

$$e^{1/(x-x^2)} \sim e \cdot e^{1/x}, \qquad x + \sqrt{|x|} \sim \sqrt{|x|}$$

per $x \to 0^-$, si ha che $\lim_{x\to 0^-} \dfrac{e^{1/(x-x^2)}}{x+\sqrt{|x|}} = e \cdot \lim_{x\to 0^-} \dfrac{e^{1/x}}{\sqrt{|x|}}$. Il limite in questione presenta la forma di indecisione $\dfrac{0}{0}$. Si effettua il cambio di variabile $1/x = t$, e si applica de l'Hôpital come segue

$$\lim_{x\to 0^-} \frac{e^{1/x}}{\sqrt{|x|}} = \lim_{t\to -\infty} \frac{\sqrt{-t}}{e^{-t}} = \lim_{t\to -\infty} \frac{1}{2\sqrt{-t}e^{-t}} = 0^+.$$

3.218. Basta effettuare la sostituzione $1/x = t$ ed applicare due volte il teorema di de l'Hôpital al quoziente $t^2/4^t$, con $t \to +\infty$. Il limite vale 0.

3.219. Basta calcolare il $\lim_{x\to 0^+} \sqrt{x}e^{1/x}$, in quanto

$$e^{1/(x+x^2)} \sim e^{-1}e^{1/x}, \qquad x \to 0^+.$$

Si procede effettuando la sostituzione $1/x = t$, ed applicando de l'Hôpital alla funzione $e^t/\sqrt{t}$, con $t \to +\infty$. Il limite vale $+\infty$.

3.221. Il limite presenta la forma di indecisione del tipo $0 \cdot \infty$. Osservando che $\dfrac{x}{4-x^2} = \dfrac{1}{2(2-x)} - \dfrac{1}{2(2+x)}$, conviene isolare i fattori che danno luogo alla forma di indecisione scrivendo f nel modo seguente

$$f(x) = (x^2+2x+4)e^{-1/(2(2+x))}(x-2)e^{1/2(2-x)}.$$

Per note proprietà del calcolo dei limiti e per la continuità della funzione esponenziale, si può scrivere

$$\begin{aligned}\lim_{x\to 2^-} f(x) &= \lim_{x\to 2^-} (x^2+2x+4)e^{-1/(2(2+x))}(x-2)e^{1/2(2-x)} \\ &= 12e^{-1/8} \lim_{x\to 2^-} (x-2)e^{1/2(2-x)}.\end{aligned}$$

Operando la sostituzione $2 - x = 1/t$, e calcolando poi il limite per $t \to +\infty$, si ha

$$\lim_{x\to 2^-} 12e^{-1/8}(x-2)e^{1/2(2-x)} = 12e^{-1/8} \lim_{t\to +\infty} \frac{-e^{t/2}}{t}.$$

La forma di indecisione del tipo $\dfrac{\infty}{\infty}$ viene facilmente risolta applicando il teorema di de l'Hôpital; si ottiene

$$\lim_{t\to +\infty} -e^{t/2}/t = \lim_{t\to +\infty} -e^{t/2}/2 = -\infty.$$

3.222. 0. **3.223.** 0.

3.224. Poiché, per $x \to -\infty$,

$$e^x(x^3 + \arctan(x^2)) = x^3 e^x(1 + o(1)),$$

basta calcolare $\lim_{x\to-\infty} x^3 e^x$, che presenta la forma di indecisione del tipo $-\infty\cdot 0$. Applicando de l'Hôpital tre volte al quoziente x^3/e^{-x}, si ha che $\lim_{x\to-\infty} x^3 e^x = \lim_{x\to-\infty} \frac{6}{-e^{-x}} = 0^-$.

3.225. $+\infty$. **3.226.** 0. **3.227.** $+\infty$.

3.228. Poiché $\tan x = x + x^3/3 + o(x^3)$ per $x \to 0$, si ha, per $x \to 0^+$,

$$(\tan x - x)e^{1/x} = (x^3/3)e^{1/x}(1 + o(x)).$$

Basta, quindi, calcolare $\lim_{x\to0^+} x^3 e^{1/x}$, che presenta la forma di indecisione $0\cdot\infty$. Posto $1/x = t$, e applicando tre volte il teorema di de l'Hôpital al quoziente e^t/t^3, si ha che

$$\lim_{x\to0^+} x^3 e^{1/x} = \lim_{x\to+\infty} \frac{e^t}{t^3} = \lim_{x\to+\infty} \frac{e^t}{6} = +\infty.$$

3.229. Sostituendo nell'espressione a primo membro le relazioni

$$\sin x = x + o(x), \quad \ln(1+x) = x + o(x), \quad \sqrt{1-x} = 1 - \frac{x}{2} + o(x),$$

si deve provare che

$$\lim_{x\to0} \frac{1}{x} \cdot \left(x + o(x) + x + o(x) - 1 + x/2 + o(x) + a + bx + cx^2\right) = 0,$$

cioè che $\lim_{x\to0} \left(\frac{5}{2} + \frac{a-1}{x} + b + cx + o(1)\right) = 0$. Poiché

$$\lim_{x\to0} \left(\frac{5}{2} + \frac{a-1}{x} + b + cx + o(1)\right) = \frac{5}{2} + b + \lim_{x\to0} \frac{a-1}{x},$$

deve essere $a - 1 = 0$, e quindi $\frac{5}{2} + b = 0$, cioè $a = 1$, $b = -\frac{5}{2}$, c qualsiasi.

3.230. $b = a - 1, \quad c = 3a$.

3.231. Sostituendo a primo membro le relazioni $\cos x = 1 - \frac{x^2}{2} + o(x^2)$, $\ln(\sqrt{1+x}) = \frac{x}{2} + o(x)$, $5^{-x} = 1 - x\ln 5 + o(x)$, valide per $x \to 0$, dopo opportune semplificazioni, si deve provare che

$$-\frac{a}{2} - \frac{1}{2} - b + \ln 5 + \lim_{x\to0} \frac{c-1}{x} = 0,$$

da cui segue che $c=1$, e quindi $-\frac{a}{2}-\frac{1}{2}-b+\ln 5=0$, cioè

$$a \text{ qualsiasi}, \quad b=-\frac{a}{2}-\frac{1}{2}+\ln 5, \quad c=1.$$

3.232. Sviluppiamo le funzioni con la formula di Mc Laurin arrestata al primo ordine; si ha

$$\begin{aligned}\tan(x^2)-2\ln(1-x)+5^x-1 \\ &= x^2+o(x^2)+2x+o(x)+x\ln 5+o(x) \\ &= (2+\ln 5)x+o(x),\end{aligned}$$

da cui segue che l'ordine di infinitesimo è 1.

3.233. Per $x \to 0^+$ si ha

$$\begin{aligned}\cos x-2+(1+x^2)^{\sqrt{2}}+\sin(x^2) \\ &= 1-\frac{x^2}{2}+o(x^2)-2+1+\sqrt{2}x^2+o(x^2)+x^2+o(x^2) \\ &= \left(\frac{1+2\sqrt{2}}{2}\right)x^2+o(x^2);\end{aligned}$$

pertanto l'ordine di infinitesimo è 2.

3.234. Ordine di infinitesimo 1; $-((1/\ln 2)+2)\,x$ è il termine principale.

3.235. Ordine di infinitesimo 4; $(1/3)x^4$ è il termine principale.

3.236. Ordine di infinitesimo 6; $-(151/6!)\,x^6$ è il termine principale.

3.237. 3/2.

3.238. L'ordine di infinitesimo è 1 se $a \neq b-\frac{1}{3}$, è 2 se $a=b-\frac{1}{3}$ e $b \neq \pm\frac{\sqrt{2}}{3}$, è 3 se $a=\pm\frac{\sqrt{2}}{3}-\frac{1}{3}$ e $b=\pm\frac{\sqrt{2}}{3}$.

3.239. Poiché f è un polinomio, si ha $\mathcal{D}=\mathbb{R}$ e $f \in \mathcal{C}^\infty(\mathcal{D})$. La funzione è positiva per i valori di x tali che $x^3(x^2+x-3)>0$, ovvero per $x \in ((-1-\sqrt{13})/2,0) \cup ((\sqrt{13}-1)/2,+\infty)$, e interseca l'asse x nei punti $(-1 \pm \sqrt{13})/2$ e 0.

Agli estremi del dominio la funzione ha il seguente comportamento

$$\lim_{x\to\pm\infty} f(x)=\pm\infty;$$

in entrambi i casi, poiché $f(x) \sim x^5$ per $x \to \pm\infty$, f è un infinito del quinto ordine rispetto all'infinito campione x; pertanto il diagramma non ammette asintoti obliqui.
La derivata prima ha l'espressione seguente

$$f'(x) = 5x^4 + 4x^3 - 9x^2 = x^2(5x^2 + 4x - 9).$$

Poiché $f'(x) > 0$ sse $x \in (-\infty, -9/5) \cup (1, +\infty)$ e $f'(x) = 0$ sse $x = -9/5$, $x = 0$, $x = 1$, la funzione è crescente negli intervalli $(-\infty, -9/5]$ e $[1, +\infty)$, e decrescente nell'intervallo $[-9/5, 1]$. I punti $-9/5$ e 1 sono, rispettivamente, di massimo e minimo relativo per la funzione. Per stabilire la natura del punto stazionario 0, si osservi che $-3x^3 + x^4 + x^5$ è il polinomio di Mc Laurin di quinto ordine della funzione e dunque $f''(0) = 0$ e $f'''(0) = -18 \neq 0$; ne consegue che 0 è un punto di flesso discendente a tangente orizzontale.
La derivata seconda,

$$f''(x) = 20x^3 + 12x^2 - 18x = 2x(10x^2 + 6x - 9),$$

si annulla nei punti $\alpha = (-3 - 3\sqrt{11})/10$, $\beta = (-3 + 3\sqrt{11})/10$ e 0, ed è positiva negli intervalli $(\alpha, 0)$ e $(\beta, +\infty)$. Ne consegue che f è convessa in $[\alpha, 0]$ e $[\beta, +\infty)$ ed è concava in $(-\infty, \alpha]$ e $[0, \beta]$. I punti $(-3 \pm 3\sqrt{11})/10$ e 0 sono di flesso: ascendente i primi due, discendente e a tangente orizzontale l'ultimo (come già determinato in precedenza).
Il grafico è dunque quello rappresentato in figura

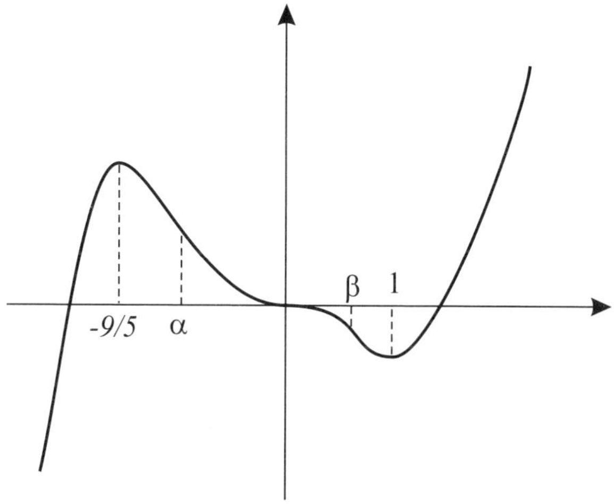

3.240. La funzione f è un rapporto tra polinomi e risulta definita nei punti di $\mathbb{R}$ in cui il denominatore non si annulla. Poiché $x^3+1 \neq 0$ sse $x \neq -1$, si ricava $\mathcal{D} = \mathbb{R} \setminus \{-1\}$; inoltre, $f \in \mathcal{C}^\infty(\mathcal{D})$. La funzione è positiva sse $x/(x^3+1) > 0$, quindi in $(-\infty, -1) \cup (0, +\infty)$, si annulla in $x = 0$, ed è negativa per i restanti valori di $x \in \mathcal{D}$. Il comportamento della funzione f alla frontiera del dominio è il seguente

$$\lim_{x \to -1^\pm} f(x) = \mp\infty, \qquad \lim_{x \to \pm\infty} f(x) = 0^+;$$

ne consegue che il grafico ammette un asintoto verticale, di equazione $x = -1$, e uno orizzontale, di equazione $y = 0$.
La derivata prima $f'(x) = \dfrac{1 - 2x^3}{(x^3+1)^2}$, in $\mathcal{D}$, ha il segno del numeratore; poiché $1-2x^3 \geq 0$ sse $x \leq 1/\sqrt[3]{2}$, la funzione è crescente in $(-\infty, -1)$ e $(-1, 1/\sqrt[3]{2}]$, decrescente in $[1/\sqrt[3]{2}, +\infty)$. Il punto $1/\sqrt[3]{2}$ è dunque di massimo locale.
La derivata seconda $f''(x) = -\dfrac{6x^2(2 - x^3)}{(x^3+1)^3}$ è minore di zero sse $x \in (-1, \sqrt[3]{2})$, e si annulla in $x = \sqrt[3]{2}$. Di conseguenza f è concava in tale intervallo, convessa in $(-\infty, -1)$ e $[\sqrt[3]{2}, +\infty)$, ed ha un punto di flesso ascendente in $\sqrt[3]{2}$. Un grafico qualitativo della funzione è quello rappresentato nella seguente figura (a $= 1/\sqrt[3]{2}$ b $= \sqrt[3]{2}$).

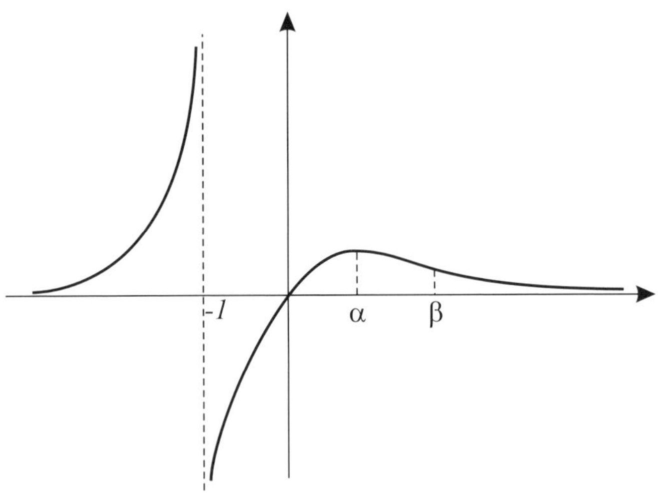

3.241. La funzione f è un quoziente di polinomi, e risulta definita nei punti di $\mathbb{R}$ che soddisfano la condizione $x^2 \neq 0$; pertanto $\mathcal{D} = \mathbb{R} \setminus \{0\}$ e $f \in \mathcal{C}^\infty(\mathcal{D})$.

Il segno e gli zeri della funzione coincidono, in $\mathcal{D}$, con il segno e gli zeri del numeratore; poiché

$$\mathbf{N} = (1-x)(2x^2+x+1) < 0$$

sse $x > 1$, e $\mathbf{N} = 0$ sse $x = 1$, si ottiene che 1 è l'unica intersezione del grafico con l'asse x, f è negativa in $(1, +\infty)$, e positiva altrove.

I seguenti limiti mostrano il comportamento della funzione agli estremi del dominio:

$$\lim_{x\to 0^\pm} f(x) = +\infty,$$
$$\lim_{x\to\pm\infty} f(x) = \lim_{x\to\pm\infty} (-2x) = \mp\infty \qquad (f(x) \sim -2x, \quad x \to \pm\infty);$$

il primo limite indica che la retta di equazione $x = 0$ è un asintoto verticale, mentre il secondo suggerisce di indagare la possibilità che esista un asintoto obliquo. A tale scopo, riscrivendo la funzione in esame nel seguente modo

$$f(x) = 1 - 2x + \frac{1}{x^2} = 1 - 2x + o(1) \qquad x \to \pm\infty,$$

si osserva che la retta $y = 1 - 2x$ è, per definizione, un asintoto obliquo della funzione, e che la quantità $f(x) - 1 + 2x = 1/x^2$ è positiva per ogni $x \in \mathcal{D}$, cosicché il grafico sta al di sopra dell'asintoto.

Derivando si ottiene

$$f'(x) = -2\,\frac{x^3+1}{x^3}.$$

Lo studio del segno di f' mostra che la funzione è crescente nell'intervallo $[-1, 0)$, decrescente in $(-\infty, -1]$ e $(0, +\infty)$, e che il punto -1 è di minimo locale.

La derivata seconda

$$f''(x) = \frac{6}{x^4}$$

è positiva per ogni $x \in \mathcal{D}$, cosicché f è convessa negli intervalli $(-\infty, 0)$ e $(0, +\infty)$.

Il grafico della funzione è dunque il seguente

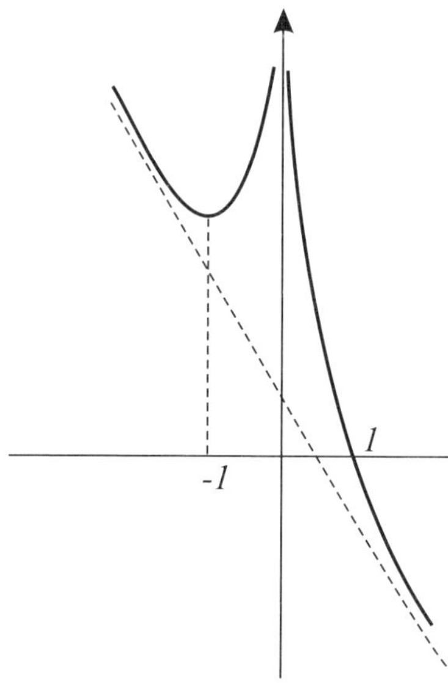

3.242. $\mathcal{D} = \mathbb{R} \setminus \{-1\}$; $\quad f(x) > 0 \quad \forall x \in \mathcal{D}$;
$\lim_{x\to\pm\infty} f(x) = 5^{\mp}$, $\quad \lim_{x\to -1^{\pm}} f(x) = +\infty$; asintoti: $x = -1$, $\; y = 5$;
$f'(x) = \dfrac{4(3x-1)}{(x+1)^3}$, $\; x = \dfrac{1}{3}$ min ass.; $\quad f''(x) = \dfrac{24(1-x)}{(x+1)^4}$, $\; x = 1$ flesso.

3.243. Il dominio di f è costituito dell'insieme $\mathcal{D} = \mathbb{R}\setminus\{0\}$; in tale insieme f è derivabile infinite volte in quanto ottenuta sommando e componendo funzioni di classe $\mathcal{C}^\infty$ in $\mathcal{D}$. Lo studio del segno della funzione comporta la soluzione della disequazione $x+e^{-1/x} > 0$; poiché la disequazione non è risolubile per via algebrica, tralasceremo per ora tale studio, cercando di dedurne informazioni dai calcoli successivi. Si può comunque osservare fin d'ora che, per $x > 0$, la funzione è certamente positiva.
Prendendo ora in considerazione il comportamento alla frontiera del dominio, otteniamo

$$\lim_{x\to 0^-} f(x) = +\infty, \qquad \lim_{x\to 0^+} f(x) = 0^+,$$
$$\lim_{x\to -\infty} f(x) = -\infty, \qquad \lim_{x\to +\infty} f(x) = +\infty.$$

Il primo limite indica che la retta di equazione $x = 0$ è un asintoto verticale per $x \to 0^-$; inoltre, dal primo e terzo limite, e dal fatto che f è continua nell'intervallo $(-\infty, 0)$, si deduce l'esistenza, in tale intervallo, di almeno una intersezione fra il diagramma della funzione e l'asse x (teorema degli zeri di una funzione continua). Si osservi inoltre che $f(x) \sim x$ per $x \to \pm\infty$; è quindi possibile che vi sia un asintoto obliquo. Poiché $e^u = 1 + u + o(u)$, se $u \to 0$, si può riscrivere f nel seguente modo

$$f(x) = x + 1 - 1/x + o(1/x) = x + 1 + o(1), \qquad x \to \pm\infty;$$

se ne deduce che la retta di equazione $y = x + 1$ è un asintoto obliquo per la funzione e, inoltre, essendo la quantità

$$f(x) - x - 1 = -1/x + o(1/x)$$

positiva in $\mathbb{R}_-$ e negativa in $\mathbb{R}_+$, il grafico sta al di sopra dell'asintoto, per $x \to -\infty$, e al di sotto, per $x \to +\infty$.

Derivando si ottiene

$$f'(x) = 1 + \frac{1}{x^2}\, e^{-1/x};$$

poiché $f'(x) > 0$ per ogni $x \in \mathcal{D}$, ne consegue che f è strettamente crescente in $(0, +\infty)$ e $(-\infty, 0)$ e che, in quest'ultimo intervallo, ha un'unica intersezione con l'asse x (l'esistenza è stata provata precedentemente). Indicando con α l'ascissa di tale punto, si ha quindi che $f(x)$ è negativa per $x < \alpha$, e positiva per $x > \alpha$, con $x \neq 0$.

Per disegnare più precisamente il diagramma vicino a 0^+ è utile il calcolo del seguente limite

$$\lim_{x \to 0^+} f'(x) = \lim_{x \to 0^+} 1 + \frac{1/x^2}{e^{1/x}} = 1$$

(si ricordi che $u^a = o(e^u)$, se $u \to +\infty$); da esso si ricava che il grafico della funzione si avvicina all'origine, per $x > 0$, tangenzialmente alla retta di equazione $y = x$. La derivata seconda

$$f''(x) = \frac{1 - 2x}{x^4}\, e^{-1/x}$$

ha, nel dominio, il segno di $(1 - 2x)$; ne consegue che la funzione data è convessa negli intervalli $(-\infty, 0)$ e $(0, 1/2]$, concava in $[1/2, +\infty)$, e in $1/2$

ha un flesso discendente. Il grafico è quindi il seguente

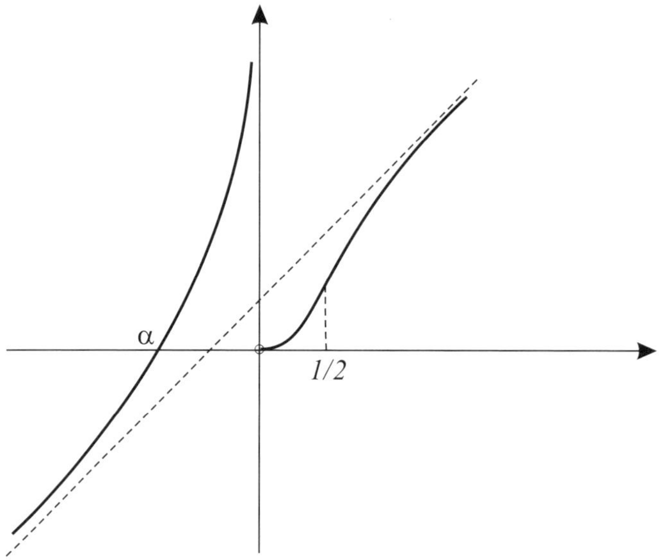

3.244. L'espressione che definisce f è il prodotto di un polinomio con un radicale di indice pari; dunque f risulta definita nei punti in cui il radicando $(x+2)$ è non negativo. Si ricava pertanto $\mathcal{D} = [-2, +\infty)$; inoltre si ha $f \in \mathcal{C}(\mathcal{D})$. La funzione è positiva per $x > 0$, si annulla in -2 e 0, ed è negativa nei restanti punti del dominio. Sapendo che $f(-2) = 0$, resta da esaminare il comportamento di f per $x \to +\infty$; si ha $\lim\limits_{x \to +\infty} f(x) = +\infty$, con $f(x) \sim x^{7/2}$, quindi il grafico non ammette asintoti.
Derivando, per $x \in \mathcal{D} \setminus \{-2\}$, si ottiene

$$f'(x) = 3x^2\sqrt{x+2} + \frac{x^3}{2\sqrt{x+2}} = \frac{x^2(7x+12)}{2\sqrt{x+2}}.$$

Poiché $\lim\limits_{x \to -2^+} f'(x) = -\infty$, si ha che f non è derivabile in -2 e il dominio di f' è $\mathcal{D}' = \mathcal{D} \setminus \{-2\}$; inoltre -2 è un punto di massimo locale a tangente verticale.
Il segno e gli zeri di f' coincidono, in $\mathcal{D}'$, con quelli di $x^2(7x+12)$; pertanto $f'(x) < 0$ in $(-2, -12/7)$ e $f'(x) = 0$ sse $x = -12/7$ e $x = 0$. Ne consegue che f è decrescente nell'intervallo $[-2, -12/7]$, crescente in $[-12/7, +\infty)$ ed ha in $-12/7$ un punto di minimo assoluto. Nelle vicinanze del punto stazionario 0, si ha

$$f(x) = x^3\sqrt{2}\left(1+\frac{x}{2}\right)^{1/2} = x^3\sqrt{2}\left(1+\frac{x}{4}+o(x)\right)$$
$$= x^3\sqrt{2} + \frac{\sqrt{2}}{4}x^4 + o(x^4);$$

poiché f ha derivata di qualsiasi ordine in $\mathcal{D}'$, l'ultima espressione ottenuta è lo sviluppo di Mc Laurin, arrestato al quarto ordine, della funzione; se ne deduce che $f''(0) = 0$ e $f'''(0) = 6\sqrt{2} \neq 0$. Quindi 0 è un punto di flesso ascendente a tangente orizzontale. La derivata seconda è

$$f''(x) = \frac{x(35x^2+120x+96)}{4(x+2)\sqrt{x+2}}.$$

Il denominatore, in $\mathcal{D}'$, è positivo; quindi f'' ha, in tale insieme, segno e zeri coincidenti con quelli del numeratore. Si ricava pertanto che la funzione è convessa in $[-2, (4\sqrt{15}-60)/35]$ e $[0, +\infty)$, concava in $[(4\sqrt{15}-60)/35, 0]$, ed ha due punti di flesso in $(4\sqrt{15}-60)/35$ e 0 (il secondo conferma un risultato trovato in precedenza).
Il grafico è rappresentato nella seguente figura ($\alpha = (4\sqrt{15}-60)/35$).

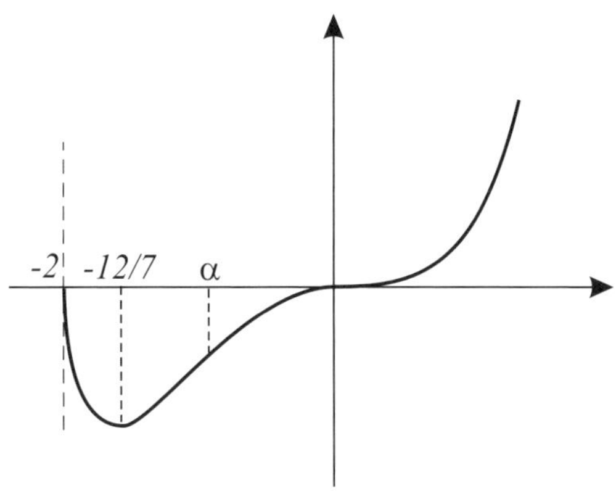

3.245. $\mathcal{D} = \mathbb{R}_+$; $\lim_{x\to 0^+} f(x) = +\infty$, $\lim_{x\to +\infty} f(x) = +\infty$;
$x = 0$ asintoto verticale;
$f'(x) = 2x - 1/x$, $x = 1/\sqrt{2}$ minimo assoluto;
$f(1/\sqrt{2}) = (1+\ln 2)/2 > 0$ dunque $x^2 - \ln x > 0$ $\forall x \in \mathcal{D}$;
$f''(x) = 2 + 1/x^2 > 0$ $\forall x \in \mathcal{D}$.

3.246. $\mathcal{D} = \mathbb{R}_+ \setminus \{e^2\}$; $f(x) > 0$ $\forall x \in (0,1) \cup (e^2, +\infty)$, $f(x) = 0$ sse $x = 1$; $\lim_{x\to 0^+} f(x) = 1^-$, $\lim_{x\to (e^2)^\mp} f(x) = \mp\infty$, $\lim_{x\to +\infty} f(x) = 1^+$;

asintoti : $x = e^2$, $y = 1$;

$$f'(x) = -\frac{2}{x(\ln x - 2)^2} < 0 \quad \forall x \in \mathcal{D}; \qquad \lim_{x\to 0^+} f'(x) = -\infty;$$

$$f''(x) = \frac{2\ln x}{x^2(\ln x - 2)^3} > 0 \quad \forall x \in (0,1) \cup (e^2, +\infty), \qquad x = 1$$ flesso discendente.

3.247. La funzione è definita nei punti x che soddisfano la condizione $e^x + x + 1 \neq 0$, ovvero $e^x \neq -x - 1$; utilizzando il confronto grafico tra la funzione esponenziale e^x e la retta di equazione $y = -x - 1$, è possibile stabilire che l'equazione $e^x + x + 1 = 0$ ha un'unica soluzione $\alpha \in (-\infty, -1)$, da cui segue che $\mathcal{D} = \mathbb{R} \setminus \{\alpha\}$. Poiché sia il numeratore che il denominatore di f sono derivabili infinite volte in $\mathcal{D}$, si ha $f \in \mathcal{C}^\infty(\mathcal{D})$. Essendo il numeratore positivo in $\mathcal{D}$, il diagramma di f non interseca l'asse x e dal precedente confronto grafico si deduce che $f(x)$ è positiva se $x > \alpha$ e negativa se $x < \alpha$. I seguenti limiti descrivono il comportamento della funzione alla frontiera di $\mathcal{D}$:

$$\lim_{x\to\alpha^\pm} f(x) = \pm\infty, \qquad \lim_{x\to-\infty} f(x) = 0^-, \qquad \lim_{x\to+\infty} f(x) = 1^-.$$

Dunque il grafico ha un asintoto verticale $x = \alpha$ e asintoti orizzontali $y = 0$, per $x \to -\infty$, e $y = 1$, per $x \to +\infty$.
La derivata prima

$$f'(x) = \frac{e^x(e^x + x + 1) - e^x(e^x + 1)}{(e^x + x + 1)^2} = \frac{xe^x}{(e^x + x + 1)^2}$$

ha, in $\mathcal{D}$, il segno di x; ne consegue che la funzione è crescente in $[0, +\infty)$, decrescente in $(-\infty, \alpha)$ e $(\alpha, 0]$, ed ha in 0 un minimo locale.
La derivata seconda è

$$f''(x) = e^x\,\frac{x^2 + 1 + e^x - xe^x}{(e^x + x + 1)^3}.$$

Il suo segno, in $\mathcal{D}$, dipende dal segno del denominatore, e quindi di f, e dal segno di $g(x) = x^2 + 1 + (1 - x)e^x$. Quest'ultimo è sicuramente positivo se $x \leq 1$; invece, nell'intervallo $(1, +\infty)$, poiché si ha

$$\lim_{x\to1^+} g(x) = 2, \qquad \lim_{x\to+\infty} g(x) = -\infty,$$

$$g'(x) = x(2 - e^x) < 0 \quad \forall x \in (1, +\infty),$$

g si annulla in un unico punto β dell'intervallo $(1, +\infty)$, ed è negativa se $x > \beta$; dunque $g(x)$ è positiva sse $x < \beta$, nulla in β e negativa altrove. Confrontando, in $\mathcal{D}$, i segni di f e g, si conclude che la funzione data è convessa nell'intervallo $(\alpha, \beta]$, è concava in $(-\infty, \alpha)$ e $[\beta, +\infty)$, ed ha un flesso discendente in β. Il grafico è quello rappresentato nella seguente figura

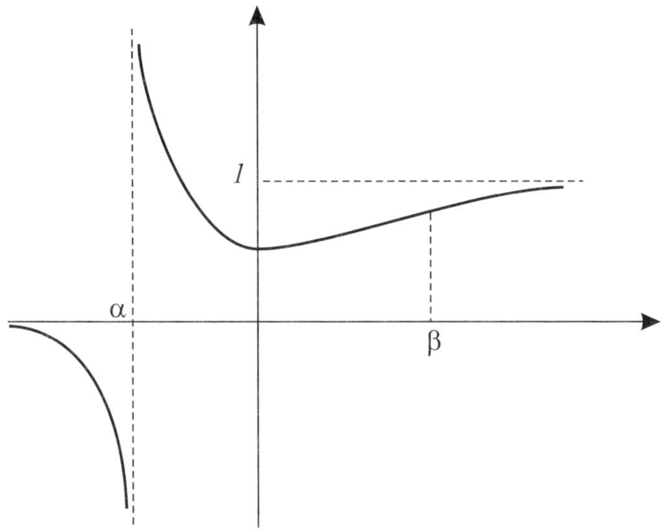

3.248. La funzione è definita nei punti in cui il denominatore dell'esponente è diverso da zero, ovvero sse $x \neq 2$; pertanto $\mathcal{D} = \mathbb{R} \setminus \{2\}$, e $f \in \mathcal{C}^{\infty}(\mathcal{D})$, in quanto le funzioni componenti f sono derivabili infinite volte in $\mathcal{D}$. La funzione è negativa se $x < 0$, nulla se $x = 0$, e positiva altrove. Ai punti di frontiera del dominio la funzione ha il seguente comportamento:

$$\lim_{x \to 2^-} f(x) = 0^+; \qquad \lim_{x \to 2^+} f(x) = +\infty; \qquad \lim_{x \to \pm\infty} f(x) = \pm\infty.$$

Si osservi che, per $x \to \pm\infty$, f è un infinito del primo ordine; infatti

$$\lim_{x \to \pm\infty} \frac{f(x)}{x} = e.$$

Poiché

$$\lim_{x \to \pm\infty} f(x) - ex = \lim_{x \to \pm\infty} ex \left(\exp\left(\frac{1}{x-2} \right) - 1 \right) = \lim_{x \to \pm\infty} \frac{ex}{x-2} = e$$

si può concludere che la retta di equazione $y = ex + e$ è asintoto obliquo per la funzione.

La derivata prima

$$f'(x) = \frac{x^2 - 5x + 4}{(x-2)^2} \exp\left(\frac{x-1}{x-2} \right)$$

ha, in $\mathcal{D}$, segno e zeri coincidenti con quelli del polinomio x^2-5x+4, dunque la funzione è crescente in $(-\infty, 1]$ e $[4, +\infty)$, decrescente in $[1, 2)$ e $(2, 4]$, e ha in 1 e 4, rispettivamente, un massimo e un minimo locali. Poiché $\lim_{x\to 2^-} f'(x) = 0$, il diagramma dell'estensione a $\mathbb{R}$ di f, continua a sinistra in 2, ha ivi come tangente sinistra l'asse x.

La derivata seconda

$$\begin{aligned} f''(x) &= \frac{x+2}{(x-2)^3} \exp\left(\frac{x-1}{x-2}\right) - \frac{x^2-5x+4}{(x-2)^4} \exp\left(\frac{x-1}{x-2}\right) \\ &= \frac{5x-8}{(x-2)^4} \exp\left(\frac{x-1}{x-2}\right) \end{aligned}$$

è negativa se $x < 8/5$, nulla in $8/5$, e positiva nei restanti $x \in \mathcal{D}$; dunque f è concava in $(-\infty, 8/5]$, è convessa in $[8/5,\ 2)$, e $(2, +\infty)$ e ha in $8/5$ un flesso ascendente. Un grafico qualitativo della funzione è il seguente

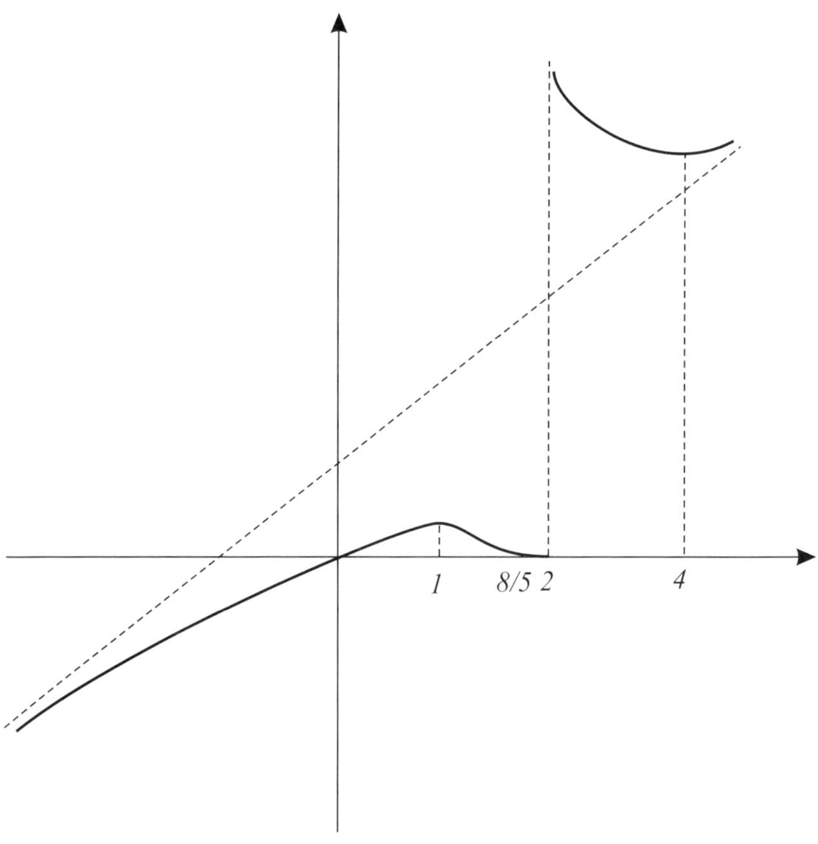

3.249. La funzione è definita in $\mathcal{D} = \mathbb{R}_+$; in tale insieme, la funzione, somma di funzioni continue, è continua, e può essere così riscritta:

$$f(x) = \begin{cases} \ln x + x & 0 < x < 1 \\ \ln x + 2 - x & x \geq 1. \end{cases}$$

Il comportamento alla frontiera di $\mathcal{D}$ è il seguente:

$$\lim_{x \to 0^+} f(x) = -\infty, \qquad \lim_{x \to +\infty} f(x) = -\infty;$$

la retta di equazione $x = 0$ è, per $x \to 0^+$, un asintoto verticale. La funzione non ha asintoto obliquo perché si ha $f(x) \sim (-x)$, per $x \to +\infty$, ma $\lim_{x \to +\infty} (f(x) + x) = +\infty$.

Derivando, per $x \neq 1$ si ottiene

$$f'(x) = \begin{cases} 1/x + 1 & 0 < x < 1 \\ 1/x - 1 & x > 1. \end{cases}$$

Poiché $\lim_{x \to 1^-} f'(x) = 2$ e $\lim_{x \to 1^+} f'(x) = 0$, in 1 la funzione ha un punto angoloso e f' ha dominio $\mathcal{D}' = \mathcal{D} \setminus \{1\}$. Inoltre si ha

$$f'(x) > 0 \iff x \in (0, 1), \quad \text{e} \quad f'(x) < 0 \iff x \in (1, +\infty);$$

pertanto f è crescente nell'intervallo $(0, 1]$, decrescente in $[1, +\infty)$, ed ha in 1 un massimo assoluto. Essendo $f(1) = 1 > 0$, si deduce che la funzione interseca l'asse x in due punti α e β, con $\alpha \in (0, 1)$ e $\beta \in (1, +\infty)$.

La derivata seconda

$$f''(x) = -\frac{1}{x^2}$$

è negativa per ogni $x \in \mathcal{D}'$ e, quindi, la funzione è concava in $(0, 1]$ e $[1, +\infty)$. In generale, da tale situazione, non è possibile dedurre che la funzione è concava in $(0, +\infty)$; ma, nel caso in esame, poiché $f'_-(1) > f'_+(1)$, si ha che f' è decrescente in $\mathcal{D}'$ e ciò è sufficiente per concludere che f è concava nell'intervallo

$(0, +\infty)$. Il grafico è dunque il seguente

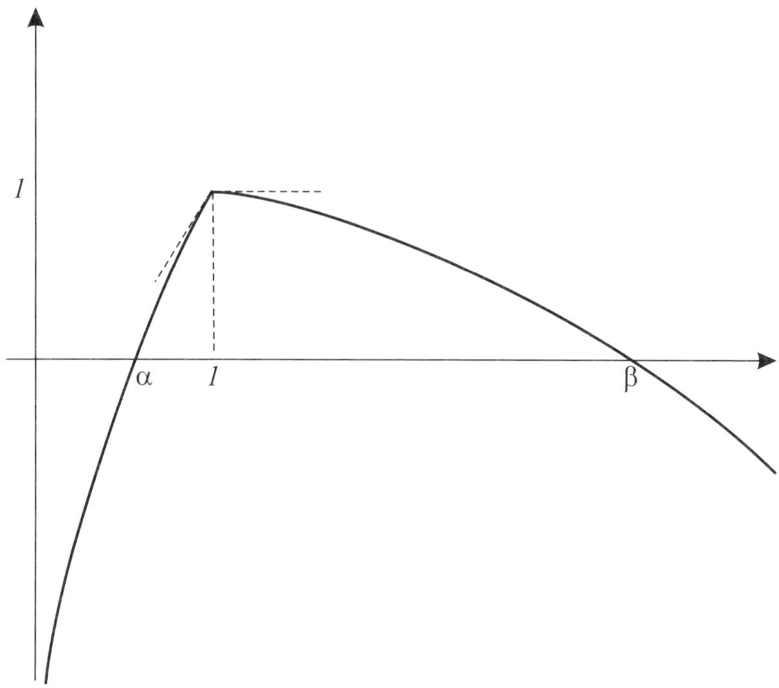

3.250. La funzione f è definita sse $x > 0$, pertanto $\mathcal{D} = \mathbb{R}_+$; in tale insieme f è positiva e di classe $\mathcal{C}^\infty$, in quanto è composta da funzioni che, in $\mathcal{D}$, sono derivabili infinite volte con continuità. Alla frontiera di $\mathcal{D}$ la funzione ha il seguente comportamento

$$\lim_{x\to 0^+} f(x) = +\infty, \qquad \lim_{x\to +\infty} f(x) = +\infty;$$

l'asse y è pertanto un asintoto verticale. Poiché $f(x) = x + o(1)$, per $x \to +\infty$, la funzione ammette un asintoto obliquo di equazione $y = x$. Essendo $f(x) - x = (\ln^2 x)/x$, l'asintoto sta al di sotto della curva per ogni $x \in \mathcal{D}$, eccetto che in 1, dove è ad essa tangente.

La derivata prima è

$$f'(x) = 1 + \frac{2\ln x - \ln^2 x}{x^2}.$$

Lo studio del segno di tale funzione non è eseguibile per via algebrica, né con un immediato confronto fra grafici di funzioni elementari; pertanto, per ora, lo tralasceremo, nella speranza di ricavare informazioni su di esso dallo studio del segno della derivata seconda. Si osservi comunque fin d'ora che, poiché

$$\lim_{x \to 0^+} f'(x) = -\infty, \qquad \lim_{x \to +\infty} f'(x) = 1,$$

e $f' \in \mathcal{C}(\mathcal{D})$, la derivata prima deve annullarsi almeno in un punto del dominio. Tale risultato è in accordo col comportamento della funzione agli estremi di $(0, +\infty)$; infatti, poiché f è derivabile in tale intervallo, vale la seguente implicazione (vedi [**3.103**])

$$\lim_{x \to 0^+} f(x) = \lim_{x \to +\infty} f(x) \implies \exists x \in (0, +\infty) : \; f'(x) = 0.$$

La derivata seconda

$$f''(x) = 2\,\frac{\ln^2 x - 3 \ln x + 1}{x^3}$$

è negativa se $x \in (e^{(3-\sqrt{5})/2}, e^{(3+\sqrt{5})/2})$, nulla negli estremi di tale intervallo e positiva nei restanti punti del dominio. Dunque f ha due flessi per $x = \beta = e^{(3-\sqrt{5})/2}$ e $x = \gamma = e^{(3+\sqrt{5})/2}$, discendente quello di ascissa minore, ascendente l'altro.

Dal segno di f'' si deduce che f' ha in $e^{(3-\sqrt{5})/2}$ un massimo locale e in $e^{(3+\sqrt{5})/2}$ un minimo locale; inoltre, poiché

$$f'(e^{(3+\sqrt{5})/2}) = 1 - \frac{1+\sqrt{5}}{2e^{(3+\sqrt{5})}} > 0,$$

si può concludere che f' cambia segno (da negativo a positivo) in un unico punto α, con $\alpha \in (0, 1)$, e che quindi la funzione data ha un minimo assoluto in α e un andamento come quello riportato nella seguente figura

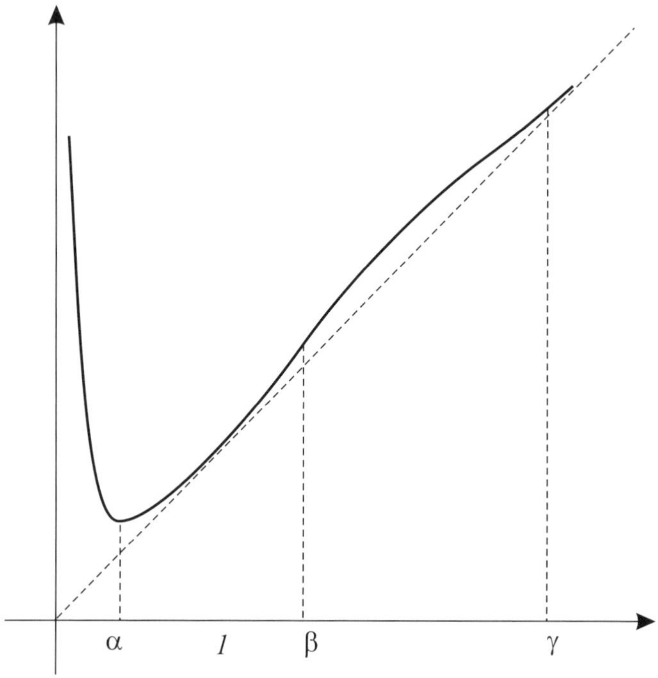

3.251. Se $k < 0$, dal confronto grafico fra la funzione esponenziale e^x, strettamente crescente, e la retta $y = kx$, strettamente decrescente, si deduce che l'equazione data ha una sola soluzione $\gamma(k) < 0$.
Se $k > 0$, la retta $y = kx$ è crescente e, pertanto, il confronto grafico con l'esponenziale in $(0, +\infty)$ non permette di trarre conclusioni generali. È dunque opportuno studiare la funzione $f_k : [0, +\infty) \longrightarrow \mathbb{R}$, definita da $f_k(x) = e^x - kx$, in quanto gli zeri di tale funzione coincidono con le soluzione dell'equazione data. Derivando si ottiene $f_k'(x) = e^x - k = 0$ sse $x = \ln k$, e tale punto è di minimo assoluto per f_k. Poiché $f_k(0) = 1 > 0$ e $\lim\limits_{x \to +\infty} f_k(x) = +\infty$, si hanno i seguenti casi:

i. se $f_k(\ln k) < 0$, ovvero $k > e$, allora f_k ha due zeri;
ii. se $f_k(\ln k) = 0$, ovvero $k = e$, allora f_k ha un unico zero in $x = 1$;
iii. se $f_k(\ln k) > 0$, ovvero $0 < k < e$, allora f_k non ha zeri.

Appendice

Limiti notevoli

$$\lim_{x\to 0} \frac{\sin x}{x} = 1 \qquad\qquad \lim_{x\to 0} (1+x)^{1/x} = e$$

$$\lim_{x\to 0} \frac{\ln(1+x)}{x} = 1 \qquad\qquad \lim_{x\to 0} \frac{e^x - 1}{x} = 1$$

$$\lim_{x\to 0} \frac{(1+x)^a - 1}{x} = a \qquad (a \in \mathbb{R})$$

Regole di derivazione

$$(f \pm g)'(x) = f'(x) \pm g'(x)$$

$$(f \cdot g)'(x) = f'(x) \cdot g(x) + f(x) \cdot g'(x)$$

$$\left(\frac{f}{g}\right)'(x) = \frac{f'(x)g(x) - f(x)g'(x)}{g^2(x)}$$

$$(g \circ f)'(x) = g'(f(x)) \cdot f'(x)$$

$$(f^{-1})'(y) = \frac{1}{f'(x)} \text{ con } f(x) = y$$

Derivate di funzioni elementari

$$f(x) = k \qquad\qquad f'(x) = 0$$

$$f(x) = x^\alpha \qquad\qquad f'(x) = \alpha\, x^{\alpha-1}$$

$f(x) = a^x$ $\qquad$ $f'(x) = a^x \ln a$

$f(x) = \log_a x$ $\qquad$ $f'(x) = \dfrac{1}{x \ln a}$

$f(x) = \sin x$ $\qquad$ $f'(x) = \cos x$

$f(x) = \cos x$ $\qquad$ $f'(x) = -\sin x$

$f(x) = \tan x$ $\qquad$ $f'(x) = 1 + \tan^2 x = \dfrac{1}{\cos^2 x}$

$f(x) = \arcsin x$ $\qquad$ $f'(x) = \dfrac{1}{\sqrt{1-x^2}}$

$f(x) = \arccos x$ $\qquad$ $f'(x) = \dfrac{-1}{\sqrt{1-x^2}}$

$f(x) = \arctan x$ $\qquad$ $f'(x) = \dfrac{1}{1+x^2}$

Formule di Mc Laurin

$$e^x = 1 + x + \frac{x^2}{2!} + \frac{x^3}{3!} + \ldots + \frac{x^n}{n!} + o(x^n)$$

$$\ln(1+x) = x - \frac{x^2}{2} + \frac{x^3}{3} + \ldots + (-1)^{n-1}\frac{x^n}{n} + o(x^n)$$

$$\sin x = x - \frac{x^3}{3!} + \frac{x^5}{5!} + \ldots + (-1)^n \frac{x^{2n+1}}{(2n+1)!} + o(x^{2n+1})$$

$$\cos x = 1 - \frac{x^2}{2!} + \frac{x^4}{4!} + \ldots + (-1)^n \frac{x^{2n}}{(2n)!} + o(x^{2n})$$

$$\tan x = x + \frac{x^3}{3} + \frac{2}{15}x^5 + \frac{17}{315}x^7 + o(x^8)$$

$$\arctan x = x - \frac{x^3}{3} + \frac{x^5}{5} + \ldots + (-1)^n \frac{x^{2n+1}}{2n+1} + o(x^{2n+1})$$

$$(1+x)^a = 1 + ax + \binom{a}{2}x^2 + \binom{a}{3}x^3 + \ldots + \binom{a}{n}x^n + o(x^n)$$

$$\left(\binom{a}{k} = \frac{a \cdot (a-1) \cdot \ldots \cdot (a-k+1)}{k!},\ k \geq 1\right)$$

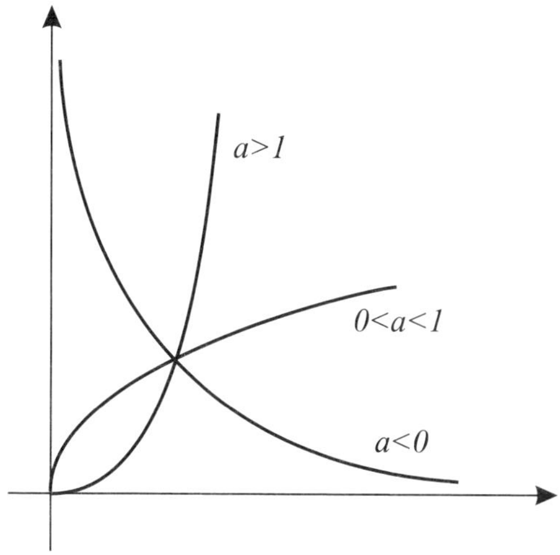

$x \mapsto x^a$

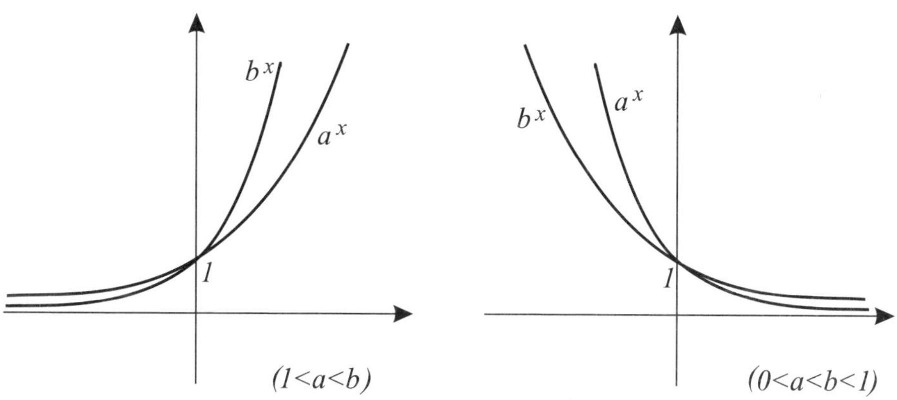

$x \mapsto \alpha^x$

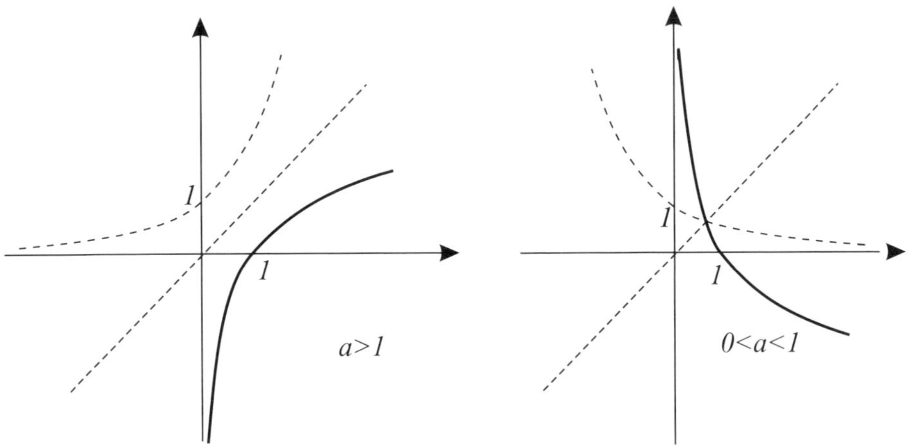

$x \mapsto \log_a x$

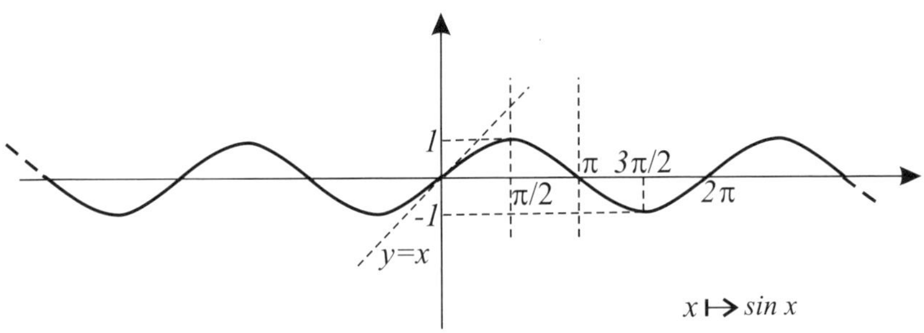

$x \mapsto \sin x$

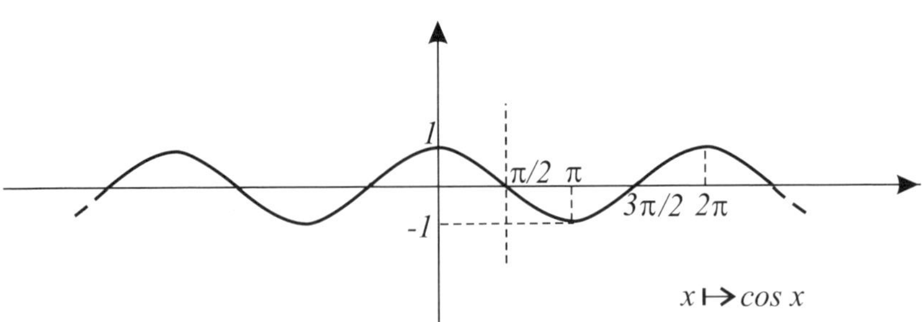

$x \mapsto \cos x$

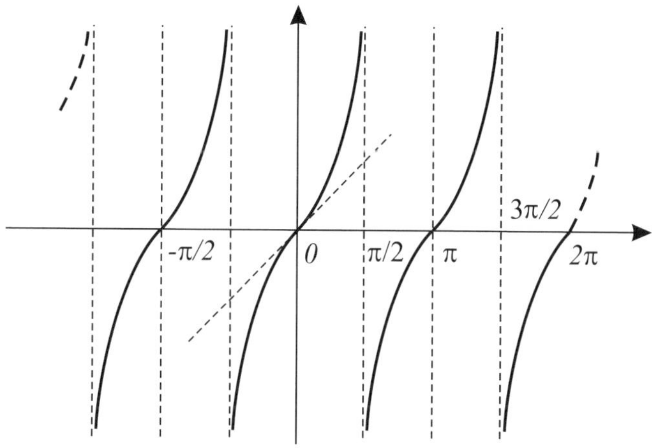

$x \mapsto \tan x$

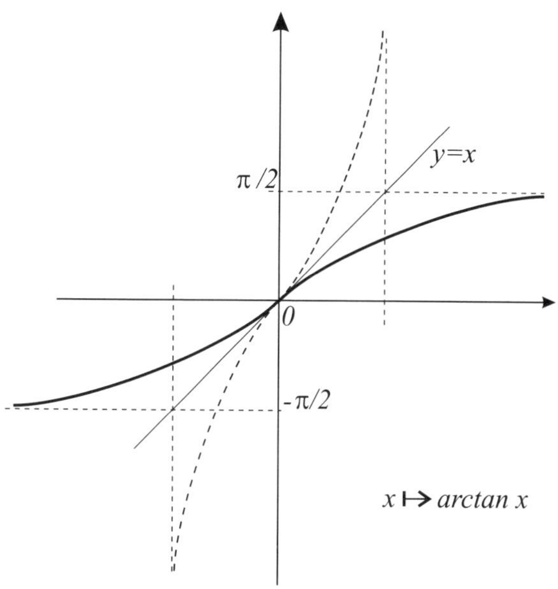

$x \mapsto \arctan x$

Libri dal catalogo LED:

F. Marietti • *Icona e diagramma. Il segno matematico in Charles Sanders Peirce*

Forma e contenuto. Aspetti di teoria della conoscenza, della mente e della morale
A cura di R. Lanfredini

M. Franchella • *Come l'amor platonico. Kantismo e Platonismo nella filosofia della matematica del XX secolo*

Letture di logica. Fondamenti della matematica. Linee di ricerca attuali
A cura di M. Franchella e C. Mangione

M. Negri • *Logica. La teoria classica dell'inferenza*

N. Ambrosetti • *L'eredità arabo.islamica nelle scienze e enlle arti del calcolo dell'Europa medievale*

Il catalogo aggiornato di LED - Edizioni Universitarie di Lettere Economia Diritto è consultabile all'indirizzo web http://www.ledizioni.com, dove si possono trovare anche informazioni dettagliate sui volumi sopra citati: di tutti è disponibile il sommario, di alcuni vengono date un certo numero di pagine in lettura. Tutti i volumi possono essere ordinati on line.